高等职业教育精品工程系列教材

嵌入式技术与应用

主 编 蔡成炜 吴振英
副主编 王莉莉 陈 丽 金 薇 俞鑫东
主 审 罗 楠

电子工业出版社
Publishing House of Electronics Industry
北京·BEIJING

内 容 简 介

本书以 Linux 发行版本 Ubuntu 为平台，依据项目任务式教学的需求进行编写，从基于 ARM 处理器的嵌入式系统的结构组成、硬件系统和软件操作系统开始，步步地介绍在嵌入式系统中定制和移植 Linux 操作系统及在 Linux 操作系统下进行应用开发的过程。

本书共五个项目，项目一到项目四侧重于基础训练，项目五为综合性的课程实践（实训）。项目一介绍嵌入式系统的基础知识和 Ubuntu 的安装；项目二介绍 Qt 的应用，着重介绍通信应用开发的基本知识；项目三介绍基于 ZigBee 传输技术的无线网络通信；项目四介绍 STM32 的基础知识及简单应用；项目五为基于 NB-IoT 技术的智慧消防系统设计。全书结构紧凑，目的性较强，以项目五的实训为目标，将嵌入式开发的相关知识融入前期的准备中，并以最终的实训加深学生对知识的理解，同时也作为对课程学习的考核。

本书图文并茂，实操性强，可作为高职高专院校相关专业的教材，也可作为初学者学习 Linux 的入门书籍。

未经许可，不得以任何方式复制或抄袭本书之部分或全部内容。
版权所有，侵权必究。

图书在版编目（CIP）数据

嵌入式技术与应用 / 蔡成炜，吴振英主编. -- 北京：电子工业出版社，2024.7
 ISBN 978-7-121-46882-7

Ⅰ．①嵌… Ⅱ．①蔡… ②吴… Ⅲ．①微处理器－系统设计－高等职业教育－教材 Ⅳ．①TP332

中国国家版本馆 CIP 数据核字(2023)第 238315 号

责任编辑：郭乃明
印　　刷：三河市鑫金马印装有限公司
装　　订：三河市鑫金马印装有限公司
出版发行：电子工业出版社
　　　　　北京市海淀区万寿路 173 信箱　　邮编：100036
开　　本：787×1092　1/16　印张：19　字数：428 千字
版　　次：2024 年 7 月第 1 版
印　　次：2024 年 7 月第 1 次印刷
定　　价：57.00 元

凡所购买电子工业出版社图书有缺损问题，请向购买书店调换。若书店售缺，请与本社发行部联系，联系及邮购电话：（010）88254888，88258888。
质量投诉请发邮件至 zlts@phei.com.cn，盗版侵权举报请发邮件至 dbqq@phei.com.cn。
本书咨询联系方式：guonm@phei.com.cn，QQ34825072。

前 言

自 1946 年世界上第一台电子计算机诞生以来，计算机对人类的生产活动和社会活动产生了极其重要的影响，使人们的生活方式发生了巨大的改变，它使人们可以高效地认识世界，并使人类社会以强大的生命力飞速发展。而嵌入式技术的诞生则提供了改造世界的强大武器。嵌入式系统是当前最热门、最有发展前途的 IT 应用领域之一。在专业领域，嵌入式系统具有比传统通用计算机更高的可靠性、实用性和更低的成本。

本书主要包括以下内容。

项目一 嵌入式系统，对应的知识点为嵌入式系统概述、嵌入式系统硬件、嵌入式系统软件、嵌入式开发环境的搭建及 Linux 操作系统简介。

项目二 计算器项目的设计与实现，对应的知识点为 Qt 基础知识、Qt 环境搭建、信号和槽机制、布局管理器的使用、Qt 下多线程、Qt 下 TCP 通信、Qt 下 Wi-Fi 通信及计算器的设计与实现。

项目三 基于 ZigBee 传输技术的无线 Qt 项目设计，对应的知识点为项目简介及实施要求、无线传感器网络、无线通信方式简介、BasicRF 基础知识、点播与建网、组播及 Qt 项目实现。

项目四 基于 STM32 的温湿度监测系统，对应的知识点为项目简介及实施要求、认识 STM32、设计温湿度监测单元及设计温湿度显示单元。

项目五 基于 NB-IoT 技术的智慧消防系统设计（课程实践部分），对应的知识点为项目简介及实施要求、消防瓶气压数显表头电路设计、四路模拟量采集模块设计与制作、NB-IoT 通信模块设计及"云"平台配置及系统调试分析。

本书共有五个项目，吴振英老师负责全书的统稿工作并编写了项目一，金薇老师编写了项目二，王莉莉老师编写了项目三，陈丽老师编写了项目四，蔡成炜老师编写了项目五，企业工程师俞鑫东和王莉莉、蔡成炜老师共同完成了无线 QQ、智慧消防系统项目的开发。本书由蔡成炜、吴振英老师担任主编，王莉莉、陈丽、金薇、俞鑫东担任副主编，罗楠老师担任主审，并提出了十分宝贵的意见，在此表示诚挚的感谢。

编者在编写本书的过程中参考了大量的开源技术资料，在此向这些为开源技术做出贡献的公司和各界人士表示衷心的感谢！

在本书的项目设计和编写过程中，编者认真听取了校企合作单位专家的意见和建议，如莱克电气股份有限公司的汪海春工程师、西门子听力技术（苏州）有限公司的杨宝书高级工程师、科沃斯机器人股份有限公司的王海军工程师及中国科学院苏州纳米技术与纳米仿生研究所的曾中明主任，在此向他们表示衷心的感谢。

由于编者学识和水平有限，加之时间仓促，书中难免有疏漏和不足之处，恳请广大读者批评指正，以便再版时修正。

编 者

目 录

项目一 嵌入式系统 1
  任务一 嵌入式系统概述 2
    知识一 嵌入式系统简介 2
    知识二 嵌入式系统基本组成 8
    知识三 嵌入式系统软件 8
  任务二 嵌入式系统硬件 10
    知识一 硬件介绍 10
    知识二 PXA255 系统 18
  任务三 嵌入式系统软件 21
    知识一 引导程序 21
    知识二 操作系统 26
    知识三 应用软件 30
  任务四 嵌入式开发环境的搭建 30
    知识一 虚拟机及 Ubuntu 操作系统的安装 30
    知识二 Ubuntu 安装 VMware Tools 及配置 root 登录 51
    知识三 Ubuntu 配置以太网地址 57
    知识四 Ubuntu 配置 NFS 服务器 59
    知识五 Ubuntu 安装交叉编译器 61
    知识六 交叉编译 Qt4.8.5 程序库 62
    知识七 嵌入式实验平台的搭建 66
  任务五 Linux 操作系统简介 67
    知识一 Linux 操作系统特点、内核组成及源码结构 67
    知识二 Linux 常用命令 76
    知识三 文本编辑 87
    知识四 Linux 开发环境 89
  思考与练习 100

项目二　计算器项目的设计与实现 101

任务一　Qt 101
- 知识一　Qt 基础知识 101
- 知识二　Qt Creator 102
- 知识三　Qt Embedded 103
- 知识四　Qt 编程 104

任务二　Qt 环境搭建 104

任务三　信号和槽机制 111
- 知识一　信号和槽机制简介 111
- 知识二　使用信号和槽 112
- 知识三　信号和槽机制应注意的问题 114
- 知识四　Qt 下信号和槽实例 115

任务四　布局管理器的使用 123
- 知识一　窗体 123
- 知识二　布局管理器 126

任务五　Qt 下多线程 128
- 知识一　进程与线程的概念 128
- 知识二　Qt 多线程简介 129
- 知识三　Qt 多线程实例 133

任务六　Qt 下 TCP 通信 141
- 知识一　TCP 通信简述 141
- 知识二　TCP 通信流程 143
- 知识三　Qt 下 TCP 通信——服务器端实例 144
- 知识四　Qt 下 TCP 通信——客户端实例 149

任务七　Qt 下 Wi-Fi 通信 156
- 知识一　Wi-Fi 简介 156
- 知识二　Qt 下 Wi-Fi 通信实例 156

任务八　计算器的设计与实现 163

思考与练习 173

项目三　基于 ZigBee 传输技术的无线 QQ 项目设计 175

任务一　项目简介及实施要求 175
- 知识一　项目背景 175
- 知识二　实施要求 176

任务二　无线传感器网络 176

任务三　无线通信方式简介 182
　　任务四　BasicRF 190
　　　　知识一　BasicRF 概述 190
　　　　知识二　BasicRF 软件包 192
　　任务五　点播与建网 192
　　　　知识一　建立网络和设备入网 193
　　　　知识二　实验环节 197
　　任务六　组播 201
　　　　知识一　LED 开关分析及底层驱动 202
　　　　知识二　组播实验 207
　　任务七　Qt 项目实现 209
　　思考与练习 216

项目四　基于 STM32 的温湿度监测系统 217
　　任务一　项目简介及实施要求 217
　　　　知识一　项目背景 217
　　　　知识二　实施要求 218
　　　　知识三　系统框架设计 218
　　任务二　认识 STM32 221
　　　　知识一　STM32 概述 221
　　　　知识二　STM32 最小系统设计 222
　　　　实验一　开发环境搭建 224
　　　　实验二　LED 控制系统设计 230
　　任务三　温湿度监测单元的设计与实现 238
　　　　知识一　认识温湿度传感器 SHT20 238
　　　　知识二　SHT20 硬件原理图 239
　　　　实验一　设计温湿度监测单元 240
　　任务四　温湿度显示单元的设计与实现 247
　　　　知识一　LCD1602 硬件设计 247
　　　　知识二　LCD1602 硬件原理图 247
　　　　实验一　设计温湿度显示单元 248
　　思考与练习 254

项目五　基于 NB-IoT 技术的智慧消防系统设计（课程实践部分） 255
　　任务一　项目简介及实施要求 255

VII

知识一　项目简介 255
　　　知识二　实施要求 257
　任务二　消防瓶气压数显表头电路设计 257
　　　知识一　原理图设计 257
　　　知识二　程序设计 258
　任务三　四路模拟量采集模块设计与制作 261
　　　知识一　原理图设计 261
　　　知识二　PCB 焊接 263
　　　知识三　程序设计 265
　任务四　NB-IoT 通信模块设计 270
　　　知识一　原理图设计 270
　　　知识二　程序设计 274
　任务五　"云"平台配置及系统调试分析 285
　　　知识一　产品开发 285
　　　知识二　整机调试 291
思考与练习 292

项目一 嵌入式系统

随着工业 4.0、医疗电子、智能家居、物流管理和电力控制等的快速发展和推进，嵌入式系统利用自身的技术特点，逐渐成为众多行业的标配产品。嵌入式系统具有可裁剪、可控制、可编程、成本低等特点，它在未来的工业和生活中有着广阔的应用前景。通过本项目的学习，学生应达到以下目标。

知识目标

（1）了解嵌入式系统的定义、分类与特点。
（2）了解嵌入式系统的组成。
（3）了解嵌入式处理器的分类与特点。
（4）了解嵌入式操作系统的种类与特点。
（5）了解嵌入式系统硬件和软件。
（6）了解嵌入式系统开发环境搭建流程和开发要点。
（7）了解嵌入式 Linux 操作系统的基本功能。
（8）了解嵌入式 Linux 操作系统的内核结构。
（9）掌握 Linux 开发环境。

技能目标

（1）学会安装虚拟机并在虚拟机中安装操作系统。
（2）掌握嵌入式系统开发环境搭建流程和开发要点。
（3）学会搭建 Linux 开发环境。

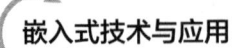

任务一　嵌入式系统概述

知识一　嵌入式系统简介

通信、电器、医疗、军事等行业对智能化装备的需求拉动了嵌入式计算机的发展。随着社会信息化、网络化和智能化的快速发展，嵌入式系统的应用范围越来越广泛，这推动了嵌入式计算机行业的发展。Transparency Market Research 发布的报告显示，到 2027 年，全球嵌入式系统市场规模将增长到 3383.4 亿美元。从未来的需求来看，随着中国经济的持续发展，以及软件行业利好政策的频出，中国软件行业将保持稳定增长态势。

随着经济水平的提高和消费结构的改变，人们对消费电子产品的要求越来越高，如产品的高灵活性、高可控性、高耐用性、高性价比等，这些要求都可以通过合理、有效的嵌入式系统设计和优化来实现。另外，在现代化医疗、测控仪器和机电产品中对系统的可靠性、实时性要求较高，更需要有专用的嵌入式系统支持，这极大刺激了嵌入式系统的发展及产业化进程。

一、嵌入式系统的定义

嵌入式系统，是一种完全嵌入受控器件内部，为特定应用而设计的专用计算机系统，根据英国电气工程师协会（UK Institution of Electrical Engineer）的定义，嵌入式系统为控制、监视或辅助设备、机器或用于工厂运作的设备。与个人计算机（Personal Computer，PC）这样的通用计算机系统不同，嵌入式系统通常执行的是带有特定要求的预先定义的任务。由于嵌入式系统只针对一项特殊的任务，因此设计人员能够对它进行优化，减小尺寸，降低成本。嵌入式系统通常进行大量生产，所以单个成本的降低能够随着产量进行成百上千的放大。

嵌入式系统的核心是由一个或几个预先编程好以用来执行少数几项任务的微处理器或单片机组成的。与通用计算机能够运行用户选择的软件不同，嵌入式系统的软件通常是暂时不变的，所以经常被称为固件（Firmware）。长期以来，学术界对嵌入式系统的定义一直在争论中。目前，国内普遍认同的嵌入式系统定义为：以应用为中心，以计算机技术为基础，软、硬件可裁剪，适应应用系统对功能、可靠性、成本、体积、功耗等严格要求的专用计算机系统。

二、嵌入式系统的特点

嵌入式系统在应用数量上已经远远超过传统的通用计算机系统。全世界微处理器产量的 95% 都用于嵌入式系统，是用于通用计算机系统的近 10 倍。而且，每 100 亿美元微处理器芯片的应用，会产生 2000 亿美元的嵌入式系统的产值，同时带来 1 万亿美元的嵌入式系统应用产品的效益。嵌入式系统是面向应用的专用计算机系统，与通用计算机系统相比具有以下特点。

1. 系统内核小

由于嵌入式系统一般应用于小型电子装置，系统资源相对有限，所以其内核较传统的操作系统（Operating System，OS）要小得多。目前的嵌入式系统的核心往往是一个只有几千字节到几十千字节的微内核，需要根据实际的使用进行功能扩展或裁剪，由于微内核的存在，这种扩展能够非常顺利地进行。

2. 专用性强

嵌入式系统的专用性很强，其中软件和硬件的结合非常紧密，一般要针对硬件进行系统的移植，即使在同一品牌、同一系列的产品中也需要根据系统硬件的变化不断进行修改。同时，针对不同的任务，往往需要对系统进行较大更改，程序的编译下载要和系统相结合，这种修改和通用软件的升级是完全不同的两个概念。

嵌入式微处理器与通用微处理器的最大区别在于，嵌入式微处理器大多工作在为特定用户群设计的系统中，它将通用 CPU 中许多由板卡完成的任务集成到嵌入式微处理器内部，从而有利于嵌入式系统在设计时趋于小型化，同时具有很高的效率和可靠性，可以增强移植能力和网络耦合能力。

3. 系统比较精简

嵌入式系统一般没有系统软件和应用软件的明显区分，不要求其在功能设计及实现上过于复杂，这样既有利于控制系统成本，又有利于实现系统安全。

4. 知识密集

嵌入式系统是将先进的计算机技术、半导体技术、电子技术与各个行业的具体应用相结合的产物，这一特点就决定了它必然是一个技术密集、资金密集、高度分散、不断创新的知识集成系统。因此，嵌入式系统行业对知识和技术的要求较高。

5. 高实时性和高可靠性

嵌入式系统经常用于控制领域，这就要求系统软件实时性高，因此软件常常需要固态存储，以提高速度，软件代码要求具有高质量和高可靠性。

无论用于控制领域还是用于独立设备、仪器仪表，都要求嵌入式系统具有高可靠性，特别是一些在极端环境下工作的嵌入式系统，其可靠性设计尤其重要。大多数嵌入式系统都包含一些硬件和软件机制来保证系统的高可靠性。例如，硬件"看门狗"，在软件失去控制后，硬件"看门狗"可使系统重新启动；软件的自动纠错功能，当检测到软件运行偏离正常流程时，通过软"陷阱"将其重新纳入正常轨道。

6. 多任务的操作系统

嵌入式系统的应用程序可以没有操作系统直接在芯片上运行，但是为了合理地调度多任务，利用系统资源、系统函数和专家库函数接口，用户必须自行选配实时操作系统（Real-

Time Operating System，RTOS）开发平台，这样才能保证程序执行的实时性、可靠性，并减少开发时间，保障软件质量。

7. 开发环境的特殊性

由于嵌入式系统本身资源有限，不具备自主开发能力，即使设计完成以后，用户通常也不能对其中的程序进行修改，必须有一套开发工具和环境才能进行开发，这些开发工具和环境一般是基于通用计算机上的软硬件设备及各种逻辑分析仪的。开发时往往有主机和目标机的概念，主机用于程序的开发，目标机作为最后的执行机，开发时需要交替进行。

三、嵌入式系统的应用

随着信息化、智能化、网络化的发展，嵌入式系统获得了广阔的发展空间，几乎渗透到人们生活的每个角落。下面介绍一些嵌入式系统的典型应用。嵌入式系统的应用如图 1-1 所示。

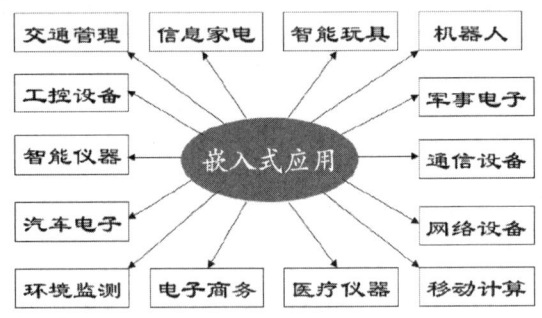

图 1-1 嵌入式系统的应用

1. 工控设备

基于嵌入式芯片的工控设备正获得长足的发展，目前已经有大量的 8 位、16 位、32 位、64 位嵌入式微控制器（Microcontroller Unit，MCU）得到应用。网络化是提高生产效率和产品质量、节约人力资源的主要途径，如电网安全、电网设备监测、石油开采。就传统的工控设备而言，低端型的设备往往采用 8 位单片机。但是随着技术的发展，32 位、64 位的处理器逐渐成为工控设备的核心。

嵌入式系统还广泛应用于 ATM、自动售货机等设备，与通信系统相结合可生产出高质量的 GPS、GPRS 等产品。

2. 交通管理

在车辆导航、流量控制、信息监测与汽车服务方面，嵌入式系统已经获得了广泛的应用，如内嵌 GPS 模块的移动定位终端已经在运输行业获得了成功的使用。目前，GPS 设备已经从尖端产品进入了普通百姓家，通过 GPS 嵌入式系统，人们可以随时随地跟踪移动目标。

3. 信息家电

信息家电已成为嵌入式系统最大的应用领域，冰箱、彩电、洗衣机、空调等家电的智能化将引领人们的生活步入一个崭新的空间。智能家居系统的诞生使得主人即使不在家里，也可以通过电话、手机、网络进行远程控制。在信息家电中，嵌入式系统发挥着重要作用，常见的信息家电如图1-2所示。

图1-2 常见的信息家电

4. 家庭智能管理系统

在水、电、煤气表的远程自动抄表系统、智能化安全防火系统和防盗系统中，嵌入的专用控制芯片将代替传统的人工检查，并实现更高、更准确和更安全的性能。目前在服务领域，远程点菜系统等已经体现了嵌入式系统的优势。

5. POS网络及电子商务

公共交通无接触智能卡（Contactless Smartcard，CSC）发行系统、公共电话卡发行系统、自动售货机及各种智能ATM终端将全面走进人们的生活，手持一卡行遍天下将成为现实。

6. 环境工程与自然

嵌入式系统可以用于水文资料实时监测，防洪体系及水土质量监测、堤坝安全监测，地震监测，实时气象监测，水源和空气污染监测。在很多环境恶劣、地况复杂的地区，嵌入式系统将实现无人监测、自动报警和应急处理。

7. 机器人

嵌入式芯片的发展将使机器人在微型化、智能化方面的优势更加明显，同时会大幅度降低机器人的价格，使其在工业领域和服务领域获得更广泛的应用。

8. 消费电子

由于嵌入式系统提升了移动数据处理和通信的功能,加之易于实现人机交互的多媒体界面,因此在消费电子领域获得了广泛应用。机顶盒的诞生使数字电视从单向音频传输平台变成了双向交互平台。手机手写文字输入、语音拨号上网、网页浏览、收发电子邮件已经成为现实。用于物流管理、条码扫描、移动信息采集的小型手持嵌入式系统在企业管理中发挥了巨大的作用。当前,手机和掌上电脑(Personal Digital Assistant,PDA)已成为个人日常事务处理的综合平台和遥控工具。

以上是嵌入式系统在控制方面的应用。就远程家电控制而言,除了开发出支持 TCP/IP 协议的嵌入式系统,家电产品控制协议也需要制定和统一,这需要家电生产厂家来做。同样的道理,所有基于网络的远程控制器件都需要与嵌入式系统实现接口通信,并由嵌入式系统通过网络实现控制。因此,开发和探讨嵌入式系统有着十分重要的意义。

四、嵌入式系统的发展

我们目前正处于后 PC 时代,而嵌入式系统就是与这一时代紧密相关的产物,它拉近了人与计算机的距离,形成了一个人机和谐的工作与生活环境。嵌入式系统主要经历了以下 4 个阶段。

1. 无操作系统阶段

纵观嵌入式系统的发展历程,其最初的应用是基于单片机的,大多以可编程控制器的形式呈现,具有监测、伺服、设备指示等功能,通常应用于各类工控设备和飞机、导弹等武器装备,一般没有操作系统的支持,只能通过汇编语言对系统进行直接控制,运行结束后清除内存。这些装备虽然已经初步具备嵌入式系统的应用特点,但只使用了 8 位的 CPU 芯片来执行一些单线程的程序,因此严格地说还算不上是"系统"。这一阶段嵌入式系统的主要特点为:系统结构和功能相对单一,处理效率较低,存储容量较小,几乎没有用户接口。这种嵌入式系统由于使用简便、价格低廉,因此曾经在工业控制领域得到了广泛的应用,但无法满足如今对处理效率、存储容量都有较高要求的信息家电等场合的需要。

2. 简单操作系统阶段

20 世纪 80 年代,随着微电子工艺水平的提高,IC 制造商开始把嵌入式应用中所需要的微处理器、I/O 接口、串口及 RAM、ROM 等部件统一集成到一片超大规模集成电路(Very Large Scale Intergration,VLSI)中,制造面向 I/O 设计的微控制器,并一举成为嵌入式系统领域中的新秀。与此同时,嵌入式系统的程序员开始基于一些简单的"操作系统"开发嵌入式应用软件,大大缩短了开发周期,提高了开发效率。这一阶段嵌入式系统的主要特点为:大量高可靠性、低功耗的嵌入式 CPU(如 PowerPC 等)开始出现并得到迅速发展。此时的嵌入式操作系统(Embedded Operation System,EOS)虽然比较简单,但是已经初步具有了一定的兼容性和扩展性，内核精巧且效率高，主要用来控制系统负载及监控应用程序的运行。

3. 实时操作系统阶段

20 世纪 90 年代，在分布控制、柔性制造、数字化通信和信息家电等巨大需求的牵引下，嵌入式系统进一步飞速发展，面向实时信号处理算法的数字信号处理（Digital Signal Processor，DSP）产品则向着高速度、高精度、低功耗的方向发展。随着硬件实时性要求的提高，嵌入式系统的软件规模不断扩大，逐渐形成了实时多任务操作系统，并开始成为嵌入式系统的主流。这一阶段嵌入式系统的主要特点为：操作系统的实时性得到了很大改善，已经能够运行在各种不同类型的微处理器上，具有高度模块化特点和扩展性。此时的嵌入式操作系统已经具备了文件和目录管理、设备管理、多任务、图形用户界面（Graphic User Interface，GUI）等功能，并提供了大量的应用程序接口（Application Programming Interface，API），使得应用软件的开发变得更加简单。

4. 面向 Internet 阶段

21 世纪是一个网络的时代。目前，大多数嵌入式系统还孤立于 Internet 之外，随着 Internet 的进一步发展，以及 Internet 技术与信息家电、工业控制技术等日益紧密的结合，嵌入式设备与 Internet 的结合才是嵌入式技术的真正未来。

信息时代和数字时代的到来，为嵌入式系统的发展带来了巨大的机遇，同时对嵌入式系统厂商提出了新的挑战。目前，嵌入式设备与 Internet 的结合正在推动着嵌入式技术飞速发展，嵌入式系统的研究和应用会出现更多新的显著变化。

嵌入式操作系统是一种实时的、支持嵌入式系统应用的操作系统软件，它是嵌入式系统（包括软件、硬件）极为重要的组成部分，通常包括与硬件相关的底层驱动软件、系统内核、设备驱动接口、通信协议、图形界面、标准化浏览器 Browser 等。目前，嵌入式操作系统的品种较多，据统计，仅用于信息家电的嵌入式操作系统就有 40 种左右，其中较为流行的主要有 Windows CE、Palm OS、Real-Time Linux、VxWorks、pSOS、PowerTV 及 Microware 公司的 OS-9。与通用操作系统相比，嵌入式操作系统在系统实时性、硬件的相关依赖性、软件固态化及应用的专用性等方面具有较为突出的特点。

在软件方面，嵌入式操作系统是嵌入式系统一个非常重要的组成部分。从 20 世纪 90 年代开始，陆续出现了一些非常优秀的实时多任务操作系统，目前应用最广的几个嵌入式操作系统为嵌入式 Linux、VxWorks、eCos、Symbian OS 及 Palm OS 等。iOS 是由苹果公司开发的手持设备操作系统。它与苹果的 Mac OS X 操作系统一样，属于类 UNIX 的商业操作系统。Android 是一种基于 Linux 的自由及开放源码的操作系统。

实际上，嵌入式系统本身是一个外延极广的名词，凡是与产品结合在一起的具有嵌入式特点的控制系统都可以叫嵌入式系统，而且有时很难给它下一个准确的定义。现在人们在讲嵌入式系统时，在某种程度上指的是近些年比较热门的具有操作系统的嵌入式系统。一般而言，嵌入式系统由硬件和软件两部分组成。

知识二 嵌入式系统基本组成

嵌入式系统将计算机硬件和软件结合起来构成一个专门的装置，这个装置可以完成一些特定的功能和任务，能够在没有人为干预的情况下独立地进行实时监测和控制。由于被嵌入对象的体系结构、应用环境不同，所以各个嵌入式系统可以由各种不同的结构组成。一个典型的嵌入式系统的组成如图1-3所示。

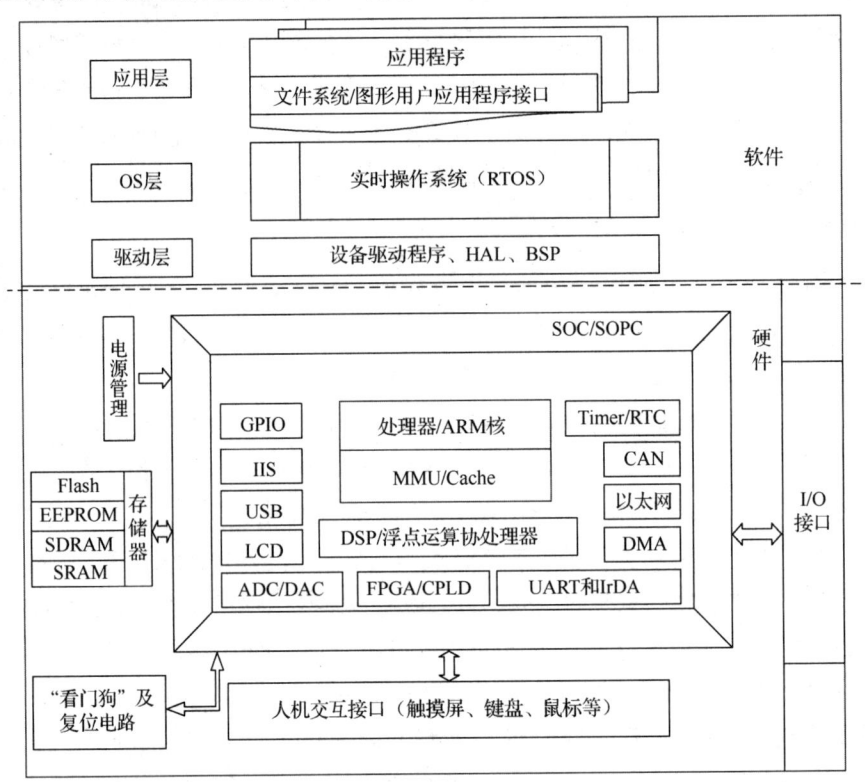

图1-3 一个典型的嵌入式系统的组成

嵌入式系统硬件通常包含处理器、存储器（SDRAM、EEPROM、Flash等）、通用设备接口等。在一片嵌入式处理器基础上添加电源电路、时钟电路和存储器电路，就构成了一个嵌入式核心控制模块。其中，操作系统和应用程序都可以固化在ROM中。

知识三 嵌入式系统软件

嵌入式系统软件通常由设备驱动程序、实时操作系统和应用程序等组成。板级支持包（Board Support Package，BSP）是一个介于操作系统和底层硬件之间的软件层次，包括系统中大部分与硬件联系紧密的软件模块。设计一个完整的BSP需要完成两部分工作：嵌入式系统硬件初始化和设计硬件相关的设备驱动程序。下面简单介绍设计 BSP 需要完成的工作。

1. 嵌入式系统硬件初始化

嵌入式系统硬件初始化过程可以分为 3 个主要环节，按照自下而上、从硬件到软件的次序依次为片级初始化、板级初始化和系统级初始化。

片级初始化完成嵌入式微处理器的初始化，包括设置嵌入式微处理器的核心寄存器和控制寄存器、嵌入式微处理器的核心工作模式、嵌入式微处理器的局部总线模式等。片级初始化把嵌入式微处理器从上电时的默认状态逐步设置成系统所要求的工作状态。这是一个纯硬件的初始化过程。

板级初始化完成除嵌入式微处理器以外的其他硬件设备的初始化。另外，还需要设置某些软件的数据结构和参数，为随后的系统级初始化和应用程序的运行创建硬件和软件环境。这是一个同时涉及软件和硬件两部分的初始化过程。

系统级初始化以软件初始化为主，主要进行嵌入式操作系统的初始化。BSP 将对嵌入式微处理器的控制权转交给嵌入式操作系统，由嵌入式操作系统完成余下的初始化操作，包含加载和初始化与硬件无关的设备驱动程序，建立系统内存区，加载并初始化其他系统软件模块，如网络系统、文件系统等。最后，嵌入式操作系统创建应用程序环境，并将控制权交给应用程序的入口。

2. 设计硬件相关的设备驱动程序

BSP 的另一个主要功能是设计硬件相关的设备驱动程序。硬件相关的设备驱动程序的初始化通常是一个从高到低的过程。尽管 BSP 中包含硬件相关的设备驱动程序，但是这些设备驱动程序通常不直接由 BSP 使用，而在系统初始化过程中由 BSP 将它们与嵌入式操作系统中通用的设备驱动程序关联起来，并在随后的应用中由通用的设备驱动程序调用，实现对硬件设备的操作。设计硬件相关的驱动程序是 BSP 设计与开发中一个非常关键的环节。

系统软件层由实时多任务操作系统、文件系统、图形用户界面、网络系统及通用组件模块组成。实时操作系统是嵌入式应用软件的基础和开发平台。

嵌入式操作系统是一种用途广泛的系统软件，过去它主要应用于工业控制和国防领域。嵌入式操作系统负责嵌入式系统的全部软件、硬件资源的分配，任务调度，控制、协调并发活动。它必须体现其所在系统的特征，能够通过装卸某些模块来达到系统所要求的功能。目前，已推出一些应用得比较成功的嵌入式操作系统产品系列。随着 Internet 技术的发展、信息家电的普及应用及嵌入式操作系统的微型化和专业化，嵌入式操作系统开始从单一的弱功能向高专业化的强功能方向发展。嵌入式操作系统是相对于一般操作系统而言的，它除了具备一般操作系统的基本功能，如任务调度、同步机制、中断处理、文件功能等，还具有以下特点。①可装卸性，开放性、可伸缩性的体系结构。②高实时性，嵌式操作系统的实时性一般较高，可用于各种设备控制。③统一的接口，提供各种设备驱动接口。④操作方便、简单，提供友好的图形用户界面，追求易学易用。⑤提供强大的网络功能，提供 TCP/UDP/IP/PPP 协议支持及统一的 MAC 访问层接口，为各种移动计算设备预留接口。⑥高稳定性，低交互性。嵌入式系统一旦开始运行就不需要用户过多干预，这就要求负责系统管理的嵌入式操作系统具有较强的稳定性。嵌入式操作系统的用户接口一般不提供操作命令，它通过系统调用命令向用户程序提供服务。在嵌入式系统中，嵌入式操作系统和应用软件被固化在嵌入式系统计算机的 ROM 中。辅助存储器在嵌入式系统中很少使用，因此嵌入式操作系统的文件管理功能很容易地拆卸，而用各种内存文件系统。⑦更高的硬件适应性，也就是更高的移植性。

任务二　嵌入式系统硬件

嵌入式系统硬件由嵌入式处理器、存储器、通用设备接口、总线等组成。

知识一　硬件介绍

一、嵌入式处理器

嵌入式处理器是嵌入式系统的核心，是控制、辅助系统运行的硬件单元。从最初的 4 位处理器，仍在应用的 8 位单片机，到如今备受青睐的 32 位、64 位嵌入式处理器，嵌入式处理器的发展可谓是日新月异。目前，常用的嵌入式处理器一般分为嵌入式微处理器、嵌入式微控制器、嵌入式 DSP 处理器和嵌入式片上系统。

1. 嵌入式微处理器

嵌入式微处理器将通用 CPU 许多由板卡完成的功能集成在芯片内部，从而有利于嵌入式系统在设计时趋于小型化，同时具有较高的效率和可靠性。和工业控制计算机相比，嵌入式微处理器具有体积小、质量轻、成本低及可靠性高的优点。

嵌入式微处理器的体系结构可以采用冯·诺依曼体系结构或哈佛体系结构，早期采用冯·诺依曼体系结构，现在多数采用哈佛体系结构。指令系统可以选用精简指令集计算机（Reduced Instruction Set Computer，RISC）和复杂指令集计算机（Complex Instruction Set Computer，CISC），一般选用 RISC。RISC 在通道中只包含最有用的指令，确保数据通道快速执行每一条指令，从而提高执行效率，使 CPU 硬件结构设计变得更为简单。

嵌入式微处理器有各种不同的体系，即使在同一体系中也可能具有不同的时钟频率和数据总线宽度，或者集成了不同的外部设备和接口。据不完全统计，目前全世界嵌入式微处理器已经超过 1000 种，体系结构有 30 多个系列，其中主流体系有 ARM、MIPS、PowerPC、X86 和 SH 等。不同的是，没有一种嵌入式微处理器可以主导市场，仅以 32 位的产品而言，就有 100 种以上的嵌入式微处理器。

2. 嵌入式微控制器

嵌入式微控制器将整个计算机系统集成到一个芯片中。从 20 世纪 70 年代末的单片机，到今天各式各样的嵌入式微处理器，虽然经过了几十年的发展，但是这种 8 位的电子器件在嵌入式设备中仍然有着极其广泛的应用。嵌入式微控制器芯片内部集成 ROM/EPROM、RAM、总线、总线逻辑、定时/计数器、"看门狗"、I/O 接口、串口、脉宽调制输出、A/D 接口、D/A 接口、Flash RAM、EEPROM 等各种必要功能和外部设备。和嵌入式微处理器相比，嵌入式微控制器的最大特点是单片化，体积大大减小，从而使功耗和成本降低、可靠性提高。为了适应不同的应用需求，一般一个系列的嵌入式微处理器具有多种衍生产品，每种衍生产品的处理器和内核都是一样的，不同之处在于存储器和外部设备的配置及封装，这样可以使嵌入式微处理器最大限度地同应用需求相匹配，从而降低功耗和成本。

嵌入式微控制器价格低廉，功能优良，拥有的品种和数量较多，比较有代表性的有 8051、MCS-251、MCS-96/196/296、P51XA、C166/167、68K 系列、MCU 8XC930/931、C540、C541，以及支持 I^2C 总线、CAN 总线及众多专用嵌入式微控制器和兼容系列。

3. 嵌入式 DSP

嵌入式 DSP（Embedded Digital Signal Processor，EDSP）对 DSP 硬件结构和指令进行了特殊设计，使其适用于 DSP 算法，编译效率较高，指令执行速度较快。它是专门用于信号处理方面的处理器，在数字滤波、FFT、频谱分析等上获得了大量的应用。嵌入式 DSP 有两个发展来源：一是由 DSP 经过单片化、EMC 改造，增加片上外部设备构成嵌入式 DSP，如 TI 公司的 TMS320C2000/C5000 等属于此范畴；二是在通用单片机或片上系统（System on Chip，SoC）中增加 DSP 协处理器发展而来的嵌入式 DSP，如 Intel 公司的 MCS-296。同时，推动嵌入式 DSP 发展的一个重要因素是嵌入式系统的智能化，如各种带有智能逻辑的消费类产品、生物信息识别终端、带有加解密算法的键盘、ADSL 接入、实时语音压解系统和虚拟现实显示等。

DSP 的设计者把重点放在处理连续的数据流上。在嵌入式 DSP 的应用中，如果强调对连续数据流的处理及高精度复杂运算，则应该选用 DSP 器件。

4. 嵌入式片上系统

嵌入式片上系统是追求产品系统最大包容性的集成器件，是嵌入式应用领域的热门话题之一。它指的是在单个芯片上集成一个完整的系统，对所有或部分必要的电子电路进行包分组的技术。所谓完整的系统一般包括 CPU、存储器及外围电路等。嵌入式片上系统是与其他技术并行发展的，如绝缘体上硅（Silicon on Insulator，SOI），它可以提供增强的时钟频率，从而降低微芯片的功耗。

嵌入式片上系统最大的特点是成功实现了软件与硬件无缝结合，直接在处理器片内嵌入操作系统的代码模块。而且嵌入式片上系统具有极高的综合性，在一个硅片内部运用 VHDL 等硬件描述语言，实现一个复杂的系统。用户不需要再像传统的系统设计一样，绘制庞大复杂的电路板，一点点地连接焊制，只需要使用精确的语言，综合时序设计直接在器件库中调用各种通用处理器的标准，然后通过仿真就可以直接交付芯片厂商进行生产。由于绝大部分系统构件都是在系统内部的，所以整个系统特别简洁，不仅减小了系统的体积、降低了系统的功耗，而且提高了系统的可靠性，提高了设计生产效率。

由于嵌入式片上系统往往是专用的，所以大部分都不为用户所知，比较典型的嵌入式片上系统产品是 Philips 公司的 Smart XA。少数通用系列有 Siemens 公司的 TriCore、Motorola 公司的 M-Core、某些 ARM 系列器件、Echelon 公司和 Motorola 公司联合研制的 Neuron 芯片等。

嵌入式片上系统芯片通常应用于小型的、日益复杂的客户电子设备。例如，声音检测设备的嵌入式片上系统芯片在单个芯片上为所有用户提供音频接收端、微处理器、必要的存储器等设备。此外，嵌入式片上系统芯片还应用于单芯片无线产品，如蓝牙设备，支持单芯片 WLAN 和蜂窝电话解决方案。嵌入式片上系统芯片由于具有高效集成性能，成了替代集成电路的主要解决方案。嵌入式片上系统已经成为当前微电子芯片发展的必然趋势。预计不久的将来，一些大的芯片公司将通过推出成熟的、能占领多数市场的嵌入式片上系统芯片，一举击退竞争者。嵌入式片上系统芯片也将在声音、图像、影视、网络及系统逻辑等领域发挥重要的作用。

二、存储器

嵌入式系统需要通过存储器来存放和执行代码。嵌入式系统的存储器包含 Cache、主存储器和辅助存储器。

1. Cache

Cache 是一种容量小、速度快的存储器阵列，它位于主存储器和嵌入式微处理器内核之间，存放的是最近一段时间嵌入式微处理器使用最多的程序和数据。在需要进行数据读取操作时，嵌入式微处理器尽可能从 Cache 中读取数据，而不从主存储器中读取，这样大大改善了系统的性能，提高了嵌入式微处理器和主存储器之间的数据传输速率。Cache 的主要目标是改善存储器（如主存储器和辅助存储器）给嵌入式微处理器内核造成的存储器访问瓶颈，使处理速度更快，实时性更高。

在嵌入式系统中，Cache 全部集成在嵌入式微处理器内，可分为数据 Cache、指令 Cache 和混合 Cache，Cache 的大小依不同处理器而定。一般只有中高档的嵌入式微处理器才会把 Cache 集成进去。

2. 主存储器

主存储器是嵌入式微处理器能直接访问的寄存器，用来存放系统和用户的程序和数

（2）PCI 总线。

PCI 总线是 Peripheral Component Interconnect Bus 的简称，中文全称为外设部件互连标准，是一种连接电子计算机主板和外部设备的总线标准。PCI 接口是目前 PC 中使用最为广泛的接口，几乎所有的主板产品上都带有这种插槽。最早提出的 PCI 总线工作在 33MHz 的频率以下，总线带宽达到 132MB/s，基本上满足当时处理器的发展需要。随着对更高性能的要求，后来人们又提出把 PCI 总线的频率提升到 66MHz，使总线带宽达到 264MB/s。1993 年，人们又提出了 64 位的 PCI 总线，称为 PCI-X，目前广泛采用的是 32 位、33MHz 或 32 位、66MHz 的 PCI 总线，64 位的 PCI-X 插槽更多应用于服务器产品。PCI 总线系统要求有一个 PCI 控制卡，它必须安装在一个 PCI 插槽内。这种插槽是目前主板带有的数量最多的插槽类型。在当前流行的台式机主板上，ATX 结构的主板一般带有 5~6 个 PCI 插槽，而小一点的 MATX 主板带有 2~3 个 PCI 插槽。根据实现方式的不同，PCI 控制器可以与 CPU 一次交换 32 位或 64 位数据。

PCI 总线是一种不依附于某个具体处理器的局部总线。从结构上看，PCI 总线是在 CPU 和原来的系统总线之间插入的一级总线，具体由一个桥接电路实现对这一层的管理，并实现上下之间的接口以协调数据的传送。管理器提供了信号缓冲，使之能支持 10 种外部设备，并能在高时钟频率下保持高性能。PCI 总线也支持总线主控技术，允许智能设备在需要时取得总线控制权，以加速数据传送。

（3）I^{2}C 总线。

I^{2}C 总线是 Inter-Integrated Circuit Bus 的简称，中文全称为集成电路总线，是由 Philips 公司开发的两线式串行总线，用于连接微控制器及其外部设备，是微电子通信控制领域广泛采用的一种总线标准。它是同步通信的一种特殊形式，具有接口线少、控制方式简单、器件封装形式小、通信速率较高等优点。

I^{2}C 总线支持任何 IC 生产过程（CMOS、双极性），通过串行数据（SDA）线和串行时钟（SCL）线与连接到总线上的器件传递信息。每个器件（无论是微控制器、LCD 驱动器，还是存储器或键盘接口）都有一个唯一的识别地址，而且都可以作为一个发送器或接收器（由器件的功能决定）。主器件用于启动总线传送数据，并产生时钟以开放传送数据的器件，此时任何被寻址的器件均被认为是从器件。在总线上主和从、发和收的关系不是恒定的，而取决于此时数据传送的方向。如果主机要发送数据给从器件，则主机首先寻址从器件，然后主动发送数据至从器件，最后由主机终止数据传送；如果主机要接收从器件的数据，则主机首先寻址从器件，然后接收从器件发送的数据，最后由主机终止接收数据。在这种情况下，主机负责产生定时时钟和终止数据传送。

（4）SPI 总线。

SPI 是 Serial Peripheral Interface 的缩写，中文全称为串行外部设备接口。SPI 总线是由 Motorola 公司开发的全双工同步串行总线，它是一种高速、全双工及同步的通信总线，并且在芯片的引脚上只占用 4 根线，节约了芯片的引脚，同时为 PCB 的布局节省空间，提供方便，正是由于这种简单易用的特性，如今越来越多的芯片集成了这种总线。

在点对点的通信中，SPI 总线不需要进行寻址操作，且为全双工通信，显得简单高效。在具有多个从设备的系统中，每个从设备需要独立的使能信号，硬件上比 I²C 系统要稍微复杂一些。SPI 总线的不足之处在于没有指定的流控制，没有应答机制用于确认是否接收到数据。

（5）PC104 总线。

PC104 总线是一种工业计算机总线标准。PC104 总线有两个版本：8 位 PC104 和 16 位 PC104，分别与 PC 和 PC/AT 相对应。PC104 Plus 则与 PCI 总线相对应。在 PC104 总线的两个版本中，8 位 PC104 共有 64 个总线引脚，单列双排插针和插孔，其中 P1 为 64 针，P2 为 40 针，合计 104 个总线信号，PC104 总线也因此得名。当 8 位模块和 16 位模块连接时，16 位模块必须在 8 位模块的下面。P2 总线连接在 8 位模块中是可选的。

PC104 Plus 是专为 PCI 总线设计的，可以连接高速外部设备。PC104 Plus 在硬件上通过一个 3X40 即 120 孔插座连接。PC104 Plus 包括 PCI 规范 2.1 版要求的所有信号。为了向下兼容，PC104 Plus 保持了 PC104 总线的所有特性。PC104 Plus 与 PC104 总线相比有 4 个特点：增加了第 3 个接口支持 PCI 总线；改变了组件高度的需求，增加了模块的柔韧性；加入了控制逻辑单元，以满足高速度总线的需求；由于 PC104 总线的引脚定义与 ISA 总线、PCI 总线的规范完全兼容，所以公司在产品内部用 PC104 模块时，也可以根据自己的需要设计生产更多的专业应用 PC104 模块种类。

（6）CAN 总线。

CAN 是 Controller Area Network 的缩写，中文全称为控制器局域网络。CAN 总线是以研发和生产汽车电子产品著称的德国 BOSCH 公司开发的，并最终成为国际标准（ISO 11898）。CAN 总线是国际上应用最广泛的现场总线之一。在北美和西欧，CAN 总线已经成为汽车计算机控制系统和嵌入式工业控制局域网的标准总线，并且拥有以 CAN 协议为底层协议的专为大型货车和重工机械车辆设计的 J1939 协议。

在汽车产业中，出于对安全性、舒适性、方便性、低公害、低成本的要求，各种各样的电子控制系统被开发了出来。这些系统之间通信所用的数据类型及对可靠性的要求不尽相同，传输总线由多条总线构成的情况很多，线束的数量也随之增加。为了适应"减少线束的数量""通过多个 LAN，进行大量数据的高速通信"的需要，1986 年德国的博世公司开发出面向汽车的 CAN 协议。此后，CAN 协议通过 ISO 11898 及 ISO 11519 进行了标准化，在欧洲已是汽车网络的标准协议。CAN 总线的高性能和可靠性已被认可，并广泛地应用于工业自动化、船舶、医疗设备、工业设备等方面。现场总线是当今自动化领域技术发展的热点之一，被誉为自动化领域的计算机局域网。它的出现为分布式控制系统实现各节点之间实时、可靠的数据通信提供了强有力的技术支持。

对 CAN 总线来讲，数据通信没有主从之分，任意一个节点都可以向其他（一个或多个）节点发起数据通信，靠各个节点信息优先级的高低来决定通信次序，高优先级节点信息在134μs通信；当多个节点同时发起通信时，优先级低的避让优先级高的，不会对通信线路造成拥塞；通信距离最远可达10km（传输速率低于5kbit/s），通信距离小于40m（传输速率可达到1Mbit/s）；CAN总线传输介质可以是双绞线，也可以是同轴电缆；CAN总线适用于大数据量短距离通信或小数据量长距离通信，实时性要求比较高，多主多从或在各个节点平等的现场中使用。

（7）RS-232-C总线。

RS-232-C中232为标识号，C表示修改次数。RS-232-C总线标准设有25条信号线，包括一条主通道和一条辅助通道，在多数情况下主要使用主通道。对一般的双工通信来说，仅需要几条信号线就可实现通信，如一条发送线、一条接收线及一条地线。

（8）RS-485总线。

RS-485总线是一个定义平衡数字多点系统中的驱动器和接收器的电气特性的标准，该标准由电信行业协会和电子工业联盟定义。RS-485总线采用半双工工作方式，支持多点数据通信。RS-485总线的网络拓扑一般采用终端匹配的总线型结构，即采用一条总线将各个节点串接起来，不支持环型或星型网络。

RS-485总线采用平衡发送和差分接收，因此具有抑制共模干扰的能力，加上总线收发器具有高灵敏度，能检测低至200mV的电压，故传输信号能在千米以外得到恢复。有些RS-485收发器修改输入阻抗以便允许将8倍以上的节点数连接到相同总线上。RS-485总线最常见的应用是在工业环境下可编程逻辑控制器内部的通信。

（9）IEEE-488总线。

IEEE-488总线是并行总线接口标准。IEEE-488总线用来连接系统，如微型计算机、数字电压表、数码显示器等设备及其他仪器仪表均可用IEEE-488总线连接起来。它按照位并行、字节串行双向异步方式传输信号，连接方式为总线方式，仪器设备直接并联在总线上而不需要中介单元，但总线上最多可连接15台设备。最大传输距离为20m，传输速率一般为500kbit/s，最高传输速率为1Mbit/s。

（10）VESA总线。

VESA总线是1991年由视频电子标准协会推出的32位总线，它是一种局部总线，是针对视频显示的高数据传输速率要求而产生的，因此又叫作视频局部总线（VESA Local Bus），简称VL总线。

（11）USB。

USB为通用串行总线，USB接口位于PS/2接口和串口、并口之间，允许外部设备在开机状态下热插拔，最多可串接127个外部设备，传输速率可达480Mbit/s，它可以向低压设备提供5V电源，同时可以减少计算机的I/O接口数量。

USB接口是由Intel、Compaq、Digital、IBM、Microsoft、NEC、Northern Telecom这7家世界著名的计算机和通信公司共同推出的一种新型接口标准。它基于通用连接技术，实现外部设备的简单快速连接，达到方便用户、降低成本、扩展计算机连接外部设备范围的目的。它可以为外部设备提供电源，而不像使用串口、并口的设备一样需要单独的供电系统。另外，快速是 USB 接口的突出特点之一，USB 接口的最高传输速率可达 12Mbit/s，比串口高 100 倍。

知识二　PXA255 系统

一、PXA255 系统框架

PXA255 系统框架示意图如图 1-5 所示。

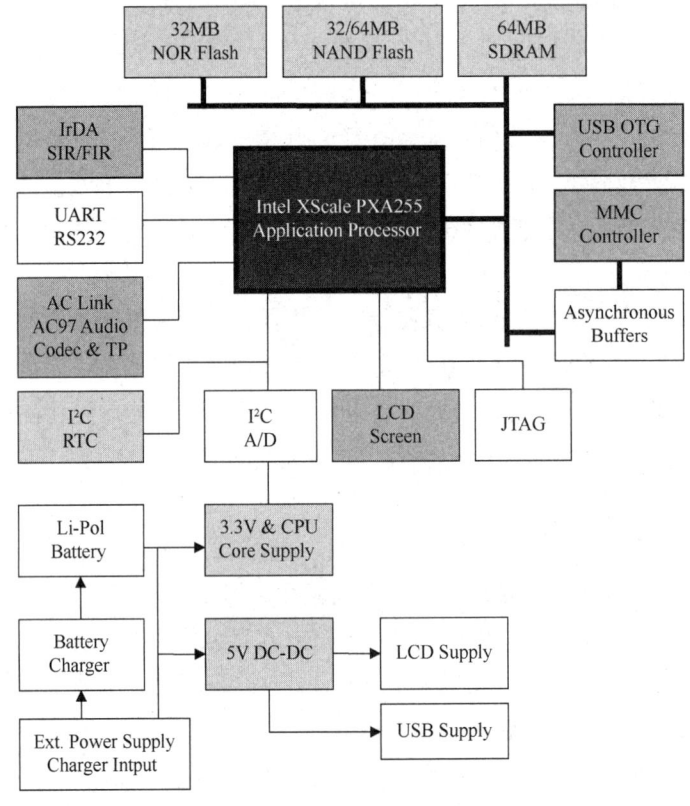

图 1-5　PXA255 系统框架示意图

平台提供了 4MB/16MB/32MB/64MB/128MB 可选的 SDRAM 和 4MB/16MB/32MB/64MB/128MB 可选的 Flash 存储器，给予应用程序开发工程师较大的选择空间；同时采用 JFFS2 文件系统管理非易失性存储器中的结构化文件数据，为掉电等突发事件提供很好的数据保护机制；提供了用于创建连接各类设备的集成化驱动程序和协议堆栈，如 10MB 以太网接口、USB 接口、JTAG 接口、多达 6 个的串口、并口和可选的 IrDA 接口等，给予工程师极其丰富的选择；显示采用单色/彩色 TFT LCD，提供了友好的人机界面。

二、Intel Xscale PXA255 处理器介绍

Intel 公司在 2000 年 9 月推出了基于 StrongARM 处理器的面向无线互联网的嵌入式

系统架构——个人互联网用户架构（Personal Internet Client Architecture，PCA），该架构可以分为应用、通信、内存三个子系统，各个子系统之间可以以模块方式集成和扩充。PCA 应用子系统基于处理器的可编程计算环境，在嵌入式操作系统的支持下，能够进行用户 I/O 设备、扩充设备内存、电源等的管理及与通信子系统进行交互通信。PCA 通信子系统由一个或多个处理器构成，用于完成通信协议的处理任务。PCA 内存子系统提供具有 Intel 特色的低电压、低功耗和高度集成的 Flash、SRAM 和 DRAM，可以支持分级存储、高速缓存、片上内存、系统内存和拆卸内存等。

2002 年 2 月 25 日，Intel 公司正式推出了基于 XScale 技术的为新一代无线手持应用产品开发的嵌入式处理器 PXA255。它的内核和 ARM 架构 V5TE 结构兼容，集成了多种微结构的特点，内置 JTAG 接口、存储器控制器、实时时钟及系统时钟、通用接口及 IrDA 接口、蓝牙接口、AC97 接口、扩展卡接口、LCD 控制器、电源管理模块等。它主要针对高性能的 PDA 市场，为支持视频流、无线互联网存取及其他前沿技术而设计。XScale PXA255 芯片结构图如图 1-6 所示。

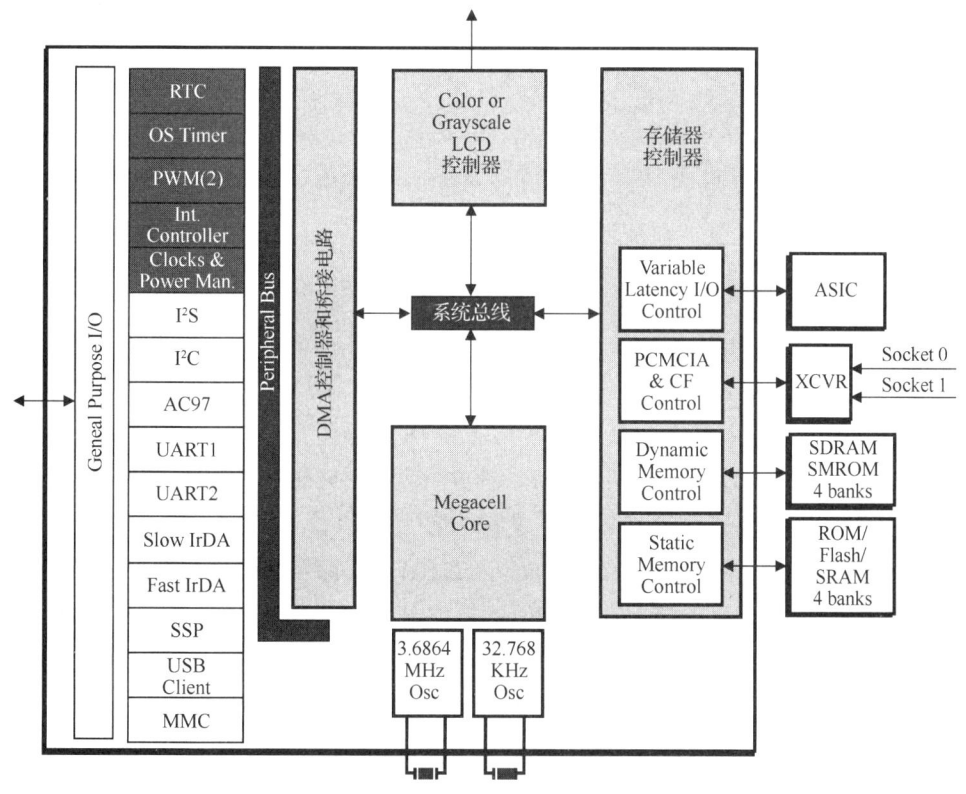

图 1-6　XScale PXA255 芯片结构图

从图 1-6 中可以看出，PXA255 除了采用了 XScale 核，还集成了众多的外部设备，如 DMA 控制器、存储器控制器、LCD 控制器、UART 等。

三、Xscale 微架构系统结构

Xscale 核是采用 ARM 架构的处理器，是 Intel 公司的 StongARM 的升级换代产品，具有高性能、低功耗的特点。但它以核的形式作为专用标准产品的构件（Building Block）。PXA255 应用处理机就是为手持式设备设计的专用标准产品。Xscale 微架构系统结构特性如图 1-7 所示。

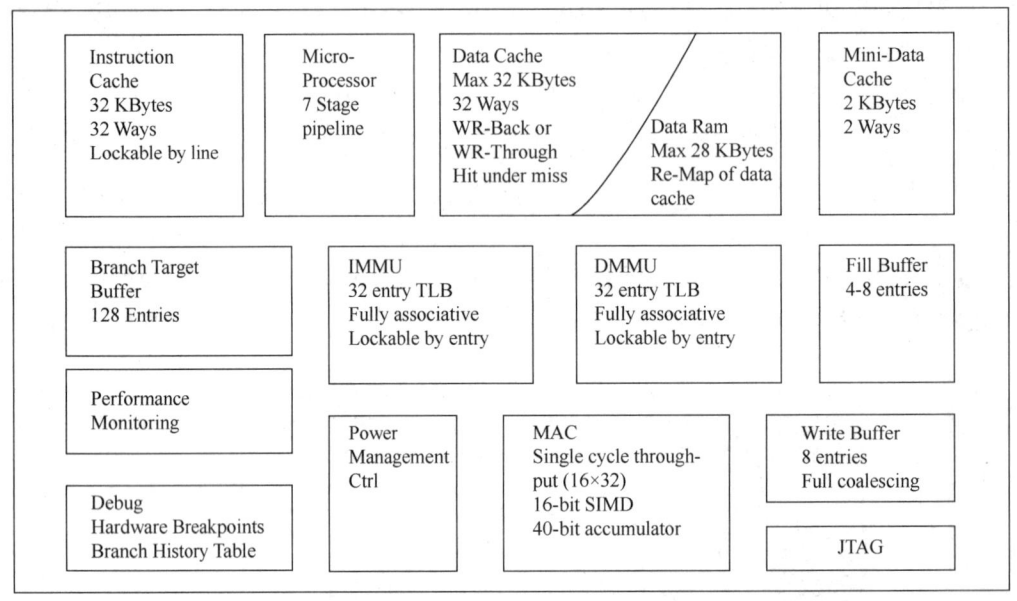

图 1-7　Xscale 微架构系统结构特性图

从图 1-7 中可以看出，XScale 微架构采用 ARM 架构，具有以下显著的特性。①7 级超级流水线。②乘累加器 MAC（Multiply/Accumulate）：DSP 功能的 40 位乘累加器，单周期的 16×32 位操作，单指令多数据流 SIMD 的 16 位操作。③存储器管理单元（Memory Management Unit，MMU）：识别可快存和不可快存（Cacheable 和 Non-Cacheable）编码；写回和写直通；允许存储外部存储器的写缓冲器合并操作；允许数据写分配策略；允许 XScale 扩展的页面属性操作。④指令 Cache：32KB，32 路组相联映像，32B/行；循环代替算法；支持锁操作，以提高指令 Cache 的效率；2KB 微小型指令 Cache，2 路组相关映像，32B/行，只用于常驻在核内的软件调试。⑤分支目标缓冲器 BTB：128 入口的直接映像 Cache。⑥数据 Cache：32KB，32 路组相联映像，32B/行；循环替代算法；支持锁操作，提高数据 Cache 效率；2KB 微小型数据 Cache，2 路组相联映像，32B/行，专为大型流媒体数据。⑦填入缓冲器：4～8 入口；提高外部存储器的数据读取；相关的暂挂缓冲器。⑧写缓冲器：8 入口；支持合并操作。⑨性能监视：2 个性能监视计数器；监视 XScale 核的各种事件；允许用软件测量 Cache 效率，监测系统瓶颈及程序总的时延。⑩电源管理：电源管理；时钟管理。⑪调试：测试访问端口 TAP 控制器；支持 JTAG 的标准测试访问端口及边界扫描。

任务三 嵌入式系统软件

嵌入式软件就是嵌入在硬件中的操作系统和开发工具软件,它广泛应用于国防、工控、家用、商用、医疗等领域。它在产业中的关联关系体现为芯片设计制造→嵌入式系统软件→嵌入式电子设备开发、制造。嵌入式软件与嵌入式系统密不可分,它是基于嵌入式系统设计的软件,是嵌入式系统的重要组成部分。嵌入式系统软件的体系结构图如图 1-8 所示。

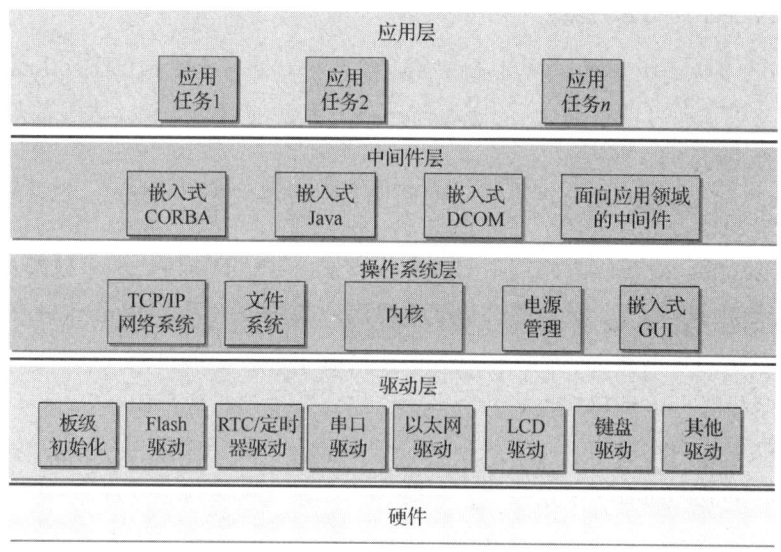

图 1-8 嵌入式系统软件的体系结构图

知识一 引导程序

在嵌入式操作系统中,Bootloader 是在操作系统内核运行之前运行的。它可以初始化硬件设备、建立内存空间映射图,从而将系统的软硬件环境带到一个合适的状态,以便为最终调用操作系统内核准备好正确的环境。在嵌入式系统中,通常并没有像 BIOS 那样的固件程序(有的嵌入式 CPU 也会内嵌一段短小的启动程序),因此整个系统的加载启动任务就完全由 Bootloader 来完成。在一个基于 ARM7TDMI 核的嵌入式系统中,系统在上电或复位时通常都从地址 0x00000000 处开始执行,而在这个地址处安排的通常就是系统的 Bootloader 程序。

一、Bootloader 概述

1. Bootloader 所支持的 CPU 和嵌入式开发板

不同的 CPU 体系结构都有不同的 Bootloader。有些 Bootloader 也支持多种体系结构的 CPU,如 U-Boot 就同时支持 ARM 体系结构和 MIPS 体系结构。除了依赖于 CPU 的体系结构,Bootloader 实际上也依赖于具体的嵌入式板级设备的配置。

2. Bootloader 的安装媒介

系统上电或复位后，所有的 CPU 通常都从某个由 CPU 制造商预先安排的地址上读取指令。而基于 CPU 构建的嵌入式系统通常都有某种类型的固态存储设备（如 ROM、EEPROM 或 Flash 等）被映射到这个预先安排的地址上。因此，在系统上电或复位后，CPU 将首先执行 Bootloader 程序。

3. Bootloader 的启动过程

Bootloader 的启动过程分为单阶段和多阶段两种。通常多阶段的 Bootloader 能提供更复杂的功能及更高的可移植性。从固态存储设备上启动的 Bootloader 大多都是两阶段的启动过程，分为 stage1 和 stage2。

4. Bootloader 的操作模式

大多数 Bootloader 都包含两种不同的操作模式：启动加载模式和下载模式，这两种操作模式的区别仅对开发人员有意义。但从最终用户的角度来看，Bootloader 的作用就是用来加载操作系统，并不存在所谓的启动加载模式和下载模式的区别。

启动加载模式：这种模式也称为"自主"模式。也就是说，Bootloader 从目标机上的某个固态存储设备上将操作系统加载到 RAM 中运行，整个过程并没有用户的介入。这种模式是嵌入式产品发布时的通用模式。下载模式：在这种模式下，目标机上的 Bootloader 将通过串口或网络等通信手段从开发主机（Host）上下载内核映像等到 RAM 中，可以被 Bootloader 写到目标机的固态存储设备中，或者直接进入系统的引导，也可以通过串口接收用户的命令，如下载内核映像和根文件系统映像等。从主机上下载的文件通常先被 Bootloader 保存到目标机的 RAM 中，然后被 Bootloader 写到目标机的 Flash 类固态存储设备中。Bootloader 的这种系统是在更新时使用的。工作于这种模式下的 Bootloader 通常都会向它的终端用户提供一个简单的命令行接口。

5. Bootloader 与主机进行文件传输所用的通信设备及协议

常见的情况是目标机上的 Bootloader 通过串口与主机进行文件传输，传输协议通常是 Xmodem、Ymodem、Zmodem 协议中的一种。但是，由于串口传输速率有限，因此通过以太网连接并借助 TFTP 协议来下载文件是一种更好的选择。

二、Bootloader 层次介绍

一个嵌入式 Linux 操作系统从软件的角度来看通常可以分为以下 4 个层次。

（1）引导加载程序。引导加载程序包括固化在固件中的 Boot 代码（可选）和 Bootloader 两大部分。

（2）Linux 内核，即特定于嵌入式板子的定制内核及内核的启动参数。

（3）文件系统。文件系统包括根文件系统和建立在 Flash 内存设备之上的文件系统。通常用 Ramdisk 来作为 RootFs。

（4）用户应用程序，即特定于用户的应用程序。有时在用户应用程序和内核层之间可能还包括一个嵌入式 GUI。常用的嵌入式 GUI 有 MicroWindows 和 MiniGUI 等。

引导加载程序是系统上电后运行的第一段软件代码。计算机中的引导加载程序由 BIOS 和位于硬盘 MBR 中的 OS Bootloader 一起组成。BIOS 在完成硬件检测和资源分配后，先将硬盘 MBR 中的 OS Bootloader 读到系统的 RAM 中，再将控制权交给 OS Bootloader。Bootloader 的主要运行任务就是先将内核映像从硬盘上读到 RAM 中，再跳转到内核的入口点去运行，即开始启动操作系统。

对于嵌入式系统，OS Bootloader 是基于特定硬件平台实现的，因此几乎不可能为所有的嵌入式系统建立一个通用的 OS Bootloader，不同的处理器架构有不同的 OS Bootloader。OS Bootloader 不但依赖于 CPU 的体系结构，而且依赖于嵌入式板级设备的配置。对两块不同的嵌入式开发板而言，即使它们是基于同一种 CPU 构建的，要想让运行在一块板子上的 OS Bootloader 程序也能运行在另一块板子上，通常需要修改 OS Bootloader 的源程序。尽管如此，仍然可以对 OS Bootloader 归纳出一些通用的概念，用以指导用户进行特定的 OS Bootloader 设计与实现。

三、Bootloader 启动流程

下面介绍 Bootloader 启动流程的两个阶段。

1. Bootloader 的 stage1

在 stage1 中，Bootloader 主要完成以下工作：基本的硬件初始化，包括屏蔽所有的中断、设置 CPU 的速度和时钟频率、初始化 RAM、初始化 LED、关闭 CPU 内部指令和数据 Cache 等。

为加载 stage2 准备 RAM 空间。通常为了获得更快的执行速度，把 stage2 加载到 RAM 空间中来执行，因此必须为加载 Bootloader 的 stage2 准备好一段可用的 RAM 空间范围。设置堆栈指针 SP，为执行 stage2 的 C 语言代码做好准备。

2. Bootloader 的 stage2

在 stage2 中，Bootloader 主要完成以下工作：用汇编语言跳转到 main 入口函数。stage2 的代码通常用 C 语言来实现，目的是实现更复杂的功能和取得更高的代码可读性和可移植性。但是与普通 C 语言应用程序不同的是，在编译和链接 Bootloader 这样的程序时，不能使用 glibc 库中的任何支持函数。

初始化本阶段要使用到的硬件设备，包括初始化串口、初始化计时器等。在初始化这些设备之前，可以输出一些打印信息。检测系统的内存映射，所谓内存映射就是指在整个 4GB 物理地址空间中指出哪些地址范围被用来寻址系统的 RAM 单元。加载内核映像和根文件系统映像，这里包括规划内存占用的布局和从 Flash 上复制数据，设置内核的启动参数。

四、常见 Bootloader 介绍

1. Redboot

Redboot 是 Red Hat 公司随 eCos 发布的一个 Boot 方案，是嵌入式操作系统 eCos 的一个最小版本，是一个开源项目。Redboot 是标准的嵌入式调试和引导解决方案，是一个专门为嵌入式系统定制的引导工具。

Redboot 支持的处理器构架有 ARM、MIPS、MN10300、PowerPC、Renesas SHx、v850、x86 等，是一个完善的嵌入式系统 Bootloader。

Redboot 是在 eCos 的基础上剥离出来的，它继承了 eCos 的简洁、轻巧、可灵活配置、稳定、可靠等优点。它可以使用 Xmodem 或 Ymodem 协议经由串口下载，也可以经由以太网口通过 BOOTP/DHCP 服务获得 IP 参数，使用 TFTP 方式下载程序映像文件，常用于调试支持和系统初始化（Flash 下载更新和网络启动）。Redboot 可以通过串口和以太网口与 GDB 进行通信,调试应用程序,甚至能中断被 GDB 运行的应用程序。Redboot 为管理 Flash 映像、映像下载、Redboot 配置等提供了一个交互式命令行接口，自动启动后，Redboot 用来从 TFTP 服务器或从 Flash 下载映像文件加载系统的引导脚本文件，并保存在 Flash 上。Redboot 支持几乎所有的处理器构架及大量的外部设备接口，并且在不断地完善过程中。

2. ARMboot

ARMboot 是一个 ARM 平台的开源固件项目，它严重依赖于 PPCBoot，是一个为 PowerPC 平台上的系统提供类似功能的姊妹项目。

ARMboot 支持的处理器构架有 StrongARM、ARM720T、PXA250 等，是为基于 ARM 或 StrongARM CPU 的嵌入式系统设计的。ARMboot 的目标是成为通用、容易使用和移植的引导程序，非常轻便地运用于新的平台。ARMboot 的特性为支持多种类型的 Flash，允许映像文件经由 BOOTP、DHCP、TFTP 从网络上下载，支持串口下载 S-record 或 binary 文件，允许内存的显示及修改，支持 JFFS2 文件系统等。

总的来说，ARMboot 介于大型 Bootloader 和小型 Bootloader 之间，相对轻便，基本功能完备，缺点是缺乏后续支持。

3. U-Boot

U-Boot 的全称为 Universal Bootloader，是遵循 GPL 条款的开放源码项目，是由开源项目 PPCBoot 发展起来的。ARMboot 并入 PPCBoot 后，和其他一些 arch 的 Loader 合称为 U-Boot。U-Boot 涵盖绝大部分处理器构架，提供大量外部设备驱动，支持多个文件系统，附带调试、脚本、引导等工具，特别支持 Linux，为板级移植做了大量的工作。U-Boot 功能的完整性和后续不断的支持，使系统的升级维护变得十分方便。

U-Boot 支持的处理器构架包括 PowerPC（MPC5xx、MPC8xx、MPC82xx、MPC7xx、MPC74xx）、ARM（ARM7、ARM9、StrongARM、Xscale）、MIPS、x86 等，它是在 GPL

下资源代码最完整的一个通用 Bootloader。

U-Boot 主要具有以下特性：支持 SCC/FEC 以太网；引导 BOOTP/TFTP；具有 IP、MAC 预置功能；在线读写 Flash、DOC、IDE、I^{2}C、EEROM、RTC；支持串口 kermit、S-record 下载代码；识别二进制、ELF32、pImage 格式的 Image，对 Linux 引导有特别的支持；监控命令集，具有读写 I/O、内存、寄存器、外部设备测试功能等；支持多种脚本语言（类似 BASH 脚本）；支持 LCD Logo、状态指示功能等。

4. Blob

Blob 是由 Jan Derk Bakker 和 Erik Mouw 发布的，是专门为 StrongARM 构架下的 LART 设计的。

Blob 支持 SA1100 的 LART 主板，但用户也可以自行修改移植。Blob 提供两种工作模式：启动加载模式和下载模式。在启动时，Blob 处于正常的启动加载模式，但是它会延时 10s 等待终端用户按下任意键而切换到下载模式。如果在 10s 内用户没有按键，那么 Blob 继续启动 Linux 内核。其基本功能如下：初始化硬件（CPU 速率、存储器、中断、RS-232 串口）；引导 Linux 内核并提供 Ramdisk；给 LART 下载一个内核或 Ramdisk；给 Flash 片更新内核或 Ramdisk；测定存储配置并通知内核；给内核提供一个命令行；Blob 功能比较齐全，代码较少，比较适合进行修改移植，用来引导 Linux，目前大部分 S3C44B0 板都用 Blob 修改移植后加载 uCLinux。

5. Bios-lt

Bios-lt 是专门支持三星公司 ARM 构架处理器 S3C4510B 的 Loader，可以设置 CPU、ROM、SDRAM、EXTIO，管理并烧写 Flash，装载引导 uCLinux 内核。这是国内工程师申请 GNU 通用公共许可发布的。Bios-lt 还提供了 S3C4510B 的一些外部设备驱动。

6. Bootldr

Bootldr 是 Compaq 公司发布的，类似于 Compaq iPAQ Pocket PC，支持 SA1100 芯片。它被推荐用来引导 Linux，支持串口 Y Modem 协议及 JFFS 文件系统。

7. vivi

vivi 是韩国 Mizi 公司开发的 Bootloader，适用于 ARM9 处理器。和所有的 Bootloader 一样，vivi 有两种工作模式：启动加载模式和下载模式。启动加载模式可以在一段时间（这个时间可更改）后自行启动 Linux 内核，这是 vivi 的默认模式。在下载模式下，vivi 为用户提供一个命令行接口，通过该接口可以使用 vivi 提供的一些命令。

vivi 作为一种 Bootloader，其运行过程分成两个阶段。第一阶段的代码在 head.s 中定义，大小不超过 10KB，它包括从系统上电后在 0x00000000 地址开始执行的部分。这部分代码运行在 Flash 中，包括对一些寄存器、时钟等的初始化并跳转到第二阶段执行。第二阶段的代码在 vivi\init\main.c 中，主要进行一些开发板初始化、内存映射和内存管理单元初始化等工作，最后会跳转到 boot_or_vivi()函数中，接收命令并进行处理。需要注意的是，在 Flash 中执行完内存映射后，会将 vivi 代码复制到 SDRAM 中执行。

知识二　操作系统

1. 操作系统概述

操作系统是计算机用户和计算机硬件之间的一个中介，它是管理和控制计算机硬件与软件资源的计算机程序，是直接运行在"裸机"上的基本系统软件，而其他软件必须在操作系统的支持下才能运行。

操作系统是用户和计算机的接口，同时是计算机硬件和其他软件的接口。操作系统的功能包括管理计算机系统的硬件、软件及数据资源，控制程序运行，改善人机界面，为其他应用软件提供支持等，使计算机系统所有资源最大限度地发挥作用，同时提供各种形式的用户界面，使用户有一个好的工作环境，为其他软件的开发提供必要的服务和相应的接口。实际上，用户不用接触操作系统，操作系统管理着计算机硬件资源，同时按照应用程序的资源请求，为其分配资源。

操作系统的种类相当多，各种设备安装的操作系统从简单到复杂，可分为智能卡操作系统、实时操作系统、传感器节点操作系统、嵌入式操作系统、PC 操作系统、多处理器操作系统、网络操作系统和大型机操作系统。按应用领域划分主要有三种：桌面操作系统、服务器操作系统和嵌入式操作系统。

操作系统一般提供以下服务。

（1）程序运行。

一个程序的运行离不开操作系统的配合，其中包括指令和数据载入内存、I/O 设备和文件系统的初始化等。

（2）I/O 设备访问。

每种 I/O 设备的管理和使用都有其自身的特点，而操作系统接管了这些工作，使得用户在使用这些 I/O 设备的过程中感觉更加方便。

（3）文件访问。

文件访问不仅要熟悉相关 I/O 设备（磁盘驱动器等）的特点，还要熟悉相关的文件格式。另外，对于多用户操作系统或网络操作系统，从计算机安全角度考虑，需要对文件的访问权限做出相应的规定和处理。这些都是操作系统所要完成的工作。

（4）系统访问。

对多用户操作系统或网络操作系统而言，其需要对用户系统的访问权限做出相应的规定和处理。

（5）错误检测和反馈。

当操作系统运行时，会出现这样那样的问题。操作系统应当提供相应的机制来检测这些信息,并且能针对某些问题给出合理的处理方法,或者向用户提供相应的报告信息。

(6) 系统使用记录。

在一些现代操作系统中,出于系统性能优化或系统安全方面的考虑,操作系统会记录用户的使用信息。

(7) 程序开发。

一般操作系统都会提供丰富的 API 供程序员开发应用程序,并且很多程序编辑工具、集成开发环境等都是通过操作系统提供的。计算机有很多资源,它们可用于数据的传输、处理或存储及这些操作的控制,而这些资源的管理工作就交给了操作系统。

2. 操作系统的发展史

(1) 串行处理系统。

在 20 世纪四五十年代电子计算机发展初期,没有操作系统的概念,人们通过一个由显示灯、跳线、某些 I/O 设备同计算机打交道。当需要执行某个计算机程序时,人们通过输入设备将程序输入计算机,然后等待运行结果。如果中间出现错误,程序员就需要检查计算机寄存器、内存甚至一些元器件以找出错误原因。如果顺利完成,结果就由打印机打印出来。人们称这种工作方式为串行处理方式。

(2) 简单批处理系统。

由于早期的计算机系统十分昂贵,因此人们希望通过某种方式提高计算机的利用率,于是引入了批处理的概念。

早期的批处理系统功能相对简单,其核心思想就是借助某个被称为监视器的软件,使用户不需要直接和计算机硬件打交道,只需要将自己所要完成的计算任务提交给计算机操作员即可。在操作员那里,所有计算任务按照一定的顺序被成批地输入计算机。当某个计算任务执行结束后,监视器会自动开始执行下一个计算任务。

(3) 多道程序设计批处理系统。

即便采用了批处理技术,计算机系统也不能对计算机资源进行有效利用。当某个批处理任务需要访问 I/O 设备时,处理器往往处于空闲状态。基于这方面的考虑,多道程序设计思想被引入批处理系统中。通常,多道程序设计也可称为多任务,相应地,多道程序设计批处理系统也可称为多任务批处理系统。它是指允许多个程序同时进入一个计算机系统的主存储器并启动进行计算的方法。在多道程序设计批处理系统中,首先用户提交的作业都存放在外存中,并形成队列;然后作业调度程序按照作业调度算法将若干作业调入内存,CPU 同时执行,以达到 CPU 和资源的共享,从而提高资源的利用率和增加系统的吞吐量。

(4) 分时操作系统。

在多道程序设计批处理系统中,计算机资源的利用率得到了很大提高。但是如果用户希望能够干预计算任务的执行该怎么办呢?我们需要引入一种交互模式来实现这一功能,分时的概念由此产生。分时操作系统是一种使一台计算机采用时间片轮转的方式同时为几个、几十个甚至几百个用户服务的操作系统。在实际的单处理器系统中,由多个任务交替获取处理器控制权,从而提供更好的交互性能。

(5) 现代操作系统。

现代操作系统技术是在以上 4 种典型的操作系统技术的基础上提出的操作系统实现方式,它满足了现代计算机系统管理和使用的要求。现代操作系统的主要特征是多任务、分时,而且很多系统都开始陆续加入多用户功能。现代操作系统一般包括进程及进程管理、内存及虚拟管理、信息保护和安全、调度和资源管理、模块化及系统化设计。

3. 嵌入式操作系统

嵌入式操作系统是指用于嵌入式系统的操作系统。嵌入式操作系统是一种用途广泛的系统软件,通常包括与硬件相关的底层驱动软件、系统内核、设备驱动接口、通信协议、图形用户界面、标准化浏览器等。嵌入式操作系统负责嵌入式系统的全部软件和硬件资源的分配、任务调度、控制及协调并发活动。它必须体现其所在系统的特征,能够通过装卸某些模块来达到系统所要求的功能。目前在嵌入式领域广泛使用的操作系统有 Linux、Windows CE、μC/OS-II、VxWorks 等,以及应用在智能手机和平板电脑的 Android、iOS 等。

Linux 操作系统是一套可免费使用和自由传播的类 UNIX 操作系统,是一个基于 POSIX 和 UNIX 的多用户、多任务、支持多线程和多 CPU 的操作系统。它能运行主要的 UNIX 工具软件、应用程序和网络协议,支持 32 位和 64 位硬件。Linux 操作系统继承了 UNIX 以网络为核心的设计思想,是一个性能稳定的多用户网络操作系统。Linux 操作系统可安装在各种计算机硬件设备中,如手机、平板电脑、路由器、视频游戏控制台、台式计算机、大型机和超级计算机。

在嵌入式系统应用方面,Linux 操作系统小到可以放在一张软盘上运行。为实时操作系统开发的各种 RTLinux (Real-Time Linux),可以让 Linux 操作系统支持硬件实时任务。Linux 操作系统的开放式原则使得 Linux 操作系统下的驱动和升级越来越多,并且越来越快。

Windows CE 是 Microsoft 公司推出的面向移动智能连接设备的模块化实时嵌入式操作系统。凭借广泛的适应性、丰富的功能、强大的多媒体能力和友好的开发环境,Windows CE 已经被广泛地应用于 PDA、智能手机、汽车电子、信息终端等领域。

从操作系统内核的角度来看,Windows CE 具有灵活的电源管理功能,包括睡眠模式和唤醒模式。在 Windows CE 中,还使用了对象存储技术,包括文件系统、注册表及数据库。它还具有很多高性能、高效率的操作系统特性,包括按需换页、共享存储、交叉处理同步、支持大容量堆等。

Windows CE 具有良好的通信能力。它广泛支持各种通信硬件,也支持直接的局域网连接及拨号连接,并提供与计算机、内部网及 Internet 的连接,包括用于应用级数据传输的设备至设备间的连接。在提供各种通信基础结构的同时,Windows CE 还提供与 Windows

9x/NT 的最佳集成和通信。

Windows CE 的图形用户界面相当出色。它拥有基于 Microsoft Internet Explorer 的 Internet 浏览器。此外，其还支持 TrueType 字体。开发人员可以利用丰富灵活的控件库在 Windows CE 环境下为嵌入式应用建立各种专门的图形用户界面。Windows CE 还可以支持手写体和声音识别、动态影像、3D 图形等特殊应用。

μC/OS-II 是 Jean J Labrosse 开发的一种小型嵌入式操作系统，是一种基于优先级的抢占式多任务实时操作系统，包含实时内核、任务管理、时间管理、任务间通信同步（信号量、邮箱、消息队列）和内存管理等功能。它主要面向中小型嵌入式系统，具有执行效率高、占用空间小、可移植性高、实时性高和可扩展性强等特点。μC/OS-II 结构小巧，最小内核可编译至 2KB，即使包含全部功能（如信号量、消息邮箱、消息队列及相关函数等），编译后的内核也仅有 610KB；扩展性强，如果需要，则可自行加入文件系统等。

VxWorks 是美国 WindRiver 公司于 1983 年设计开发的一种嵌入式实时操作系统，是嵌入式开发环境的关键组成部分，具有良好的持续发展能力、高性能的内核及友好的用户开发环境，在嵌入式实时操作系统领域占据一席之地。VxWorks 以其良好的可靠性和卓越的实时性被广泛地应用在通信、军事、航空航天等高精尖技术和卫星通信、军事演习、弹道制导、飞机导航等实时性要求极高的领域。

VxWorks 的主要应用领域包括数据网络、远程通信、医疗设备、电子消费、交通运输、工业、航空航天和多媒体等。VxWorks 是一个相当小的微内核的层次结构。其内核仅提供多任务环境、进程间通信和同步功能。这些功能模块足够支持 VxWorks 在较高层次提供丰富的性能。

Android 是一种基于 Linux 操作系统的自由及开放源代码的操作系统，主要用于移动设备，如智能手机和平板电脑，由 Google 公司和开放手机联盟领导及开发。其尚未有统一中文名称，中国较多人称其为"安卓"或"安致"。Android 最初由 Andy Rubin 开发，主要支持手机。第一部 Android 智能手机发布于 2008 年 10 月。之后，Android 逐渐扩展到平板电脑及其他领域，如电视、数码相机、游戏机等。

iOS 是由苹果公司开发的移动操作系统。苹果公司最早于 2007 年 1 月 9 日的 Macworld 大会上公布了这个系统，最初是设计给 iPhone 使用的，后来陆续套用到 iPod Touch、iPad 及 Apple TV 等产品上。iOS 与苹果的 Mac OS X 操作系统一样，也是以 Darwin 为基础的，因此同样属于类 UNIX 的商业操作系统。原本这个系统名为 iPhone OS，因为 iPad、iPhone、iPod Touch 都使用 iPhone OS，所以在 WWDC 2010 大会上宣布改名为 iOS。

软件主要可以依据操作系统的类型来划分。嵌入式系统的软件主要有两大类：实时系统和分时系统。其中，实时系统又分为两类：硬实时系统和软实时系统。

实时系统是为执行特定功能而设计的，可以严格地按时序执行功能。其最大的特征就是程序的执行具有确定性。在实时系统中，如果系统在指定的时间内未能实现某个确定的任务，导致系统的全面失败，那么这个系统被称为硬实时系统。在软实时系统中，虽然响应时间同样重要，但是超时却不会导致致命错误。一个硬实时系统往往在硬件上需要添加专门用于时间和优先级管理的控制芯片，而软实时系统主要在软件方面通过编程实现时限的管理。比如，Windows CE 是一个多任务分时系统，而 μC/OS-II 是一个典型的实时操作系统。

知识三 应用软件

嵌入式应用软件是针对特定应用领域，基于某一固定的硬件平台，用来达到用户预期目标的计算机软件。由于用户任务可能有时间和精度上的要求，因此有些嵌入式应用软件需要特定的嵌入式操作系统的支持。嵌入式应用软件和普通应用软件有一定的区别，它不仅要求在准确性、安全性和稳定性等方面能够满足实际应用的需要，还要尽可能地进行优化，以减少对系统资源的消耗，降低硬件成本。目前，我国市场上已经出现了各式各样的嵌入式应用软件，包括浏览器、E-mail 软件、文字处理软件、通信软件、多媒体软件、个人信息处理软件、智能人机交互软件、各种行业应用软件等。嵌入式应用软件是最活跃的，每种嵌入式应用软件均有特定的应用背景，尽管规模较小，但专业性较强，所以嵌入式应用软件不像操作系统和支撑软件那样受制于国外产品垄断。

任务四 嵌入式开发环境的搭建

知识一 虚拟机及 Ubuntu 操作系统的安装

一、嵌入式系统开发模式

嵌入式系统开发分为软件开发和硬件开发。嵌入式系统在开发过程中一般都采用图 1-9 所示的"宿主机-目标板"开发模式，开发时先使用宿主机（运行 Linux 的计算机）上的交叉编译工具链（包括编译、汇编及链接工具）来生成在目标板（开发板）上运行的二进制代码，再把可执行文件下载到宿主机上运行。当内核编译成功后，通过串口或 USB 接口将其下载到目标板上运行。交叉编译调试环境建立在宿主机上，即基于"宿主机-目标板"的交叉编译模式。

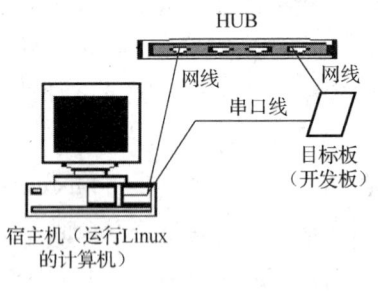

图 1-9 "宿主机-目标板"开发模式

在软件设计上，图 1-10 所示为结合 ARM 硬件环境及 ADS 软件开发环境所设计的嵌入式系统开发流程图。整个开发过程基本包括以下几个步骤。

（1）源代码编写：编写源 C/C++及汇编程序。

（2）编译链接：通过专用编译器编译链接程序。

（3）仿真调试：在 SDK 中仿真软件运行情况，通过 JTAG 等方式联合调试程序。

（4）下载：通过 JTAG、USB、UART 方式将程序下载到目标板上。

（5）程序无误，下载到产品上生产。

图 1-10　嵌入式系统开发流程图

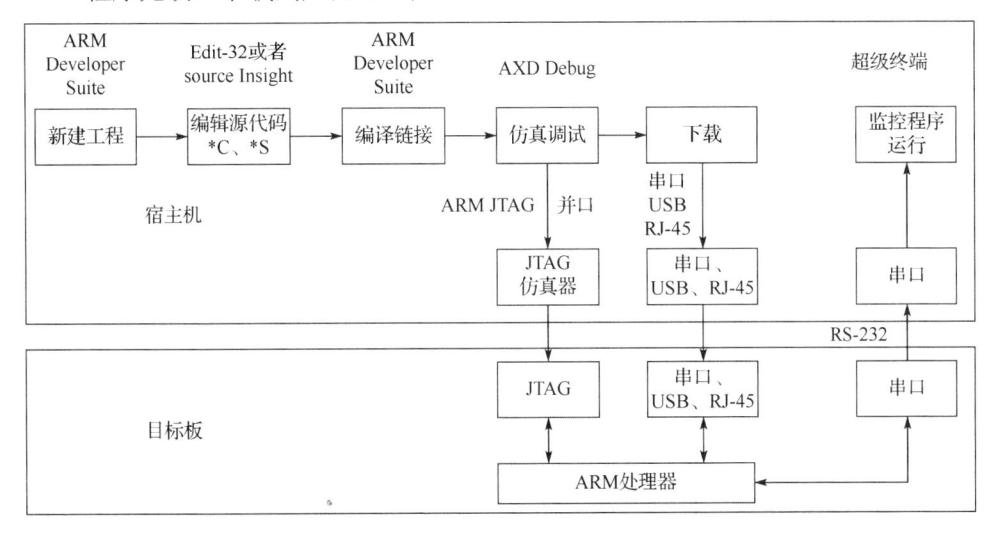

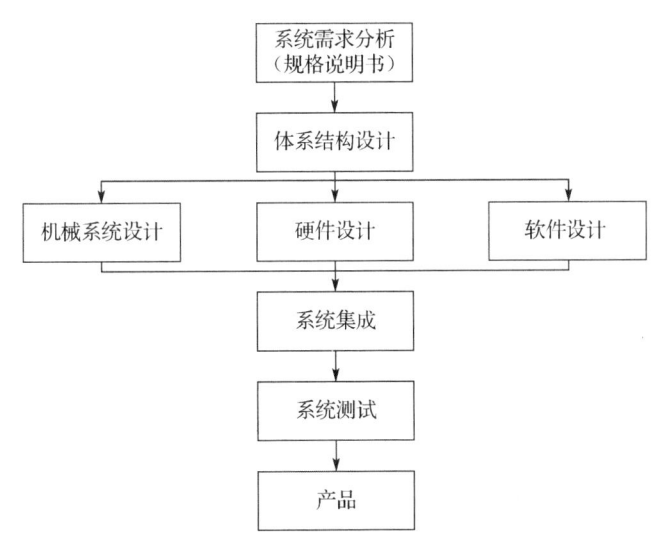

二、嵌入式系统开发流程

嵌入式系统开发流程图如图 1-11 所示，主要包括系统需求分析（要求有规格说明书）、体系结构设计、机械系统设计、软件设计、硬件设计、系统集成、系统测试，最终完成产品的开发。

图 1-11　嵌入式系统开发流程图

（1）系统需求分析。确定设计任务和设计目标，并提炼出规格说明书，作为正式设计指导和验收的标准。系统的需求一般分为功能性需求和非功能性需求两方面。功能性需求是系统的基本功能要求，如 I/O 信号、操作方式等；非功能性需求包括系统性能、成本、

31

功耗、体积、质量等方面的需求。

（2）体系结构设计。描述系统如何实现所述的功能性需求和非功能性需求，包括对软件、硬件和机械系统的功能划分，以及系统的软件、硬件选型等。一个好的体系结构是设计成功的关键。本书不涉及机械系统设计，因此不进行详细描述。

（3）协同设计。基于体系结构，对系统的软件、硬件等进行详细设计。为了缩短产品开发周期，软件、硬件等的设计往往是并行的。嵌入式系统设计的工作大部分集中在软件设计上。面向对象技术、软件组件技术、模块化设计的方法是现代软件工程经常采用的方法。

（4）系统集成。把系统的软件、硬件和机械系统集成在一起，进行调试，发现并改正设计过程中的错误。

（5）系统测试。对设计好的系统进行测试，看其是否满足规格说明书中给定的功能要求。

嵌入式系统开发模式的最大特点是软件、硬件综合开发。这是因为嵌入式产品是软件、硬件的结合体，软件针对硬件开发、固化且不可修改。

在一个嵌入式系统中使用 Linux 技术进行开发，一般都需要经过以下过程。

（1）建立开发环境。操作系统一般使用 Linux，选择定制安装或全部安装，通过网络下载相应的 GCC 交叉编译器进行安装（如 arm-1inux-gcc、arnl-uclibc-gcc），或者安装产品厂家提供的相关交叉编译器。

（2）配置开发主机。配置 MINICOM，一般的参数如下：波特率为 115200 Baud/s，数据位为 8 位，停止位为 1 位，无奇偶校验位，软件、硬件流控设为无。在 Windows 下的超级终端的配置也是这样的。MINICOM 软件是调试嵌入式开发板的信息输出的监视器和键盘输入的工具。配置网络主要是指配置网络文件系统（Network File System，NFS），配置时需要关闭防火墙，简化嵌入式网络调试环境设置过程。

（3）建立引导装载程序 Bootloader。从网络上下载一些公开源码的 Bootloader，如 U-Boot、Blob、vivi、ARMboot 等，根据具体芯片进行修改移植。有些芯片没有内置引导装载程序，如三星的 ARM7、ARM9 系列芯片，这就需要编写开发板上 Flash 的烧写程序，读者可以从网络上下载相应的烧写程序，也有 Linux 下的公开源码的 J-Flash 程序。如果不能烧写自己的开发板，就需要根据具体电路进行源码修改。这是让系统可以正常运行的第一步。如果用户购买了厂家的仿真器，就比较容易烧写 Flash，虽然无法了解其中的核心技术，但对需要迅速开发应用的人来说，可以极大地提高开发速度。

（4）下载 Linux 操作系统，如 MCLinux、ARM-Linux、PPC-Linux 等。如果有专门针对所使用的 CPU 移植好的 Linux 操作系统，就再好不过了，在下载好操作系统后添加特定硬件的驱动程序，然后进行调试修改。对于带 MMU 的 CPU 可以使用模块方式调试驱动，而对于 MCLinux 这样的操作系统只能编译内核进行调试。

（5）建立根文件系统。可以先从网络上下载并使用 BusyBox 软件进行功能裁剪，产生一个最基本的根文件系统，再根据自己的应用需要添加其他的程序。由于默认的启动脚本一般都不会符合应用的需要，所以要修改根文件系统中的启动脚本，它位于/etc 目录下，包括/etc/init.d/rc.s、/etc/profile、/etc/.profile 等，自动挂装文件系统的配置文件/etc/fstab，具体情况会因为系统的不同而不同。根文件系统在嵌入式系统中一般设为只读，需要使用 mkcramfs、genromfs 等工具产生烧写映像文件。

（6）建立应用程序的 Flash 磁盘分区，一般使用 JFFS2 或 YAFFS 文件系统，这需要在内核中提供这些文件系统的驱动，有的系统使用一个 512KB～32MB 的线性 Flash（NOR 型），有的系统使用一个 8～512MB 的非线性 Flash（NAND 型），还有的系统两个同时使用，需要根据应用规划 Flash 的分区方案。

（7）建立应用程序。应用程序可以放到根文件系统中，也可以放到 YAFFS、JFFS2 文件系统中.有的应用不使用根文件系统，直接将应用程序和内核设计在一起，这有点类似于 μC/OS-II 的方式。

（8）调试内核、根文件系统和应用程序，发布产品。

三、虚拟机及 Ubuntu 操作系统的安装过程

1. 预备知识

绝大多数 Linux 软件开发都是以本地方式进行的，即本机开发、调试，本机运行的方式。这种方式通常不适用于嵌入式系统的软件开发，因为对于嵌入式系统的软件开发，没有足够的资源在本机（板子上系统）运行开发工具和调试工具。通常的嵌入式系统的软件开发采用交叉编译调试的方式。交叉编译调试环境建立在宿主机上，对应的开发板叫作目标板。开发时，使用宿主机上的交叉编译、汇编及链接工具形成可执行的二进制代码，然后把可执行文件下载到目标板上运行。调试的方法很多，如使用串口、以太网口等。具体使用哪种调试方法可以根据目标板处理器提供的支持做出选择。GNU 编译器提供以下功能：编译器在编译时可以选择开发所需的宿主机和目标板从而建立开发环境。因此，进行嵌入式系统软件开发的第一步就是安装一台装有指定操作系统的计算机作为宿主机，对于嵌入式 Linux 操作系统，宿主机上的操作系统一般要求为 Ubuntu。嵌入式系统软件开发通常要求宿主机可以联网，支持 NFS（为交叉开发时 mount 所用）。第二步是在宿主机上建立交叉编译调试的开发环境。

2. 嵌入式 Linux 操作系统开发流程

嵌入式 Linux 操作系统开发，根据不同的应用需求有不同的配置开发方法。

3. 对宿主机的性能要求

由于 Ubuntu 操作系统安装后占用的空间为 2.4～5GB，而且要安装 ARM-Linux 开发软件，因此对宿主机的硬盘空间要求较大。硬件要求如下：CPU 至少优于奔腾 500MB，最好优于奔腾 1.0GB；内存至少为 128MB，最好大于 256MB；硬盘空间至少为 10GB，最好大于 40GB。

4. 系统搭建流程

系统搭建流程图如图 1-12 所示，其中包括 PC 平台 Linux 虚拟机环境的建立，烧写 U-Boot、系统内核和根文件系统。

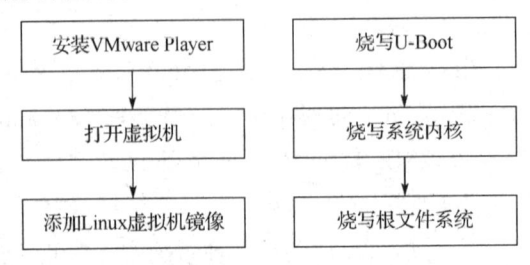

图 1-12　系统搭建流程图

5. Ubuntu 14.04 的安装

Linux 开发环境是在 Windows 下 VMware 中安装 Ubuntu 操作系统实现的。这样做的好处是 Windows 下可用的工具比较多，而且不用像双系统（Windows+Linux）那样来回切换系统，高效、实用。目前最著名的虚拟机就是 VMware Workstation，可在官网下载其最新版本。

VMware Workstation 是一个虚拟计算机软件，它使用户可以在一台机器上同时运行两个或更多 Windows、Linux 等操作系统。与"多启动"系统相比，VMware 采用了完全不同的概念。

1）构建虚拟环境——VMware Workstation 安装

进入 VMware 官网，界面如图 1-13 所示。

图 1-13　VMware 官网界面

根据操作系统选择合适的产品并进行下载。VMware Workstation 的安装和大多数软件

项目一　嵌入式系统

这可能需要几分钟时间",如图 1-20 所示。

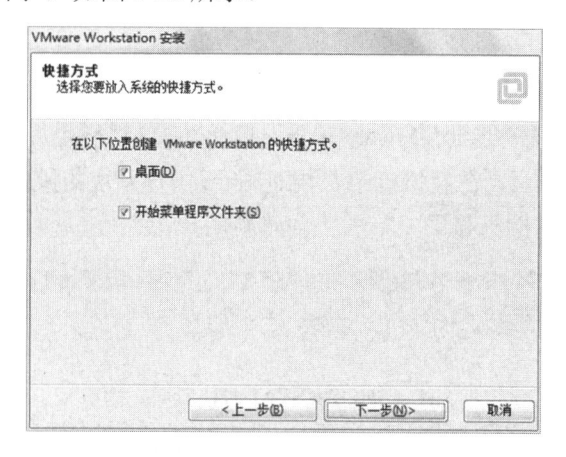

图 1-19 "快捷方式"界面

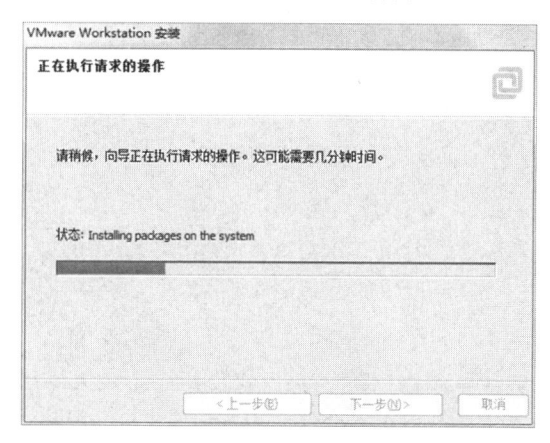

图 1-20 "正在执行请求的操作"界面

(6) VMware Workstation 安装完成,如图 1-21 所示。单击"完成"按钮退出安装向导。

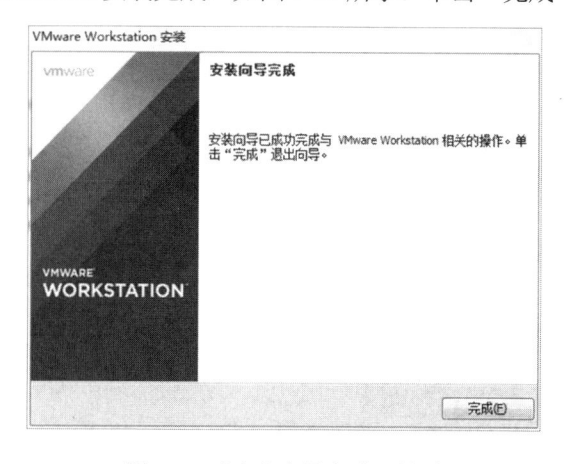

图 1-21 "安装向导完成"界面

37

（7）注册版本序列号后就可以正常使用虚拟机。安装成功后，计算机桌面上会出现安装后的快捷方式。

2）在虚拟机中安装 Ubuntu 操作系统

将 Ubuntu 操作系统安装到 VMware Workstation 中，这里使用的 Ubuntu 版本是 Ubuntu-14.04.5-desktop-amd64.iso。在虚拟机中安装 Ubuntu 操作系统的操作过程如下。

（1）双击桌面上的图标，单击"创建新的虚拟机"按钮，如图 1-22 所示。

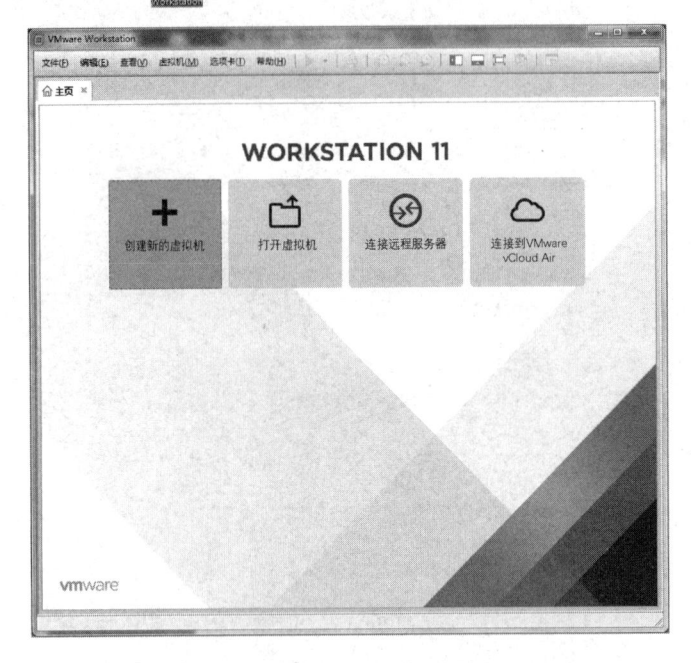

图 1-22 单击"创建新的虚拟机"按钮

（2）选中"自定义(高级)"单选按钮，如图 1-23 所示，单击"下一步"按钮。

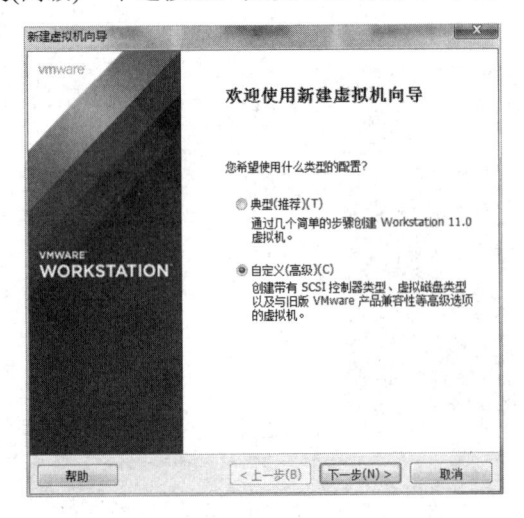

图 1-23 选中"自定义(高级)"单选按钮

项目一　嵌入式系统

（3）在"硬件兼容性"下拉列表中选择"Workstation 11.0"选项，如图 1-24 所示，单击"下一步"按钮。

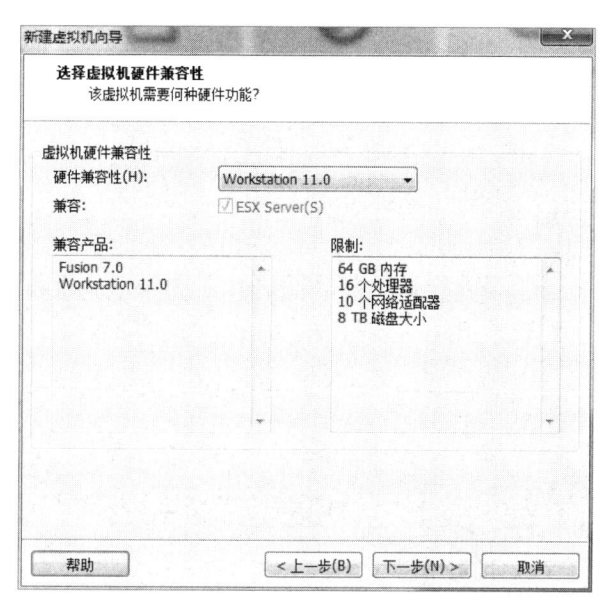

图 1-24　选择"Workstation 11.0"选项

（4）选中"稍后安装操作系统"单选按钮，如图 1-25 所示，单击"下一步"按钮。

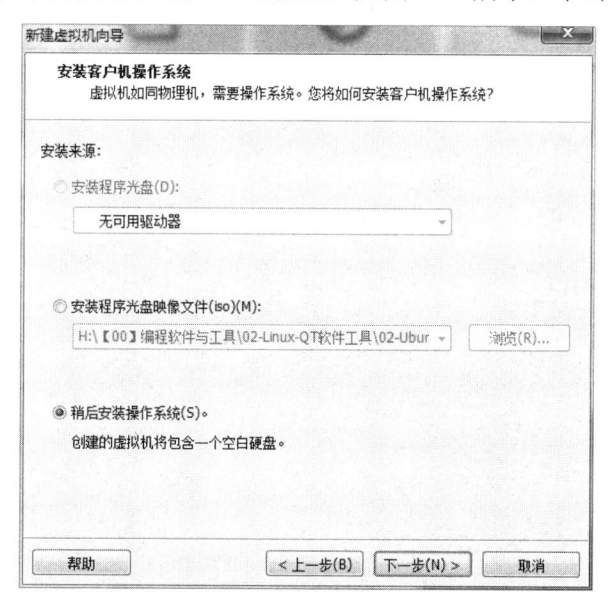

图 1-25　选中"稍后安装操作系统"单选按钮

（5）在"选择客户机操作系统"界面的"客户机操作系统"选区中选中"Linux"单选按钮，在"版本"下拉列表中选择"Ubuntu 64 位"选项，如图 1-26 所示，单击"下一步"按钮。

39

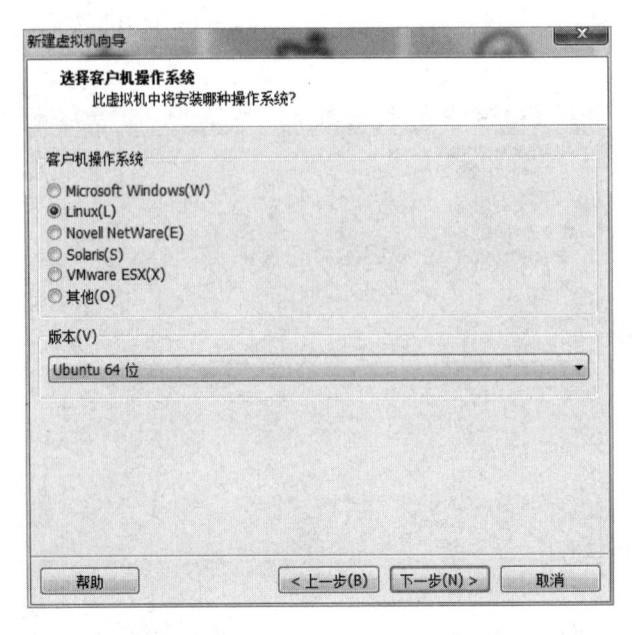

图 1-26 "选择客户机操作系统"界面

（6）在计算机非系统盘中建立一个文件夹，用于存放安装后的 Ubuntu 操作系统，并在"命名虚拟机"界面中选择该文件夹所在位置，如图 1-27 所示，单击"下一步"按钮。

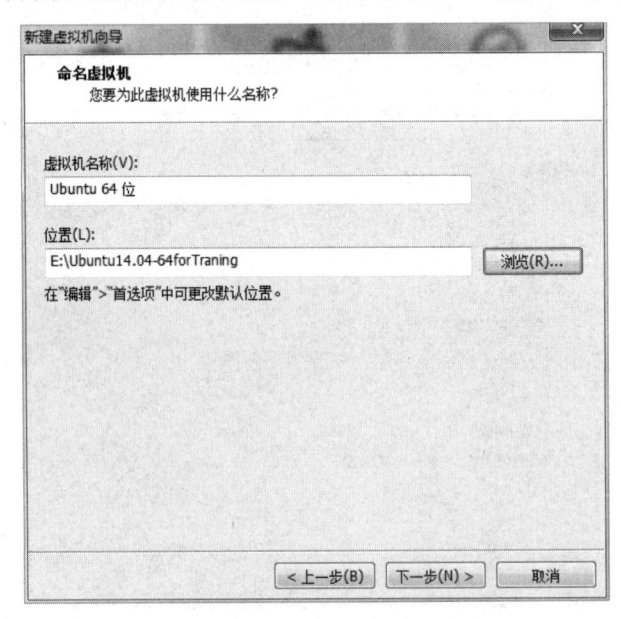

图 1-27 "命名虚拟机"界面

（7）处理器配置可以采用默认配置，也可以自行更改。这里在"处理器配置"界面中将处理器数量设置为 1，将每个处理器的核心数量设置为 2，如图 1-28 所示，单击"下一步"按钮。

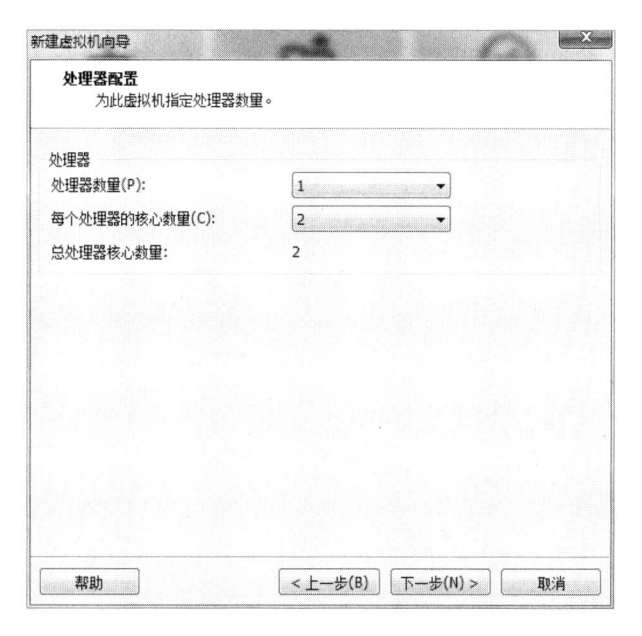

图 1-28 "处理器配置"界面

（8）虚拟机内存分配按照计算机配置设置，推荐选择 1024MB，如图 1-29 所示，单击"下一步"按钮。

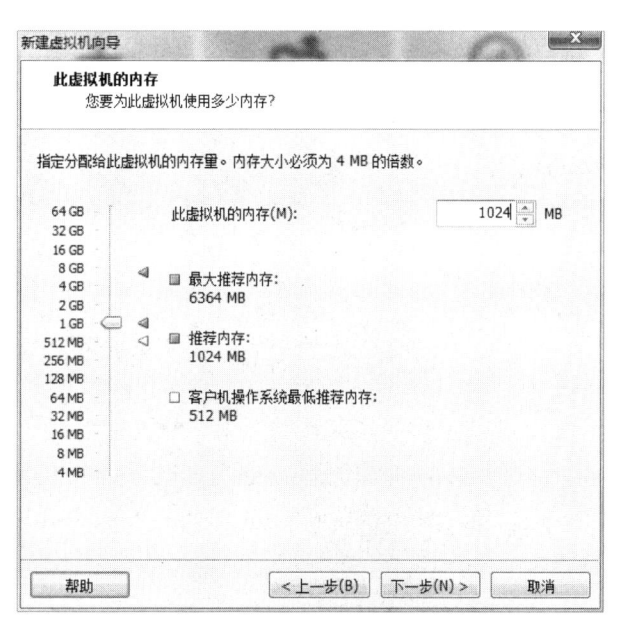

图 1-29 虚拟机的内存选择 1024MB

（9）在"网络类型"界面的"网络连接"选区中选中"使用桥接网络"单选按钮，如图 1-30 所示。在 VMware Workstation 中提供了三种网络模式，分别为桥接模式、网络地址转换模式、仅主机模式，这三种网络模式各自有不同的功能，有需要的读者可以自己去详细了解。

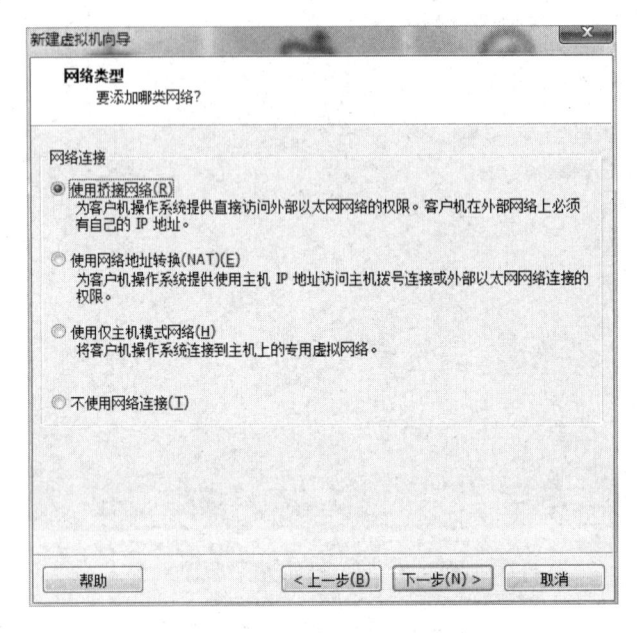

图1-30 选中"使用桥接网络"单选按钮

（10）在"选择I/O控制器类型"界面和"选择磁盘类型"界面中分别选择I/O控制器类型和磁盘类型，采用默认设置即可，如图1-31和图1-32所示，单击"下一步"按钮。

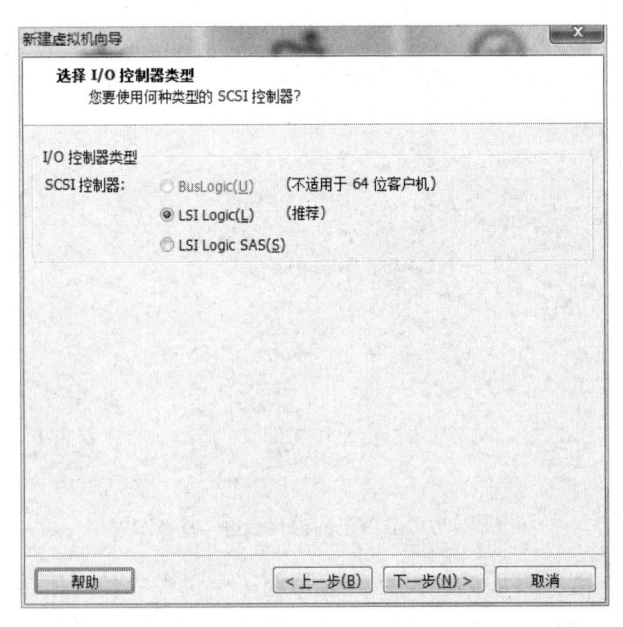

图1-31 "选择I/O控制器类型"界面

项目一　嵌入式系统

图 1-32　"选择磁盘类型"界面

（11）在"选择磁盘"界面的"磁盘"选区中选中"创建新虚拟磁盘"单选按钮，如图 1-33 所示，单击"下一步"按钮。

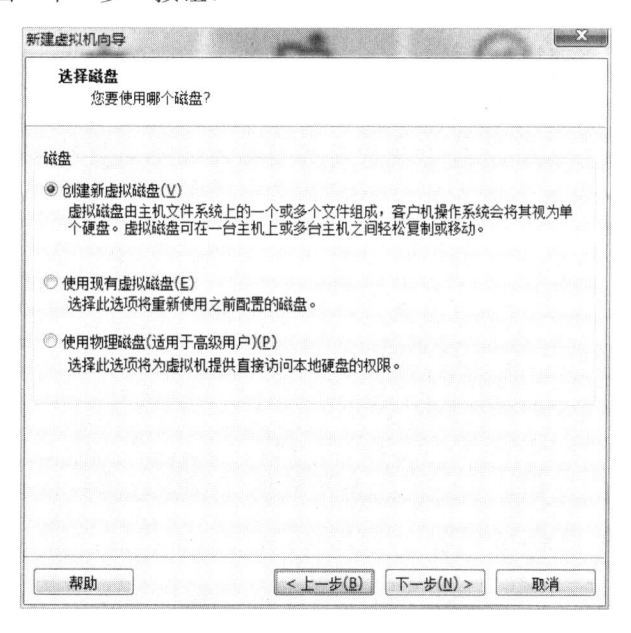

图 1-33　选中"创建新虚拟磁盘"单选按钮

（12）在"指定磁盘容量"界面中可根据自己的实际需要确定磁盘大小，这里选择 100GB，并选中"将虚拟磁盘拆分成多个文件"单选按钮，如图 1-34 所示，单击"下一步"按钮。

43

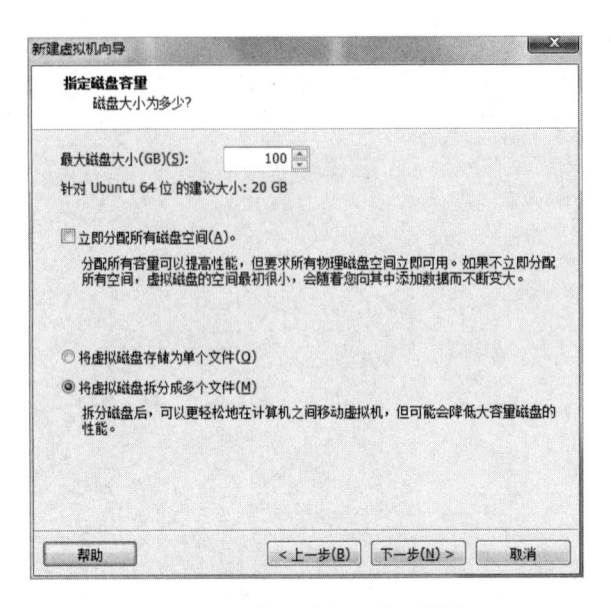

图 1-34 "指定磁盘容量"界面

（13）在"指定磁盘文件"界面中将磁盘文件命名为"Ubuntu 64 位.vmdk"，如图 1-35 所示，单击"下一步"按钮。

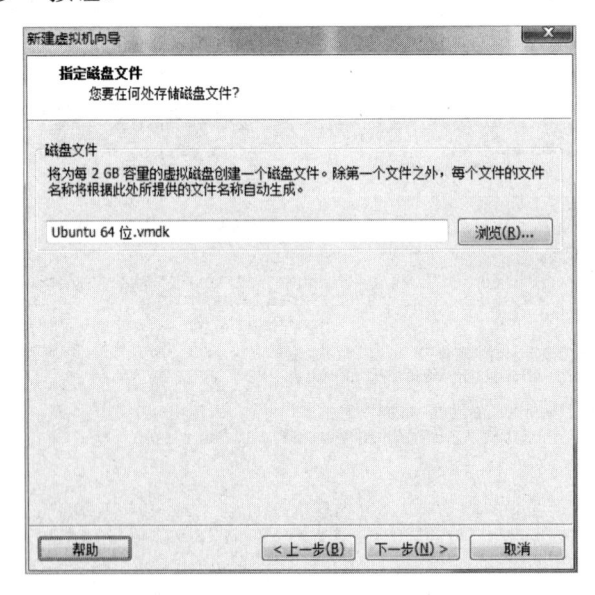

图 1-35 磁盘文件命名为"Ubuntu 64 位.vmdk"

（14）单击"自定义硬件"按钮，进入"硬件"界面，如图 1-36 所示。

（15）在"硬件"界面中选择"新 CD/DVD（SATA）"选项，在右边的"连接"选区中选中"使用 ISO 映像文件"单选按钮，如图 1-37 所示，并选择 Ubuntu14.04 镜像文件所在位置。单击"关闭"按钮，返回"虚拟机安装向导——已准备好创建虚拟机"界面，单击"完成"按钮，虚拟机基本完成安装。

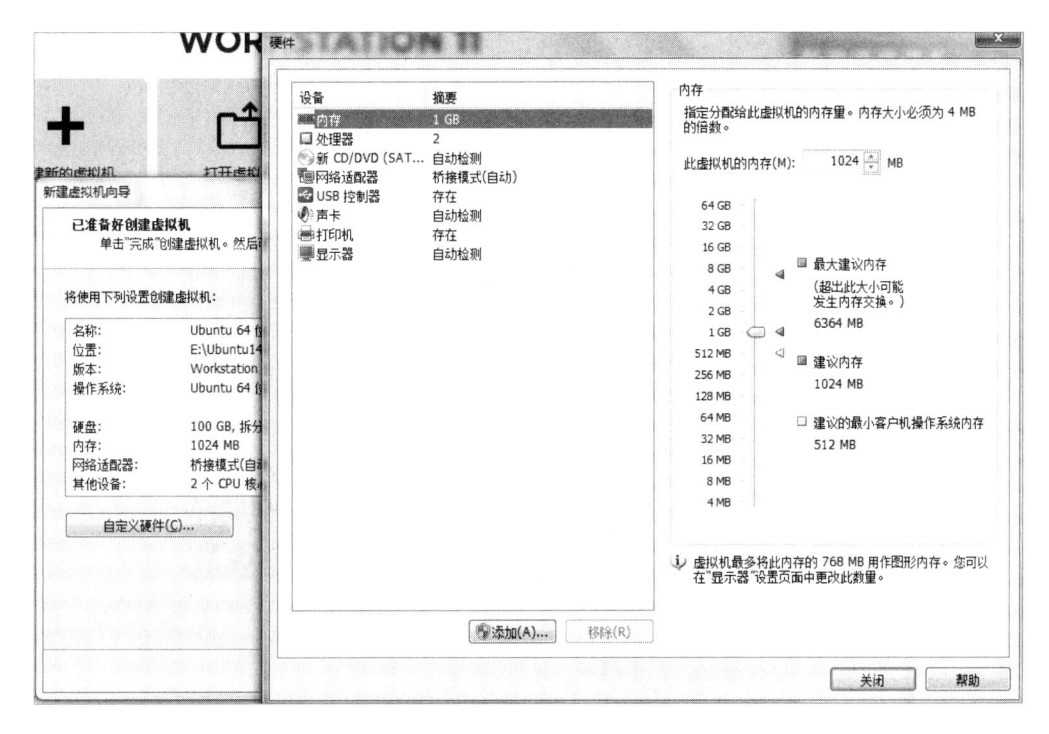

图 1-36 "硬件"界面

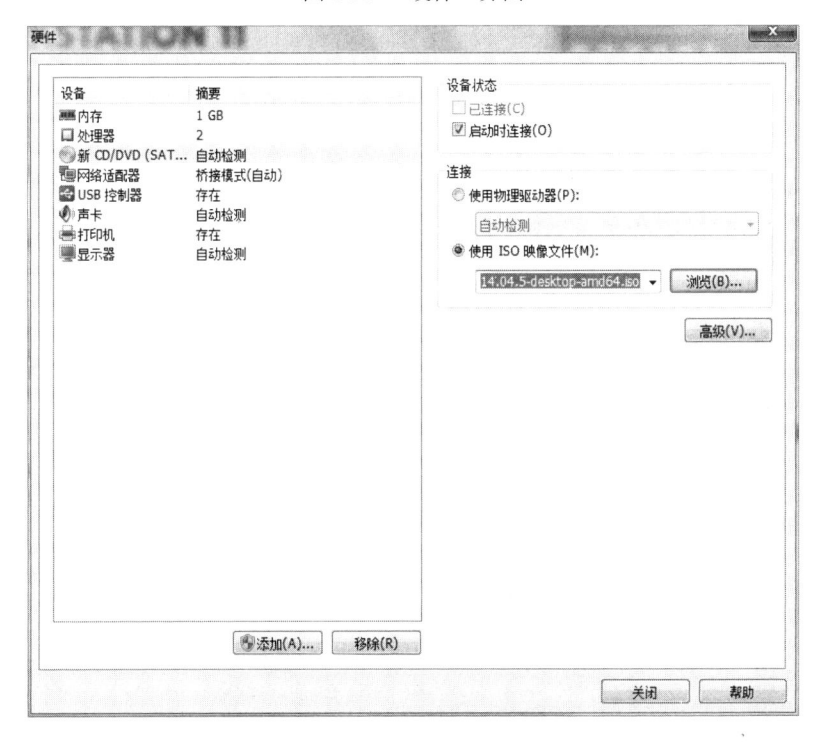

图 1-37 选中"使用 ISO 映像文件"单选按钮

（16）开启虚拟机，进一步进行配置。虚拟机开启界面如图 1-38 所示。

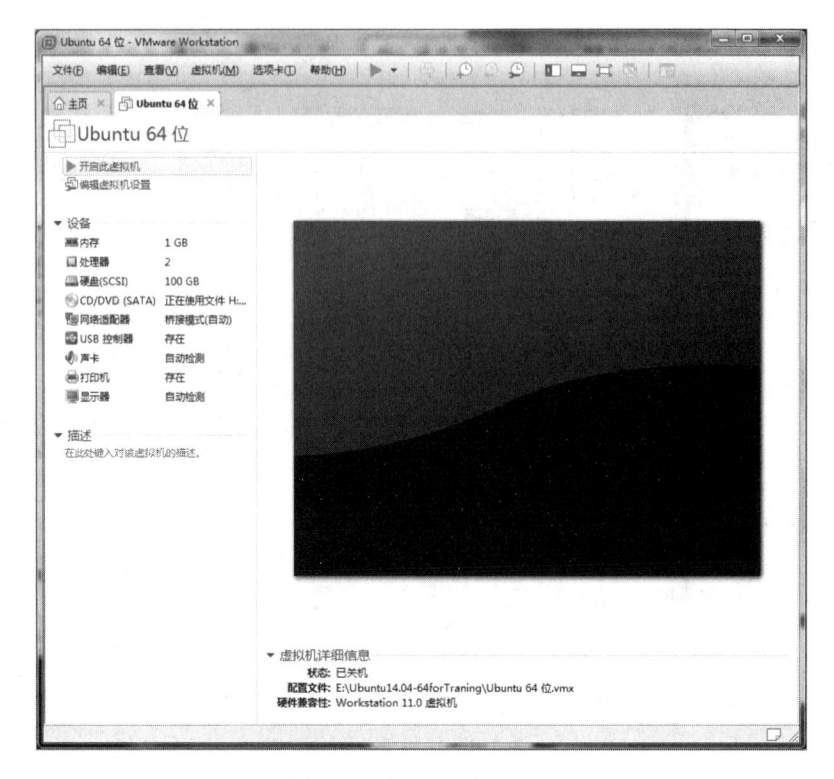

图 1-38　虚拟机开启界面

（17）开启虚拟机后，按照图 1-39～图 1-45 所示的步骤进行操作系统的详细配置。在"安装"界面中用鼠标移动垂直滚动条，选择"中文(简体)"选项，如图 1-39 所示。单击"安装 Ubuntu"按钮，如图 1-40 所示。

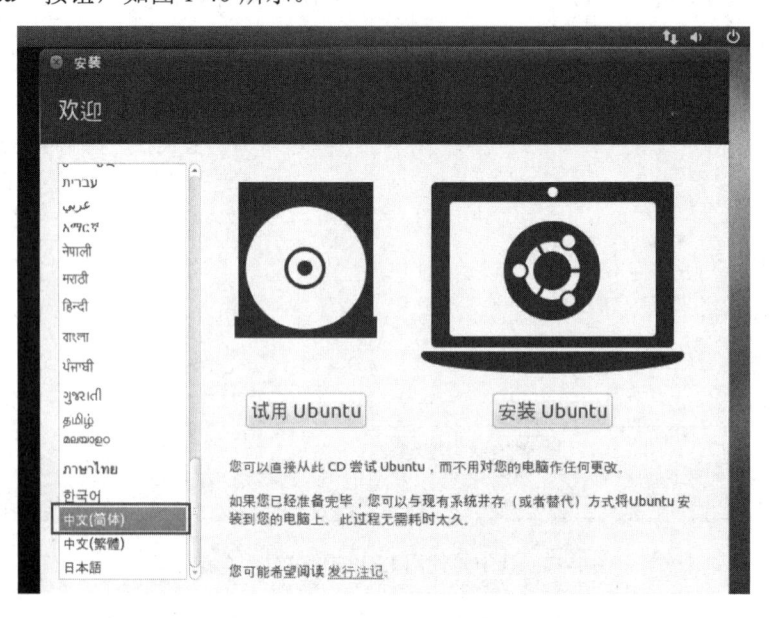

图 1-39　选择"中文(简体)"选项

图 1-40 单击"安装 Ubuntu"按钮

上述操作完成后,根据需要在"准备安装 Ubuntu"界面中勾选"安装中下载更新"和"安装这个第三方软件"复选框,如图 1-41 所示。单击"继续"按钮。

图 1-41 "准备安装 Ubuntu"界面

在"安装类型"界面中选择第一个清除选项,单击"现在安装"按钮,弹出"将改动写入磁盘吗?"界面,单击"继续"按钮,如图 1-42 所示。

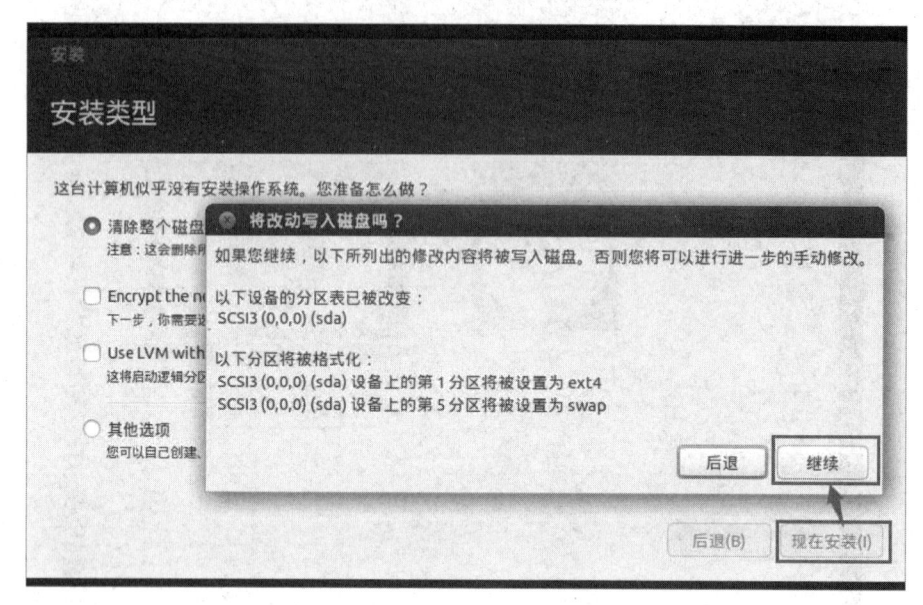

图 1-42　单击"继续"按钮

单击中国地图,自动填充"Shanghai",单击"继续"按钮。在弹出的"键盘布局"界面中选择"英语(美国)"选项,如图 1-43 所示。单击"继续"按钮。

图 1-43　选择"英语(美国)"选项

设置用户名(ft)和密码(ft123),如图 1-44 所示。用户名和密码可以自己设定。单击"继续"按钮,进入"安装"界面,如图 1-45 所示。在安装过程中,需要下载应用软件,需要的时间比较长,用户耐心等待即可。

项目一　嵌入式系统

图 1-44　设置用户名和密码

图 1-45　"安装"界面

安装完成后，关闭 Ubuntu 操作系统，选择"CD/DVD(SATA)"选项，在右边的"连接"选区中选中"使用物理驱动器"单选按钮，而不选中"使用 ISO 映像文件"单选按钮，如图 1-46 所示，单击"确定"按钮。

49

图 1-46 选中"使用物理驱动器"单选按钮

开启虚拟机,启动操作系统,输入刚刚设置成功的用户名和密码,即可顺利进入 Ubuntu 操作系统,如图 1-47 所示。

图 1-47 重新启动

如果读者认为默认的 Ubuntu 操作系统的显示界面不符合屏幕要求，则可通过选择"系统"→"首选项"→"显示器"命令更改系统的分辨率。

知识二　Ubuntu 安装 VMware Tools 及配置 root 登录

一、Ubuntu 安装 VMware Tools

VMware Tools 中包含一系列服务和组件，可以在各种 VMware 产品中实现多种功能，从而使用户能够更好地管理宿主机操作系统，以及与宿主机操作系统进行无缝交互。它的生命周期管理为其安装和升级提供了一种简化且可扩展的方式。它包含多项功能增强和与驱动程序相关的增强，并支持新的宿主机操作系统。

Open VM Tools 是适用于 Linux 宿主机操作系统的 VMware Tools 的开源实现。通过安装该 VMware Tools 工具，我们能够实现 Ubuntu 系统全屏显示及支持不同操作系统之间的文件拖曳、复制、粘贴。具体操作步骤如下。

（1）打开虚拟机 VMware Workstation，启动 Ubuntu 操作系统。在"VM"菜单中选择"Install VMware Tools…"选项，如图 1-48 所示。

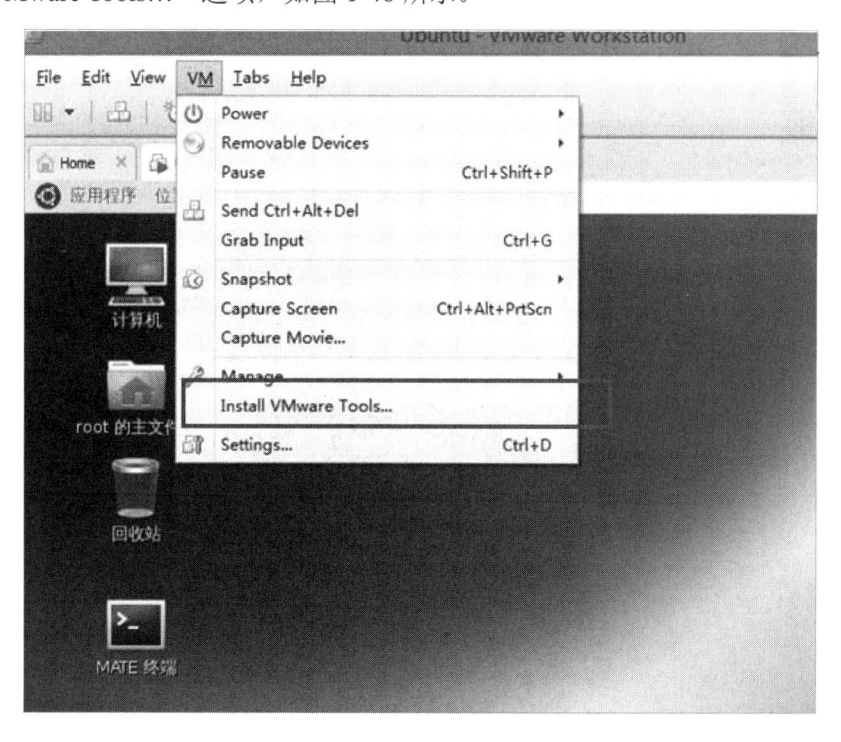

图 1-48　VMware Tools 安装界面一

（2）此时系统自动弹出 VMware Tools 的虚拟光驱，里面有"VMware Tools-8.8.2-590212.tar.gz"压缩包，选中后右击，选择"提取"命令，选择"/tmp"目录，将压缩包解压到/tmp 中，如图 1-49 所示。

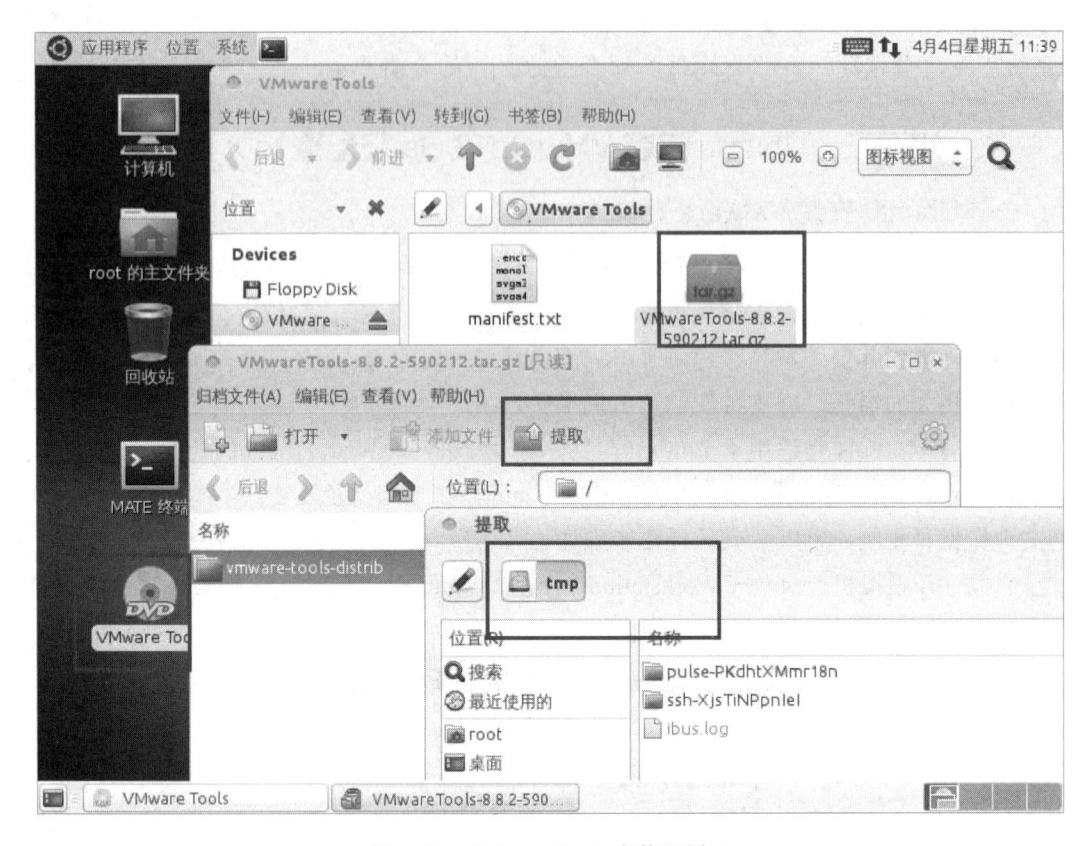

图 1-49 VMware Tools 安装界面二

（3）单击 图标，输入"Terminal"，找到"Terminal 终端"工具，打开后，在左侧的启动器中找到 Terminal 工具图标，右击后在弹出的菜单中选择"锁定到启动器"选项，如图 1-50 所示。这样，即使关闭终端界面，启动器中也保留该软件。

图 1-50 选择"锁定到启动器"选项

（4）打开终端，执行下面命令。

输入 cd /tmp，输入 cd /vmware-tools-distrib/命令，进入/ tmp/vmware-tools-distrib/目录，输入./ vmware-install.pl 命令，输入当前用户 ft 的密码 ft123，执行 vmware-install.pl 命令，如图 1-51 所示。

（5）根据提示操作，采用默认设置，按 Enter 键即可，完成后显示图 1-52 所示信息。

图 1-51 执行 vmware-install.pl 命令

图 1-52 显示信息

（6）完成之后，重新启动 Ubuntu 操作系统。重启之后，单击全屏按钮，如图 1-53 所示。

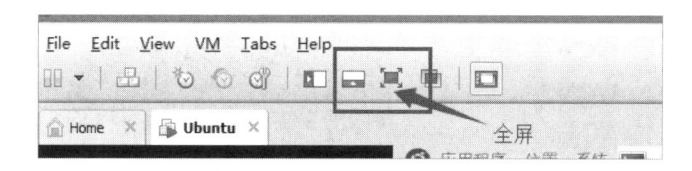

图 1-53 单击全屏按钮

VMware Tools 安装完成后，我们可以测试拖曳文件的功能，如将 Windows 操作系统中的"操作手册"文件拖曳到虚拟机的 Ubuntu 操作系统中，如图 1-54 所示。

在 Ubuntu 操作系统中打开刚拖曳的文件，显示图 1-55 所示内容。

图 1-54　拖曳文件

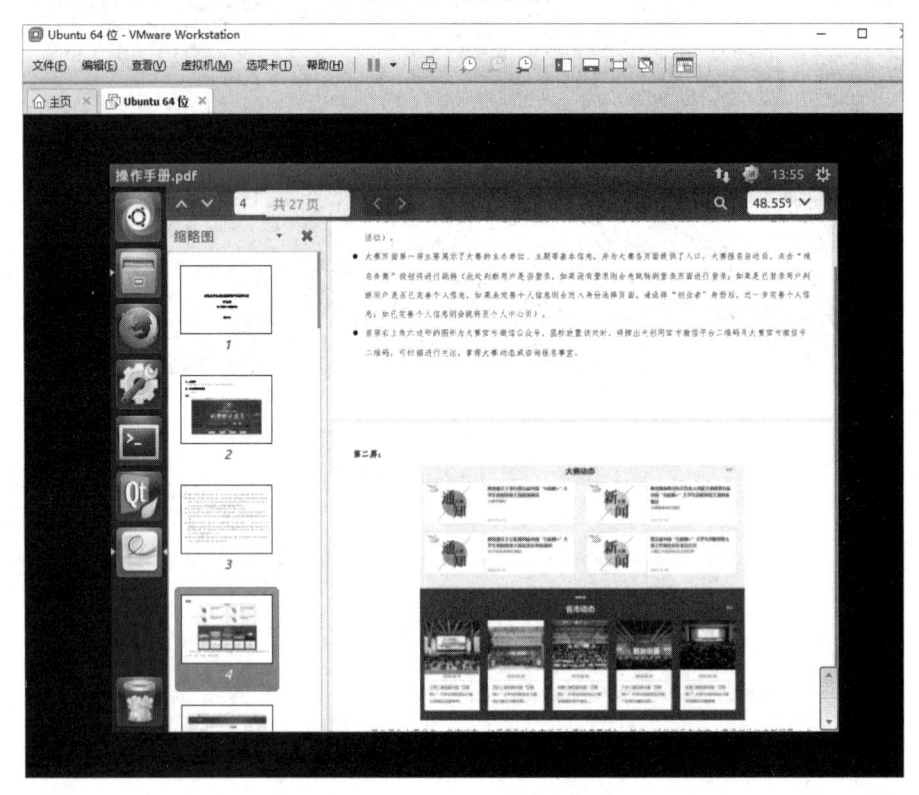

图 1-55　拖曳文件内容显示

同样的方法可将 Ubuntu 操作系统中的文件拖曳到 Windows 操作系统中，这边不再赘述。

二、Ubuntu 配置 root 登录

Ubuntu 操作系统禁止 root 用户登录，但是很多项目都需要 root 权限。为了开发方便需要修改一下配置，在配置修改完成后，就可以直接用 root 用户账户操作。具体操作步骤如下。

（1）打开终端，在终端输入图 1-56 所示命令，设置 root 用户的登录密码为 ft123。

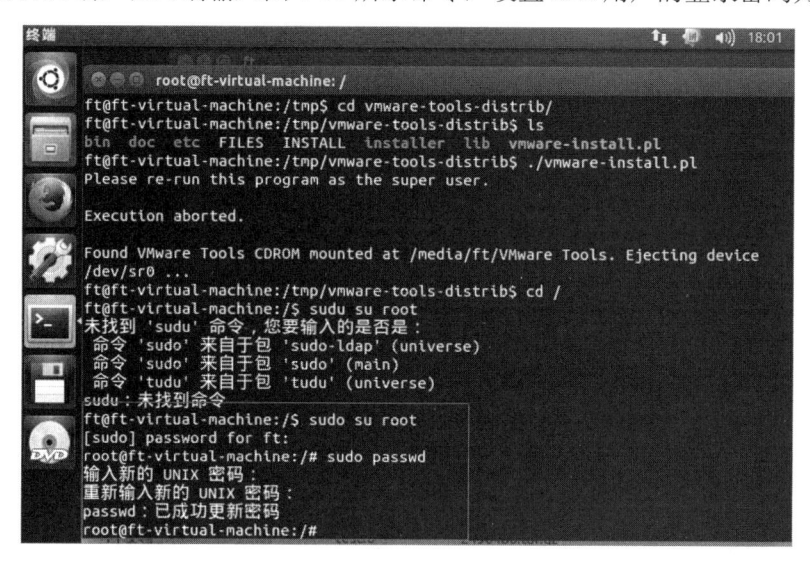

图 1-56　输入命令

（2）打开系统设置，单击"用户账户"图标，如图 1-57 所示。

图 1-57　单击"用户账户"图标

选择"设置"图标,单击"锁定"按钮,开启自动登录,如图1-58所示。

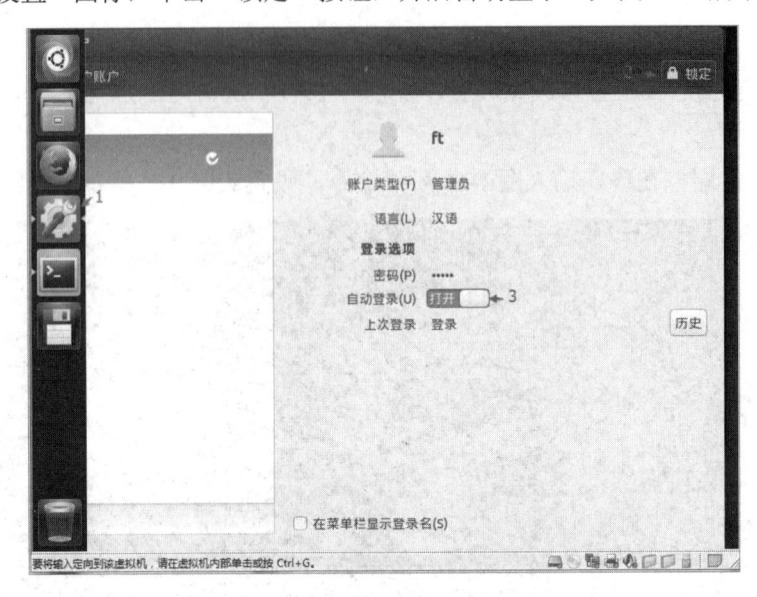

图1-58 开启自动登录

(3)打开终端,输入以下命令。

```
cp -p /etc/lightdm/lightdm.conf /etc/lightdm/lightdm.conf.bak  //备份一下 lightgdm
gedit /etc/lightdm/lightdm.conf    //编辑 lightdm.conf
greeter-show-manual-login=true    //在登录时允许用户自己输入用户名和密码
```

修改后 lightgdm 的内容为[SeatDefaults]、greeter-session=unity-greeter、user-session=ubuntu 和 greeter-show-manual-login=true。

(4)成功保存后,重启系统,单击"登录"按钮,输入用户名"root",输入刚刚新设的 root 用户密码 ft123,如图 1-59 所示。

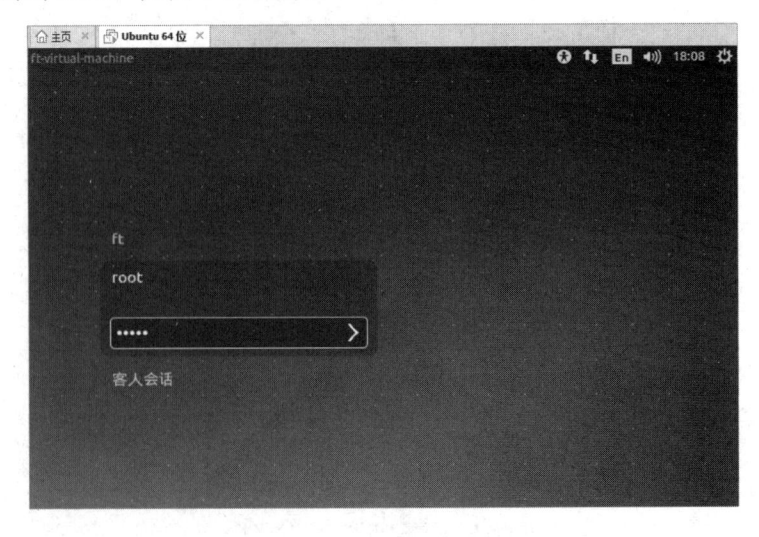

图1-59 输入用户名和密码

知识三　Ubuntu 配置以太网地址

安装 Ubuntu 操作系统之后，如果需要使用工具连接主机或连接其他主机，那么需要进行网络配置。通过设置 Ubuntu 的以太网地址，其可以进行网络通信。具体操作步骤如下。

（1）确认 Ubuntu 虚拟机与 Windows 主机之间是桥接模式，如图 1-60 所示。

图 1-60　确认为桥接模式

（2）登录 Ubuntu 操作系统，单击右上角的 图标，弹出图 1-61 所示的下拉菜单。

（3）选择"编辑连接"选项，弹出"网络连接"界面，如图 1-62 所示。

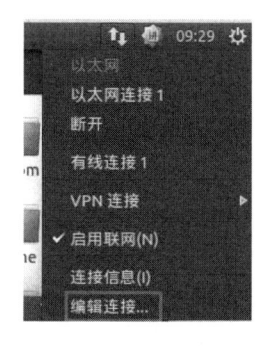

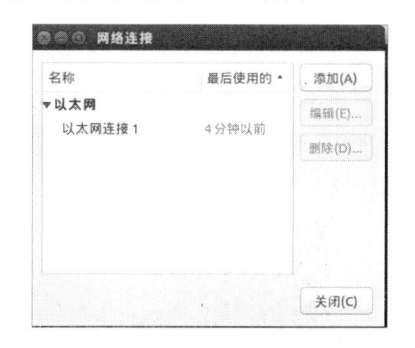

图 1-61　下拉菜单　　　　　图 1-62　"网络连接"界面

（4）选择"以太网连接 1"选项，单击右侧的"编辑"按钮，弹出"正在编辑 以太网连接 1"界面，如图 1-63 所示。

（5）选择"IPv4 设置"选项卡，在"方法"下拉列表中选择"手动"选项，在"地址"文本框中输入地址、子网掩码、网关，在"DNS 服务器"文本框中输入 DNS 的 IP 地址，同时勾选"需要 IPv4 地址完成这个连接"复选框，单击"保存"按钮，如图 1-64 所示。

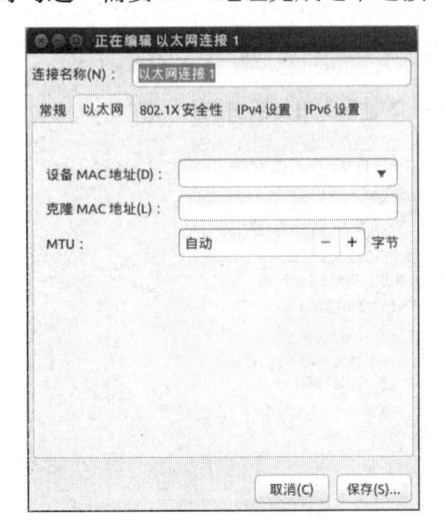

图 1-63 "正在编辑 以太网连接 1"界面一　　　　图 1-64 "正在编辑 以太网连接 1"界面二

（6）在图标的下拉菜单中，先选择"断开"选项，再选择"启用联网"选项，重启网络连接，如图 1-65 所示。

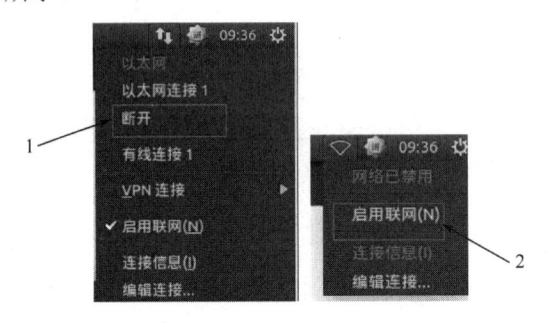

图 1-65 重启网络连接操作

（7）测试网络连通。

打开终端，使用 ping 命令测试虚拟机与 Windows 主机的网络是否连通，如图 1-66 所示，网络设置成功。

图 1-66 测试网络连通

知识四　Ubuntu 配置 NFS 服务器

NFS 是 Network File System 的缩写，即网络文件系统。它是一种用于分散式文件系统的协定，由 Sun 公司开发，于 1984 年向外公布。其功能是通过网络让不同的机器、不同的操作系统能够彼此分享数据，让应用程序在客户端通过网络访问位于服务器磁盘中的数据，是在类 UNIX 操作系统中实现磁盘文件共享的一种方法。NFS 的基本原则是"容许不同的客户端及服务端通过一组 RPC 分享相同的文件系统"，它是独立于操作系统的，容许不同硬件及操作系统进行文件分享。

NFS 在文件传送或信息传送过程中依赖于 RPC 协议。RPC 的全称为 Remote Procedure Call，中文名为远程过程调用，是一种能使客户端执行其他系统程序的机制。NFS 本身是不提供信息传输的协议和功能的，但 NFS 却能让我们通过网络进行资料分享，这是因为 NFS 使用了一些其他的传输协议。而这些传输协议要用到 RPC 功能。可以说，NFS 本身就是使用 RPC 的一个程序。或者说，NFS 也是一个 RPC 服务器。所以，只要用到 NFS 的地方都要启动 RPC 服务，无论是 NFS 服务器还是 NFS 客户端。这样，服务器和客户端才能通过 RPC 来实现程序端口的对应。RPC 和 NFS 的关系可以这么理解：NFS 是一个文件系统，而 RPC 负责信息的传输。

NFS 用于 Linux 主机访问网络中其他 Linux 主机上的共享资源。NFS 的原理是在客户端通过网络将远程主机共享文件系统以挂载（Mount）的方式加入本机的文件系统，之后的访问操作就如同在本机上一样。具体操作步骤如下。

（1）安装 NFS。

Ubuntu 操作系统是没有安装 NFS 的，首先要安装 NFS 服务程序。打开终端，输入以下命令：

```
$ sudo apt-get install nfs-kernel-server
```

注意：安装 nfs-kernel-server 时，apt 会自动将客户端（nfs-common）和端口映射（rpcbind）程序也一起安装。

（2）配置挂载目录和权限。

打开终端，输入 vi /etc/exports 命令，打开配置文件 exports，在配置文件 exports 中添加/nfsboot 192.168.1.*(rw,sync,no_root_squash)代码。在配置信息中，/nfsboot 表示共享目录，并且目录可以进行更换；192.168.1.*的前三位是主机（NFS 客户端）的 IP 地址（在本机终端输入 ifconfig 命令就可以获得本机的 IP 地址）；rw 为读/写权限，只读权限的参数为 ro；sync 表示数据同步写入内存和硬盘，也可以使用 async，此时数据会暂存于内存中，而不立即写入硬盘；no_root_squash 是 NFS 服务器共享目录用户的属性，如果用户是 root，那么对这个共享目录来说就具有 root 的权限。需要注意的是，若/etc/exports 有改动，则应该重启 NFS；IP 和(rw,sync,no_root_squash)之间不能有空格，否则挂载后，客户端只能读，不能写。输入后在终端输入保存并退出命令（:wq!）即完成了挂载目录和权限的配置。

（3）创建共享文件夹。

创建的文件夹路径先要与在/etc/exports中写入的路径一致且同名，再修改该文件夹的权限（例如，共享文件夹是/nfsboot，则应在根目录下先创建一个nfsboot文件夹，再在终端输入 sudo chmod 777 /nfsboot 这条命令来修改该文件夹的权限）。输入的命令如下：

```
mkdir  /nfsboot
sudo  chmod 777 /nfsboot
```

（4）重启NFS。

输入以下命令重启NFS。

```
sudo  /etc/init.d/nfs-kernel-server  restart
```

（5）进行测试。

输入 mount -t nfs 192.168.1.188:/nfsboot /mnt 命令进行测试，如图1-67所示。

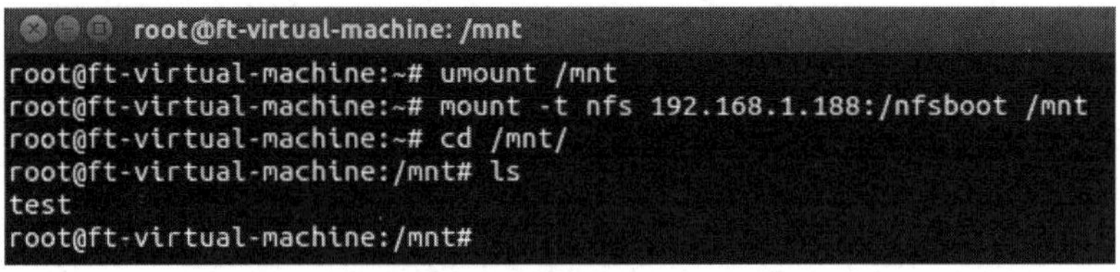

图1-67　测试命令

（6）A9终端设备挂载Ubuntu共享目录/nfsboot。

终端通过minicom输出信息，在minicom上使用ifconfig命令查询A9的IP地址，命令如图1-68所示。

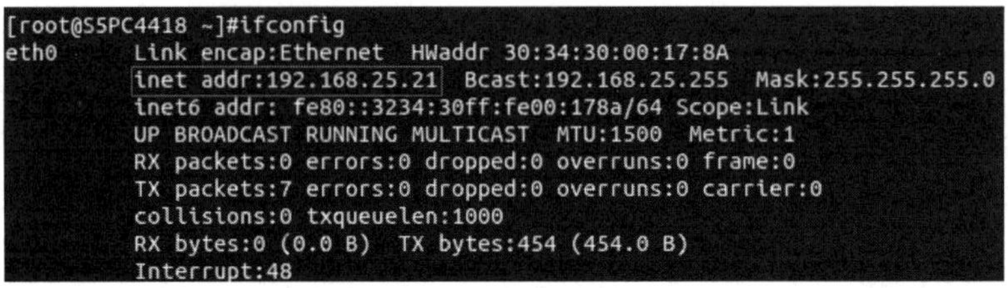

图1-68　IP地址查询命令

从图1-68所示的信息可以看到A9的IP地址是192.168.25.21，与Ubuntu不处于同一个局域网内，所以要修改A9的IP地址，命令如图1-69所示。

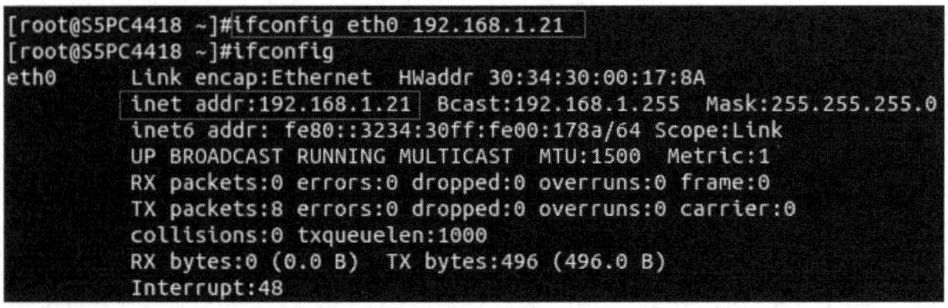

图1-69　IP地址修改命令

输入以下挂载 Ubuntu 共享目录的命令，如图 1-70 所示。
```
sudo mount -t nfs -o nolock 192.168.1.188:/nfsboot /mnt
```

```
[root@S5PC4418 ~]#mount -t nfs -o nolock 192.168.1.188:/nfsboot /mnt
[root@S5PC4418 ~]#
[root@S5PC4418 ~]#cd /mnt
[root@S5PC4418 mnt]#ls
test
[root@S5PC4418 mnt]#
```

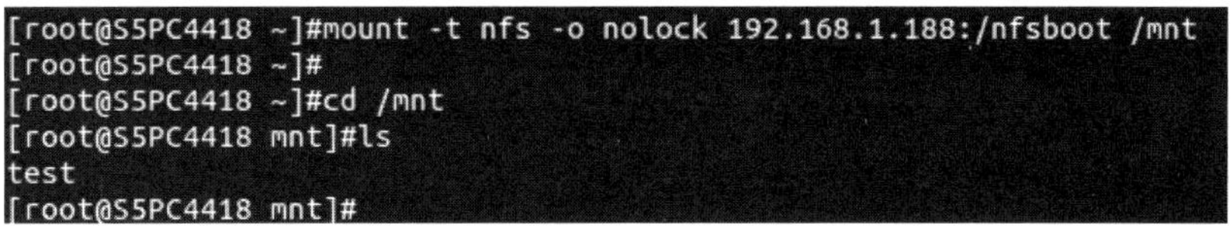

图 1-70　挂载 Ubuntu 共享目录命令

从图 1-70 所示的信息可以看到，将 Ubuntu 共享目录 nfsboot 挂载到 A9 终端设备的 /mnt 目录下，如果可以在 A9 的/mnt 目录下看到/nfsboot 中的 test 文件，那么说明 NFS 测试成功。

这里的 mount 为挂载命令；nfs 服务器的 IP 地址（192.168.1.188）可以用 ifconfig 来查询；/nfsboot 为服务器共享文件夹，其也可以改为/root；/mnt 为挂载的目的文件夹（客户端）。若/nfsboot 文件夹成功挂载到/mnt 目录下，则在 mnt 文件夹中也可以访问/nfsboot 文件夹中的文件；若不需要/nfsboot，则可以在终端输入。

（7）卸载设备。

使用 sudo umount /mnt 命令，将/nfsboot 从/mnt 目录中卸载。

知识五　Ubuntu 安装交叉编译器

在一种计算机环境中运行的编译程序，能编译出可在另一种环境下运行的代码，我们就称这种编译器支持交叉编译，这个编译过程就叫交叉编译。简单地说，就是在一个平台上生成另一个平台上的可执行代码，而这种工具就是交叉编译器。所谓的搭建交叉编译环境，即安装、配置交叉编译工具链。在该环境下编译出嵌入式 Linux 操作系统所需的操作系统、应用程序等，然后上传到目标板中。

交叉编译工具链是为了编译、链接、处理和调试跨平台体系结构的程序代码。对于用交叉编译方式开发的工具链，在文件名称上加了一个前缀，用来区别本地的工具链。例如，arm-linux-表示对 ARM 的交叉编译工具链；arm-linux-gcc 表示使用 GCC 的编译器。GCC 和 arm-linux-gcc 的区别在于 GCC 是 Linux 下的 C 语言编译器，编译出来的程序在本地执行，而 arm-linux-gcc 是在 Linux 下跨平台的 C 语言编译器，编译出来的程序在目标板（如 ARM 平台）中执行。嵌入式开发应使用嵌入式交叉编译工具链。

因 ARM 体系架构与 X86 的不同，故在 Ubuntu 宿主机上编译的程序无法在 ARM 开发板上运行，需要在 Ubuntu 中安装交叉编译工具链。

将已下载好的 arm-cortex_a9-eabi-4.7.tar.gz 压缩包复制到虚拟机的/usr/local 目录下，并在终端进入该目录，执行以下解压命令，即可得到 arm-cortex_a9-eabi-4.7 文件夹。

```
#cd /usr/local
#tar -zxvf arm-cortex_a9-eabi-4.7.tar.gz
```

为了使用方便，可以编辑/etc/bash.bashrc 路径下的文件，把编译器路径添加到环境变量 PATH 中，只要在这个文件中添加以下语句即可。

```
PATH=/usr/local/arm-cortex_a9-eabi-4.7-eglibc-2.18/bin:$PATH
export  PATH
```

编辑完毕后保存。打开终端，输入以下命令并执行，使对交叉编译器的设置生效。

```
source  /etc/bash.bashrc
```

之后在终端输入以下命令：

```
arm-cortex_a9-linux-gnueabi-gcc -v
```

若输出图 1-71 所示的信息，则表明设置成功。

图 1-71　交叉编译器成功设置后显示的信息

知识六　交叉编译 Qt4.8.5 程序库

一、编译安装 tslib

tslib 是电阻式触摸屏用于校准的一个软件库，是一个开源程序，能够为触摸屏驱动获得的采样提供滤波、去抖、校准等功能，通过作为触摸屏驱动的适配层，为上层应用提供一个统一的接口。因此，这里先编译安装 tslib，这样在后面编译 Qt 的时候才能打包编译进去。其编译和安装的过程很简单。如果用户使用的是电阻式触摸屏，那么必须先编译tslib；如果用户使用的是电容式触摸屏，就跳过此步，直接到 Qt4.8.5 程序库中编译。

先下载好 tslib-1.4.tar.bz2 压缩包，再将该压缩包复制到 Ubuntu 的/usr/local 目录下。具体操作步骤如下。

（1）打开终端，进入/usr/local/目录，解压 tslib-1.4.tar.bz2 压缩包，并进入文件夹 tslib-1.4。命令如下：

```
cd  /usr/local
tar  -jxvf  tslib-1.4.tar.bz2
mv  tslib-1.4  tslib-1.4-src          //重命名
cd  tslib-1.4-src
```

（2）安装必要的依赖工具包。命令如下：

```
sudo  apt-get  install  automake      //tslib 依赖
sudo  apt-get  install  autogen       //tslib 依赖
sudo  apt-get  install  autoconf      //tslib 依赖
sudo  apt-get  install  libtool       //tslib 依赖
sudo  apt-get  install  g++           //qt 依赖
```

（3）在终端输入以下命令，按 Enter 键运行。

```
#./autogen.sh
#echo "ac_cv_func_malloc_0_nonnull=yes" > arm-cortex-a9-eabi-4.7.cache
```

（4）配置安装参数，可按照自己的实际情况进行参数的增减和修改。这里是打开终端，输入以下命令：

```
./configure --host=arm-cortex_a9-linux-gnueabi --cache=arm-cortex-a9-eabi-4.7.cache
--prefix=/usr/local/tslib1.4
```

出现类似图 1-72 所示的信息，说明 tslib.1.4 配置成功。

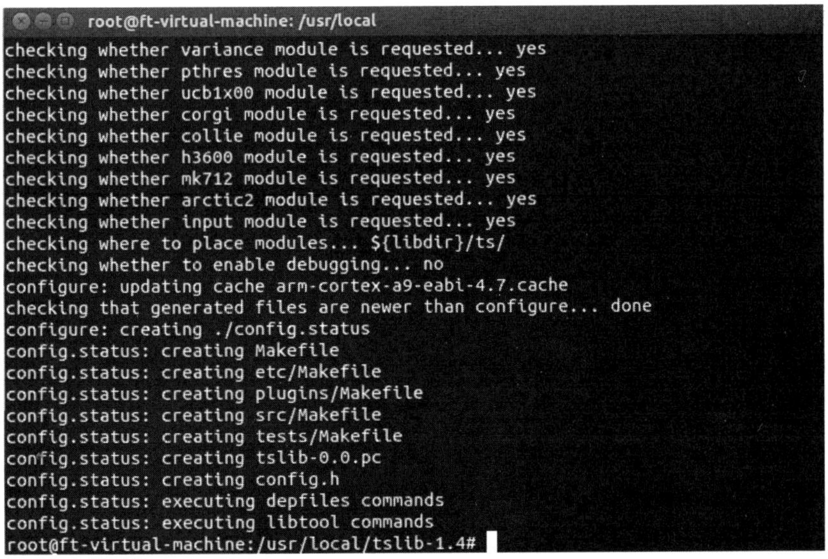

图 1-72　tslib1.4 配置成功安装后显示的信息

（5）编译，安装。这里是打开终端，输入以下命令：
```
make
make install
```

编译与安装完成后，会在/usr/local 目录下生成可执行目录 tslib1.4，里面有 4 个目录，包含可执行文件目录（bin）、配置目录（etc）、头文件目录（include）和库文件目录（lib），如图 1-73 所示。

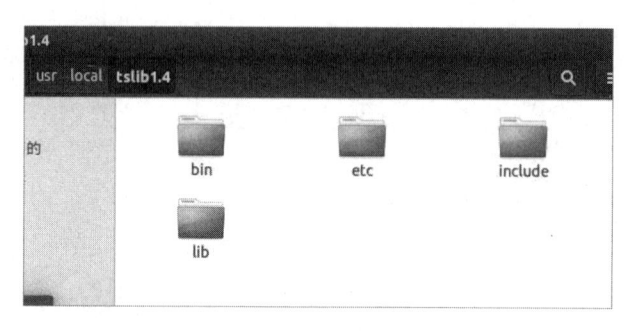

图 1-73 tslib1.4 目录

二、编译安装 Qt 4.8.5

读者可从官网下载相关文件。

（1）解压 qt-everywhere-opensource-src-4.8.5.tar.gz 压缩包并进入该文件夹。

（2）打开 mkspecs/qws/linux-arm-g++目录下的 qmake.conf 文件，默认如下：

```
#
# qmake configuration for building with arm-linux-g++
#
include(../../common/linux.conf)
include(../../common/gcc-base-unix.conf)
include(../../common/g++-unix.conf)
include(../../common/qws.conf)
# modifications to g++.conf
QMAKE_CC                = arm-linux-gcc
QMAKE_CXX               = arm-linux-g++
QMAKE_LINK              = arm-linux-g++
QMAKE_LINK_SHLIB        = arm-linux-g++

# modifications to linux.conf
QMAKE_AR                = arm-linux-ar cqs
QMAKE_OBJCOPY           = arm-linux-objcopy
QMAKE_STRIP             = arm-linux-strip
load(qt_config)
```

① 当编译器与实际使用的不一样，并且使用的是电容式触摸屏时，修改配置文件如下：

```
#
# qmake configuration for building with arm-linux-g++
```

```
#
include(../../common/linux.conf)
include(../../common/gcc-base-unix.conf)
include(../../common/g++-unix.conf)
include(../../common/qws.conf)
# modifications to g++.conf
QMAKE_CC                = arm-cortex_a9-linux-gnueabi-gcc
QMAKE_CXX               = arm-cortex_a9-linux-gnueabi-g++
QMAKE_LINK              = arm-cortex_a9-linux-gnueabi-g++
QMAKE_LINK_SHLIB        = arm-cortex_a9-linux-gnueabi-g++
# modifications to linux.conf
QMAKE_AR                = arm-cortex_a9-linux-gnueabi-ar cqs
QMAKE_OBJCOPY           = arm-cortex_a9-linux-gnueabi-objcopy
QMAKE_STRIP             = arm-cortex_a9-linux-gnueabi-strip
load(qt_config)
```

② 当编译器与实际使用的不一样,并且使用的是电阻式触摸屏时,修改配置文件如下:

```
#
# qmake configuration for building with arm-linux-g++
#
include(../../common/linux.conf)
include(../../common/gcc-base-unix.conf)
include(../../common/g++-unix.conf)
include(../../common/qws.conf)
# modifications to g++.conf
QMAKE_CC                = arm-cortex_a9-linux-gnueabi-gcc -lts
QMAKE_CXX               = arm-cortex_a9-linux-gnueabi-g++ -lts
QMAKE_LINK              = arm-cortex_a9-linux-gnueabi-g++ -lts
QMAKE_LINK_SHLIB        = arm-cortex_a9-linux-gnueabi-g++ -lts


# modifications to linux.conf
QMAKE_AR                = arm-cortex_a9-linux-gnueabi-ar cqs
QMAKE_OBJCOPY           = arm-cortex_a9-linux-gnueabi-objcopy
QMAKE_STRIP             = arm-cortex_a9-linux-gnueabi-strip
load(qt_config)
```

保存并关闭该文件。

(3) 配置安装参数,可根据自己的实际情况进行参数的增减和修改。

针对电容式触摸屏,打开终端,输入以下命令:

```
./configure -prefix /usr/local/Trolltech/QtEmbedded-4.8.5-arm -opensource -embedded arm -xplatform qws/linux-arm-g++ -no-webkit -qt-libtiff -qt-libmng -qt-mouse-linuxinput -qt-mouse-pc -qt-gfx-transformed -no-neon -qt-gfx-linuxfb -qt-libjpeg -qt-libpng -little-endian -no-mouse-linuxtp -no-pch -nomake tools -nomake examples -nomake demos -nomake docs -I./tslib1.4/include -L./tslib1.4/lib
```

或者直接执行脚本 my_config_notslib.sh,生成配置文件。

```
./my_config_notslib.sh
```

针对电阻式触摸屏，直接执行脚本 my_config_tslib.sh，生成配置文件。

（4）编译，安装。这个过程需要一些时间，耐心等待即可。这里是打开终端，输入以下命令：

```
make
make install
```

编译与安装完成后，会在指定的/usr/local/Trolltech 目录下生成 Qt 库文件，如图 1-74 所示。

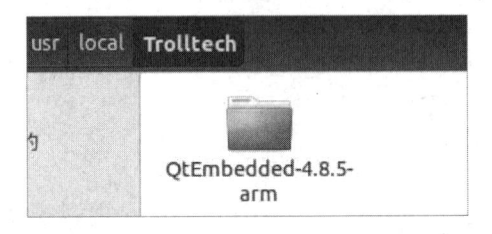

图 1-74 生成 Qt 库文件

知识七 嵌入式实验平台的搭建

一、硬件环境

（1）A9 网关（切换到 Linux 操作系统）。

（2）附件：DC 5V 3A 电源、交叉串口线、以太网线、SD 卡等。

二、软件环境

（1）操作系统：Windows XP、Windows 7.0 以上。

（2）软件开发平台：VMware11.1.0，已经安装好的 Ubuntu14.04 镜像（包含交叉编译工具链、Qt Creator、Qt 库等）。

（3）软件开发环境：Qt Creator。

（4）软件开发语言：C++。

三、操作步骤

（1）将交叉串口线一端连接到计算机的 COM 接口，另一端接到 A9 的 UART0。

（2）将网线一端接到 A9 的 RJ-45 以太网接口，另一端连到路由器。

（3）将 A9 接通 DC 5V 3A 电源。

（4）使用 Ubuntu 操作系统的 minicom 进入 A9 Linux 操作系统的人机交互模式，输入以下命令，修改 A9 的 IP 地址，使其与 Ubuntu 操作系统（IP 地址为 192.168.1.188）处于同一个局域网。

```
cd /
cd etc
vi eth0-ip
```

打开 eth0-ip 脚本，先输入"i"字符，进入脚本修改模式，修改 IP 地址和路由网关，如图 1-75 所示。

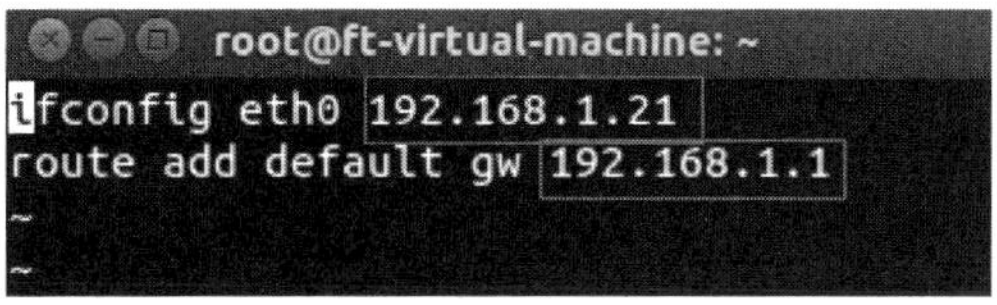

图 1-75 修改 IP 地址和路由网关

再按 Ctrl +C 键退出编辑模式，然后输入":wq!"字符串，强制保存修改的脚本。
（5）修改 DNS 服务器地址，命令如下：

```
vi resolv.conf
```

打开 resolv.conf 脚本，先输入"i"字符，进入脚本修改模式，修改 DNS 服务器地址，命令如下：

```
nameserver 192.168.1.1
```

再按 Ctrl +C 键退出编辑模式，然后输入":wq!"字符串，强制保存修改的脚本。
（6）重启 A9 网关，在 minicom 下输入 ping 命令，如图 1-76 所示。

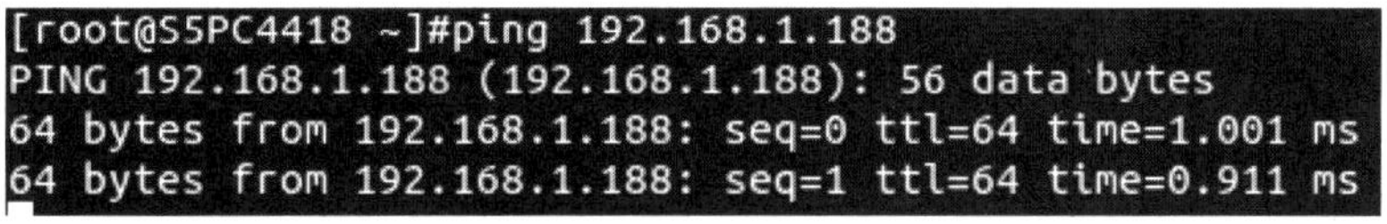

图 1-76 ping 命令

图 1-76 所示的信息说明 A9 网关与 Ubuntu 虚拟机处于同一个局域网。

任务五　Linux 操作系统简介

知识一　Linux 操作系统特点、内核组成及源码结构

（一）Linux 操作系统概述

Linux 操作系统是一种开放源码的操作系统，它的出现打破了传统商业操作系统长久以来形成的技术垄断和壁垒，进一步推动了人类信息技术的发展。更重要的是，Linux 操作系统树立了"自由开放之路"的成功典范。

1. Linux 操作系统定义

Linux 操作系统是目前最为流行的一款开放源码的操作系统，最早由芬兰人林纳斯·托瓦兹为尝试在 Intel x86 架构上提供免费使用和自由传播的类 UNIX 操作系统而开发。简单地说，Linux 操作系统是一套类 UNIX 操作系统，主要用于基于 Intel x86 系列 CPU 的计算机上。

2. Linux 操作系统起源

Linux 操作系统的诞生、发展和成长过程始终依赖着五个重要支柱：UNIX 操作系统、Minix 操作系统、GNU 计划、POSIX 标准和 Internet 网络。它的发展历史如下。

1960 年，麻省理工学院（Massachusetts Institute of Technology，MIT）有一台可供 30 个人同时使用的分时操作系统。1963 年，MIT、GE 公司、Bell 实验室让分时操作系统由 30 个人同时使用变成 300 个人同时使用，并把该计划称为 Multis 计划。1969 年，该计划失败后，Bell 实验室的系统程序设计人员 Ken Tompson 开发了一种文件服务系统（File Server System），在 Bell 实验室受到了欢迎。此时，Ken Thompson 开始设计一种多用户、多任务的操作系统。随后，Dennis Richie 也加入了这个项目，在他们共同努力下开发了最早的 UNIX 操作系统，并且将源码共享。1991 年，GNU 计划已经开发出许多工具软件，最受期盼的 GNU C 编译器已经出现，但 GNU 操作系统的核心 Hurd 一直处于实验阶段，没有任何可用性。实质上，他们也没能开发出完整的 GNU 操作系统，但是奠定了 Linux 操作系统的用户基础和开发环境。1991 年初，林纳斯·托瓦兹开始在一台 386sx 兼容微机上学习 Minix 操作系统。同年 4 月，林纳斯·托瓦兹开始酝酿并着手编制自己的操作系统。1991 年 4 月 13 日，他在 comp.os.minix 上宣布自己已经成功地将 Bash 移植到了 Minix 操作系统上。1991 年 7 月 3 日，第一个与 Linux 操作系统有关的消息在 comp.os.minix 上发布。为了推广 Linux 操作系统，林纳斯·托瓦兹向赫尔辛基大学申请 FTP 服务器空间，可以让别人下载 Linux 操作系统的公开版本。这个操作系统被命名为 Linux。1993 年 1 月，Bob Young 创办了 Red Hat 公司，以 GNU/Linux 操作系统为核心，集成了 400 多个开放源码的程序模块，搞出了一种冠以品牌的 Linux 操作系统，即 Red Hat Linux，称为 Linux 发行版本，在市场上出售。Linux 和 Windows、UNIX 一样都是操作系统，是一种自由传播和开放源码的类 UNIX 操作系统。它和其他操作系统有很多的共同点，也可以安装在同一台机器上。由于 Linux 操作系统的开源性，存在了许多不同版本的 Linux 操作系统，而随着 Linux 操作系统的发展，该操作系统也成了自由软件和开放源码的发展中最著名的例子。

简而言之，Linux 操作系统是一个稳定、具有强大功能且免费的操作系统。

（二）Linux 操作系统特点

Linux 操作系统之所以能在嵌入式系统领域取得如此辉煌的成绩，与其自身的优良特性是分不开的。与其他操作系统相比，Linux 操作系统具有以下特点。

1. 模块化程度高

Linux 内核设计非常精巧，分成进程调度、内存管理、进程间通信、虚拟文件系统和网络接口五大部分；其独特的模块机制可根据用户的需要，实时地将某些模块插入或从内核中移走，使得 Linux 内核可以裁剪得非常小巧，十分满足嵌入式系统的需要。

2. 源码公开

由于 Linux 操作系统的开发从一开始就与 GNU 项目紧密地结合起来，所以它的大多数组成部分都直接来自 GNU 项目。任何人、任何组织只要遵守 GPL 条款，就可以自由使用 Linux 源码，这为用户提供了最大限度的自由。Linux 操作系统的软件资源十分丰富，每种通用程序在 Linux 操作系统上几乎都可以找到，而且 Linux 操作系统上可用的软件数量还在不断增加。这使设计者在其基础之上进行二次开发变得非常容易。

3. 广泛的硬件支持

Linux 操作系统能支持 x86、ARM、MIPS、ALPHA 和 PowerPC 等体系结构的微处理器，目前已成功地移植到数十种硬件平台，几乎能运行在所有流行的处理器上。由于世界范围内有众多开发者在为 Linux 操作系统的扩充贡献力量，所以 Linux 操作系统有着异常丰富的驱动程序资源，支持各种主流硬件设备和最新的硬件技术，甚至可在没有 MMU 的处理器上运行，这些都进一步促进了 Linux 操作系统在嵌入式系统中的应用。

4. 安全性及可靠性好

Linux 内核的高效和稳定已在各个领域得到了大量事实的验证。Linux 操作系统中大量网络管理、网络服务等方面的功能，可使用户很方便地建立高效稳定的防火墙、路由器、工作站、服务器等。为提高安全性，它还提供了大量的网络管理软件、网络分析软件和网络安全软件等。

5. 具有优秀的开发和调试工具

开发嵌入式系统需要有一套完善的开发和调试工具。传统的嵌入式开发和调试工具是在线仿真器（In Circuit Emulator，ICE），它通过取代目标板的微处理器，给目标程序提供一个完整的仿真环境，从而使开发者能非常清楚地了解到程序在目标板上的工作状态，便于监视和调试程序。在线仿真器的价格非常高，而且只适合做非常底层的调试。如果使用的是嵌入式 Linux 操作系统，一旦软硬件能支持正常的串口功能，即使不用在线仿真器，也可以很好地进行开发和调试工作，从而节省了一笔不小的开发费用。嵌入式 Linux 操作系统为开发者提供了一套完整的工具链（Tool Chain），能够很方便地实现从操作系统到应用软件各个级别的调试。

6. 丰富的网络功能

Linux 操作系统从诞生之日起就与 Internet 密不可分，支持各种标准的网络协议，并且很容易移植到嵌入式系统中。目前，Linux 操作系统几乎支持所有主流的网络硬件、网络协议和文件系统。另外，由于 Linux 操作系统有很好的文件系统支持（例如，它支持 EXT2、FAT32、ROMFS 等文件系统），是数据备份、同步和复制的良好平台，这些都为开发嵌入式系统应用打下了坚实的基础。

7. 良好的用户界面

Linux 操作系统向用户提供了两种界面：用户界面和系统调用。Linux 操作系统的传统用户界面是基于文本的命令行界面，即 Shell，它既可以联机使用，又可存在文件上脱机使用。目前，在 Linux 操作系统中所包含的工具和实用程序，可以完成 UNIX 操作系统的所有主要功能。

8. 较高的可移植性

可移植性是指操作系统从一个平台转移到另一平台仍然能按其自身的方式运行的能力。Linux 操作系统是一种可移植的操作系统，能够在微型计算机或大型计算机的任何环境中和任何平台上运行。可移植性为运行 Linux 操作系统的不同计算机平台与其他任何机器进行准确而有效的通信提供了手段。

（三）Linux 发行版本

1. 典型的 Linux 发行版本

一个典型的 Linux 发行版本包括以下内容。

（1）Linux 内核。

（2）一些 GNU 库和工具。

（3）命令行 Shell。

（4）图形用户界面的 X 窗口系统和相应的桌面环境，如 KDE 或 Gnome。

（5）数千种从办公包、编译器、文本编辑器到科学工具的应用软件。

2. 开源协议

现今存在的开源协议很多，而经过 OSI 组织批准的开源协议目前有 38 种。常见的开源协议都是 OSI 组织批准的协议。如果要开源自己的代码，最好也是选择这些被批准的开源协议。

最常用的开源协议如下。

（1）BSD 开源协议（Original BSD License、FreeBSD License、Original BSD License）。

（2）Apache Licence 2.0。

（3）GPL（GNU General Public License）。

（4）LGPL（GNU Lesser General Public License）。

（5）MIT。

3. 国内中文桌面 Linux 发行版本

（1）红旗 Linux。

（2）中标普华 Linux。

（3）Xteam Linux。

常用的 Linux 发行版本及其简介如表 1-1 所示。

表 1-1 常用的 Linux 发行版本及其简介

发行版本	简 介
Slackware	Slackware 应当算是历史悠久的 Linux 发行版本，它由 Patrick Volkerding 于 1992 年创建。在最辉煌的时期，它拥有着所有发行版本中最多的用户数。目前 Slackware 仍然拥有许多忠实的用户，其地位在各大发行版本中始终排在前 5 名。由于 Slackware 尽量采用原版的软件包，而不进行任何修改，所以出现新 Bug 的概率很低
Red Hat	Red Hat Linux 是目前应用最广泛的 Linux 发行版本。目前，Red Hat 分为两个系列：由 Red Hat 公司提供技术支持和更新服务的收费版本 Red Hat Enterprise Linux 和由社区组织开发的免费版本 Fedora Core。Fedora Core 版本更新周期很短，一般在 6 个月左右
Mandriva	Mandriva 原名为 Mandrake，最早由 Gaël Duval 于 1998 年创建。在国内刚开始普及 Linux 操作系统的时候，Mandrake 曾非常流行。最早的 Mandrake 是基于 Red Hat 开发的。Red Hat 默认采用 Gnome 桌面系统，而 Mandrake 将其改为 KDE。此外，Mandrake 还简化了操作系统的安装
SUSE	SUSE 是德国最著名的 Linux 发行版本，在世界范围内也享有很高的声誉。SUSE 的特点是易于安装使用，而且包含一些其他发行版本没有的软件包
Debian	Debian 最早由 Ian Murdock 于 1993 年创建，它可以算是迄今为止，最为遵循 GNU 规范的 Linux 操作系统。Debian 是一个完全由自由软件打包而成的操作系统，背后没有任何营利组织的支持，其开发团队也全部来自世界各地的志愿者
Ubuntu	Ubuntu 最早由 Mark Shuttleworth 于 2004 年创建，目前已跻身于世界顶级 Linux 操作系统之列。Ubuntu 可以算是 Debian 的副产品，它是以 Debian 的一个开发版本 Sid 为基础开发的

（四）Linux 内核组成

从程序员的角度来讲，操作系统的内核提供了一个虚拟的机器接口，它抽象了许多硬件细节，程序可以以某种统一的方式来进行数据管理，用户程序通过访问内核来访问硬件设备。Linux 内核是运行程序和管理像磁盘和打印机等硬件设备的核心程序。它从用户那里接受命令并把命令送给内核执行。实际上，内核是在并发地运行几个进程，通过内核的调度机制能够让几个进程共同合理地使用硬件资源，并且实现各进程间互不干扰的安全运行。Shell 是系统的用户界面，提供了用户与内核进行交互操作的接口。Shell 是一个命令解释器，Shell 中的命令分为内部命令和外部命令。文件系统是指文件存放在磁盘等存储设备上的组织方法。应用系统是程序集，包括文本编辑器、编程语言、X Window、办公套件、Internet 工具、数据库等。

Linux 内核是指系统内分离出来的一些关键性程序。像大部分 UNIX 内核那样，Linux 内核必须完成以下任务：对文件系统的读/写进行管理，把对文件系统的操作映射为对磁盘或其他块设备的操作；管理程序的运行，为程序分配资源，并且管理虚拟内存；管理存储器，为程序分配内存，并且管理虚拟内存；管理 I/O，将设备映射为设备文件；管理网络。Linux 内核主要由五个子系统组成：进程调度、内存管理、虚拟文件系统、网络接口、进程间通信。

1. 进程调度

进程调度控制进程对 CPU 的访问。当需要选择下一个进程运行时，由调度程序选择最值得运行的进程。可运行进程实际上是仅等待 CPU 资源的进程，如果某个进程在等待其他资源，那么该进程是不可运行进程。Linux 操作系统使用了比较简单的基于优先级的进程调度算法选择新的进程。

2. 内存管理

内存管理允许多个进程安全地共享主内存区域。Linux 操作系统的内存管理支持虚拟内存，即在计算机中运行的程序，其代码、数据、堆栈的总量可以超过实际内存的大小，操作系统只是把当前使用的程序块保留在内存中，其余的程序块则保留在磁盘中。必要时，操作系统负责在磁盘和内存间交换程序块。内存管理从逻辑上分为硬件无关部分和硬件相关部分。硬件无关部分提供了进程的映射和逻辑内存的对换；硬件相关部分则为内存管理硬件提供了虚拟接口。

3. 虚拟文件系统

虚拟文件系统隐藏了各种硬件的具体细节，为所有的设备提供了统一的接口。虚拟文件系统提供了多达数十种不同的文件系统。虚拟文件系统可以分为逻辑文件系统和设备驱动程序。逻辑文件系统指 Linux 操作系统所支持的文件系统，如 EXT2、FAT 等；设备驱动程序表示为每种硬件控制器所编写的设备驱动程序模块。

4. 网络接口

网络接口提供了对各种网络标准的存取和各种网络硬件的支持。网络接口可分为网络协议和网络驱动程序。网络协议负责实现每种可能的网络传输协议。网络设备驱动程序负责与硬件设备通信，每种可能的硬件设备都有相应的设备驱动程序。

5. 进程间通信

进程间通信支持进程间各种通信机制。所有其他的子系统都依赖于处于中心位置的进程调度，因为每个子系统都需要挂起或恢复进程。一般情况下，当一个进程等待硬件操作完成时，它被挂起；当操作真正完成时，进程被恢复执行。例如，当一个进程通过网络发送一条消息时，网络接口需要挂起发送进程，直到硬件成功地完成消息的发送；当消息被成功地发送出去以后，网络接口给进程返回一个代码，表示操作的成功或失败。其他子系统以相似的理由依赖于进程调度。

各个子系统之间的依赖关系如图 1-77 所示。

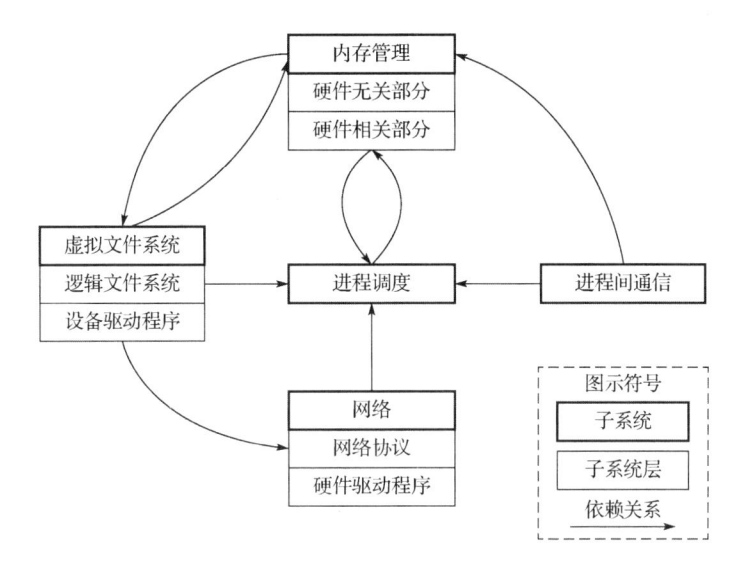

图 1-77　各子系统之间的依赖关系

进程调度与内存管理之间的关系：这两个子系统互相依赖。在多道程序环境下，程序要运行必须为之创建进程，而创建进程的第一件事就是将程序和数据装入内存。进程间通信与内存管理之间的关系：进程间通信子系统要依赖于内存管理支持共享内存通信机制，这种机制允许两个进程除了拥有自己的私有空间，还可以存取共同的内存区域。虚拟文件系统与网络接口之间的关系：虚拟文件系统利用网络接口支持 NFS，也利用内存管理支持 Ramdisk 设备。内存管理与虚拟文件系统之间的关系：内存管理利用虚拟文件系统支持交换，交换进程定期由调度程序调度，这也是内存管理依赖于进程调度的唯一原因。当一个进程存取的内存映射被换出时，内存管理向文件系统发出请求，同时挂起当前正在运行的进程。除了这些依赖关系，内核中的所有子系统还要依赖于一些共同的资源。这些资源包括所有子系统都用到的过程，如分配和释放内存空间的过程，打印警告或错误信息的过程及系统的调试例程等。

（五）Linux 内核特征

Linux 操作系统的设计建立在 UNIX 操作系统的基础上。但是它绝不是简化的 UNIX 操作系统，而是强有力和具有创新意义的类 UNIX 操作系统。作为类 UNIX 操作系统，Linux 内核具有下列基本特征。

1. 模块化的结构

Linux 操作系统和其他操作系统一样，由许多功能模块组成。每个功能模块都可以单独编译，并连接在一起成为单独的目标程序，每个功能模块都是可见的。这种结构的最大特点是内部结构简单，子系统间易于访问，因此内核的工作效率较高。另外，基于过程的结构也有助于不同的人参与不同过程的开发。从这个角度来说，Linux 内核是开放式的结构，允许任何人对其进行修正、改进和完善。

2. 进程调度简单且有效

Linux 操作系统的进程调度方式简单且有效。对于用户进程，Linux 操作系统采用简单的动态优先级调度方式；对于内核中的例程（如设备驱动程序、中断服务程序等）则采用了一种独特的机制——软中断机制，这种机制保证了内核例程的高效运行。

3. Linux 操作系统支持内核进程

内核进程（或称守护进程）是在后台运行而又无终端或登录 Shell 并和它结合在一起的进程。有许多标准的内核进程，如周期进程，可以周期地运行来完成特定的任务（如 Swapd）；非周期性的内核进程则可以连续地运行，等待处理某些特定的事件（如 inetd 和 lpd）。内核进程可以说是用户进程，但和一般的用户进程有所不同，内核进程存在于内核之中，进程调度程序是无法将其从内核中调出的，因此运行效率较高。

4. Linux 操作系统支持多种平台的虚拟内存管理

虚拟内存管理是和硬件平台密切相关的部分。为支持不同的硬件平台并保证虚拟存储管理技术的通用性，Linux 操作系统的虚拟内存管理为不同的硬件平台提供了统一的接口。

5. Linux 内核具有特色的部分是虚拟文件系统

虚拟文件系统不仅为多种逻辑文件系统（如 EXT2、FAT 等）提供了统一的接口，而且为各种硬件设备（作为一种特殊文件）也提供了统一接口，用 Linux 操作系统提供的设备加载命令就可以实现不同硬件设备的加载。

6. Linux 操作系统的模块机制使得内核保持独立而又易于扩充

模块机制可以使内核很容易地增加一个新的模块（如添加一个新的设备驱动程序），而不需要重新编译内核；同时，模块机制可以把一个模块按需添加到内核或从内核中卸下，这使得用户可以按需定制自己的内核。

7. 用户功能可定制

一般来说，系统调用是操作系统的设计者提供给用户使用内核功能的接口（如 DOS、BIOS 的中断调用，MS-WIN 的系统函数等），增加系统调用可以满足用户的特殊需要。Linux 操作系统开放了源码，所以可以直接修改系统调用并加入内核来实现自己所需的一些功能。

8. 利用面向对象的设计思想设计网络驱动程序

利用面向对象的设计思想设计网络驱动程序，使得 Linux 内核很容易实现对多种协议、多种网卡的驱动程序的支持。

（六）Linux 源码结构

Linux 源码的结构类似于抽象结构，大体分为进程管理、内存管理、文件系统、驱动程序和网络。现以 Linux-2.4.x 为例详细介绍内核源文件的结构。Linux-2.4.x 源文件的树形目录如图 1-78 所示。

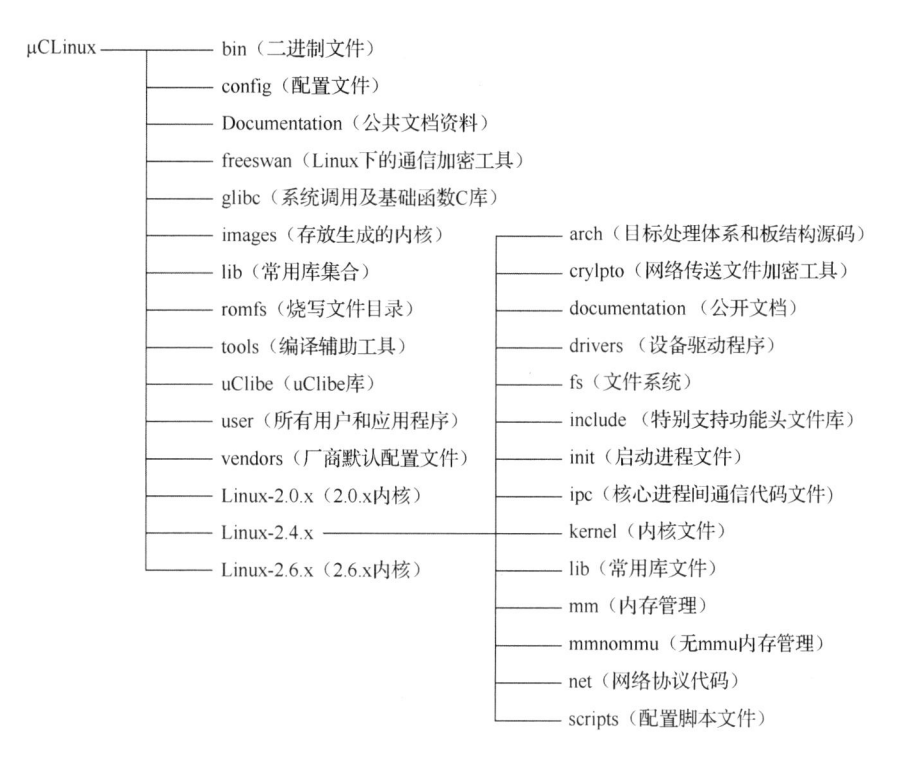

```
μCLinux ─┬─ bin（二进制文件）
         ├─ config（配置文件）
         ├─ Documentation（公共文档资料）
         ├─ freeswan（Linux下的通信加密工具）
         ├─ glibc（系统调用及基础函数C库）
         ├─ images（存放生成的内核）──┬─ arch（目标处理体系和板结构源码）
         ├─ lib（常用库集合）          ├─ crylpto（网络传送文件加密工具）
         ├─ romfs（烧写文件目录）      ├─ documentation（公开文档）
         ├─ tools（编译辅助工具）      ├─ drivers（设备驱动程序）
         ├─ uClibe（uClibe库）         ├─ fs（文件系统）
         ├─ user（所有用户和应用程序） ├─ include（特别支持功能头文件库）
         ├─ vendors（厂商默认配置文件）├─ init（启动进程文件）
         ├─ Linux-2.0.x（2.0.x内核）   ├─ ipc（核心进程间通信代码文件）
         ├─ Linux-2.4.x                ├─ kernel（内核文件）
         └─ Linux-2.6.x（2.6.x内核）   ├─ lib（常用库文件）
                                       ├─ mm（内存管理）
                                       ├─ mmnommu（无mmu内存管理）
                                       ├─ net（网络协议代码）
                                       └─ scripts（配置脚本文件）
```

图 1-78　Linux-2.4.x 源文件的树形目录

1. arch 目录

arch 目录包括所有和体系结构相关的核心代码。它包括 24 个子目录，每一个子目录都代表一种被支持的体系结构，如子目录 ARM 就是关于 ARM 及与之相兼容体系结构的子目录。移植工作的重点就是 arch 下的子目录。

2. include 目录

include 目录包括编译核心所需的大部分头文件。与平台无关的头文件放在 include/Linux 子目录下，与平台相关的头文件放在 include 目录下以"asm"开头的文件名的子目录下。与 ARM CPU 相关的头文件放在 include/asm-ammommu 子目录下。

3. init 目录

init 目录包含核心的初始化代码，包含 malns 和 versions 两个文件，是研究初始化和内核如何工作的起点。

4. mm 目录

mm 目录包括所有独立于 CPU 体系结构的内存管理代码，如页式存储中内存的分配和释放等，而和体系结构相关的内存管理代码位于 arch/$(ARCH)/mm/子目录下。

5. kernel 目录

该目录为系统的主要核心代码，此目录下的文件实现了大多数 Linux 操作系统的内核函数，其中最重要的文件当属 sched.c，和体系结构相关的代码放在 arch/$(ARCH)Acernel 目录下。

6. drivers 目录

该目录放置系统所有的设备驱动程序，每种驱动程序又各占用一个子目录，如 block/ 子目录下为块设备各驱动程序。如果希望查看所有可能包含文件系统的设备是如何初始化的，那么可以查看 drivers/block/genhd.c 目录下的 device setup()。它不仅初始化硬盘，还初始化网络，因为安装此文件系统时需要网络。

7. lib 目录

该目录放置核心的库代码及一些与平台无关的通用函数。

8. net 目录

该目录放置核心与网络相关的代码，其中每个子目录对应网络的一个方面。

9. ipc 目录

该目录包含核心的进程间通信的代码，包括 util.c、sem.c 和 msg.c。

10. fs 目录

该目录为所有的文件系统代码和各种类型的文件操作代码，它的每一个子目录支持一个文件系统，如 EXT2 和 FAT。

11. scripts 目录

该目录包含用于配置核心的脚本文件等。

知识二　Linux 常用命令

使用 Linux 有两种基本方式：图形方式和命令方式。在编写和调试嵌入式程序时，常用命令方式。

用户在命令方式下输入命令后，由 Shell 进行解释。Shell 是一种命令解释器，提供了用户和操作系统之间的交互接口。Shell 是面向命令行的，而 X Window 是图形界面。用户在命令行输入命令，Shell 进行解释，然后送往操作系统执行。Shell 可以执行 Linux 操作系统内部命令，也可以执行应用程序。用户还可以利用 Shell 编程，执行复杂的命令程序。

Shell 命令一般由命令名、选项和参数三部分组成，常用格式如下：

`命令名 【选项】【参数】`

其中，命令名不可少，总在命令行的开头。选项一般以"-"开头，当有多个选项时，可以合并。参数是执行命令的对象，如文件、目录等，可以有一个或多个。

一、系统登录、控制台切换及 Linux 命令

（一）Linux 操作系统登录

进入 Linux 操作系统必须输入用户的账号和密码，在系统安装过程中可以创建以下两种账号。

（1）root：超级用户账号（系统管理员），这个账号可以在系统中的权限最高。

（2）普通用户：这个账号供普通用户使用，可以进行有限的操作。

命令的使用方式：在 Linux 桌面上单击鼠标右键，从弹出的快捷菜单中选择"终端"命令，打开终端窗口。

用户登录分两步：第一步，输入用户的账号；第二步，输入用户的密码。当用户正确地输入账号和密码后，就能进入 Linux 操作系统。屏幕显示：

```
【root@localhost~】#
```

注意：超级用户的提示符是"#"，其他用户的提示符是"$"。

（二）控制台切换

Linux 操作系统是一个多用户操作系统，它可以同时接受多个用户登录。Linux 操作系统允许用户在同一时间从不同的虚拟控制台进行多次登录。

虚拟控制台的选择可以通过按 Ctrl+Alt+一个功能键来实现，通常使用 F1~F7 键。例如，用户登录后，按 Ctrl+Alt+F2 键，用户可以看到"login:"提示符，说明用户看到了第二个虚拟控制台。而用户只需要按 Ctrl+Alt+F1 键，就可以回到第一个虚拟控制台。用户可以在某一个虚拟控制台上进行的工作尚未结束时，切换到另一个虚拟控制台开始另一项工作。

（三）Linux 命令格式

Linux 命令列通常由好几个字符串组成，中间用空格键分开。例如：

```
command options arguments(或 parameters)
命令     选项        参数
```

（四）Linux 常用命令

1. 基本命令

（1）ls 命令。

语法：ls 【选项】【目录文件】

功能：显示文件和目录的信息。

说明：ls 命令就是 list 的缩写，默认情况下 ls 用来打印当前目录的清单，如果 ls 命令指定其他目录，那么会显示指定目录里的文件及文件夹清单。ls 命令的常用参数选项说明：-a/-all，列出目录下的所有文件，包括以"."开头的隐含文件；-d/-directory，将目录像文件一样显示，而不是显示其下的文件；-l，列出文件的详细信息。

常见的目录结构如下：/bin 存放常用命令；/boot 存放内核及启动所需的文件等；/dev 存放设备文件；/etc 存放系统的配置文件；/home 为用户工作根目录；/lib 存放必要的运行库；/root 为超级用户的主目录；/sbin 存放系统管理程序；/tmp 存放临时文件的目录；/mnt 存放临时的映射文件系统，我们常把软驱和光驱挂装在这里的 floppy 和 cdrom 子目录下；/proc 存放存储进程和系统信息；/lost+fount，当系统异常产生错误时，会将一些遗失的片段放置于此目录下，通常这个目录会自动出现在装置目录下；/media，光驱自动挂载点；/usr，应用程序存放目录；/sys，系统中的硬件设备信息。

例如：
```
ls -l
```

该命令执行的结果是以列表的方式显示当前目录下的文件和目录名。例如：
```
1 [loong@localhost ~]$ ls -l
2 total 48
3 drwxr-xr-x 3 loong loong 4096 Mar 27 21:12 Desktop
4 drwxrwxr-x 2 loong loong 4096 Jan 13 16:01 regex
3 drwxrwxr-x 6 loong loong 4096 Feb 13 10:37 src.tar
6 -rw-rw-r-- 1 loong loong  133 Mar 27 19:47 time_test.c
7 drwxrwxrwx 3 loong loong 4096 Mar 27 19:29 vimcdoc-1.7.0
8 drwxrwxr-x 3 loong loong 4096 Jan 10 00:18 VMwareTools
```

其中，ls -l 列举的信息包含 7 个域。第一个域：第一个字符指明了文件类型，其中-表示普通文件，d 表示目录文件，l 表示符号链接，s 表示 socket 文件，b 表示块设备，c 表示字符设备，p 表示管道文件；后面的 9 个字符指明了文件的访问权限，每三位指明一类用户的权限，分别是文件属主、同组用户和其他用户，权限分为读（r）、写（w）、执行（x）。第二个域：链接数，普通文件至少为1，目录至少为2（.和..）。第三域：文件属主。第四域：用户组。第五域：文件大小，其中目录大小通常为块大小的整数倍。第六域：文件的最近修改日期和时间，修改文件意味着对其内文件或子目录的增添和修改。第七域：文件名。

例如：
```
ls |more
```

当要显示的文件数太多（如/usr/bin/下的文件），一页屏不能显示时，若直接运行 ls /usr/bin 命令，则不能看见最前面的文件。这时用通道|more 来显示多页屏输出（按空格键显示下一页，按 Enter 键显示下一行）。我们执行 ls |more 命令后，显示以下内容：
```
1 [loong@localhost /]$ ls /usr/bin |more
2 [
3 411toppm              4 a2p
3 a2ps                  6 ab
7 ac                    8 aconnect
9 acpi_listen          10 activation-client
11 addftinfo           12 addr2line
13 addresses           14 afs3log
13 alacarte            16 alsamixer
17 amidi               18 amixer
```

```
19 amtu                    20 amuFormat.sh
21 animate                 22 anytopnm
23 aplay                   24 aplaymidi
23 --More-
```

另外，命令中的选项还可以组合起来使用，如 ls -al 就是以列表形式显示所有文件和目录的详细信息。

（2）cd 命令功能。

语法：cd　目录名

功能：切换目录路径。

常用的 cd 命令如下：cd dir，切换到当前目录下的 dir 目录；cd /，切换到根目录；cd ..，切换到上一级目录；cd ../..，切换到上两级目录；cd ~，切换到用户目录，若是 root 用户，则切换到/root 下。

例如：

```
[snms@snms /]$ cd /, [snms@snms /]$ ls
```

执行上述两个命令后，显示如下：

```
bin    dev    home   lost+found   mnt    proc   sbin      srv      tmp   var
boot   etc    lib    media                opt    root   selinux   sys   usr
```

例如：

```
[snms@snms /]$ cd /boot, [snms@snms boot]$ ls
```

执行上述两个命令后，显示如下：

```
config-2.6.27.3-117.fc10.i686       lost+found
efi          System.map-2.6.27.3-117.fc10.i686
grub         vmlinuz-2.6.27.3-117.fc10.i686
initrd-2.6.27.3-117.fc10.i686.img
[snms@snms boot]$
```

（3）useradd 命令。

语法：useradd [-d home] [-s shell] [-c comment] [-m [-k template]] [-f inactive] [-e expire] [-p passwd] [-r] name

功能：useradd 命令用来建立用户账号和创建用户的起始目录，使用权限是超级用户。

说明：useradd 用来建立用户账号，它和 adduser 命令是相同的。账号建好之后，用 passwd 设定账号的密码。使用 useradd 命令所建立的账号，实际上是保存在/etc/passwd 文本文件中。

useradd 参数选项说明：-c，加上备注文字，备注文字保存在 passwd 的备注栏中；-d，指定用户登入时的起始目录；-D，变更预设值；-e，指定账号的有效期限，默认表示永久有效；-f，指定在密码过期后多少天即关闭该账号；-g，指定用户所属的群组；-G，指定用户所属的附加群组；-m，自动建立用户的登入目录；-M，不要自动建立用户的登录目录；-n，取消建立以用户名称为名的群组；-r，建立系统账号；-s，指定用户登录后所使用的 Shell；-u，指定用户 ID 号。

例如：
```
#useradd wuzy -u 344
```
该命令执行的结果是建立一个新用户账户，并设置 ID。需要说明的是，设定 ID 值时尽量要大于 500，以免冲突。因为 Linux 操作系统安装后会建立一些特殊用户，一般 0 到 499 之间的值留给 bin、mail 这样的系统账号。

（4）passwd 命令。

语法：passwd

功能：修改用户口令。

说明：使用 passwd 命令可以方便地修改用户口令。

passwd 参数选项说明：-l，锁定已经命名的账户名称，只有具备超级用户权限的用户才能使用；-u，解开账户锁定状态，只有具备超级用户权限的用户才能使用。

例如：
```
[root@localhost ~]# passwd -l root
```
执行上述命令后，显示如下：
```
Locking password for user root.
passwd: Success                                    //加锁
[root@localhost ~]# passwd -u root
Unlocking password for user root.
passwd: Success.                                   //解锁
[root@localhost ~]# passwd -d root
Removing password for user root.
passwd: Success                                    //删除密码
[root@localhost ~]# passwd -S root                 //查看认证种类
root NP 2012-11-09 0 99999 7 -1 (Empty password.)
[root@localhost ~]# passwd root                    //修改密码
Changing password for user root.
New UNIX password:
BAD PASSWORD: it is too simplistic/systematic
Retype new UNIX password:
passwd: all authentication tokens updated successfully.
[root@localhost ~]# passwd -x 200 -n 30 root       //添加密码最长和最短使用天数
Adjusting aging data for user root.
passwd: Success
```

（5）su 命令。

语法：su 【选项】【用户账号】

功能：在当前用户账号下改变用户身份。

说明：该命令可以在不重新登录的情况下改变用户身份，从而实现相应权限的功能。其可以让一个普通用户拥有超级用户或其他用户的权限，也可以让超级用户以普通用户的身份做一些事情。普通用户使用这个命令时必须有超级用户或其他用户的口令，如果离开当前的用户身份，那么可以输入 exit 命令。

例如：
```
su wuzy
```
若在 root 用户下，输入 su 普通用户，则切换至普通用户，从 root 切换到普通用户不需要密码；若在普通用户下，则提示输入密码，只要输入用户的密码，就可以切换至 wuzy。

（6）shutdown 命令。

语法：shutdown [-efFhknr][-t 秒数][时间][警告信息]

功能：shutdown 命令可以安全地关闭或重启 Linux 操作系统，它会在系统关闭之前给系统上所有登录用户提示一条警告信息。该命令还允许用户指定一个时间参数，可以是一个精确的时间，也可以是从现在开始的一个时间段。

shutdown 参数选项说明：-c，当执行"shutdown -h 11:30"指令时，只要按+键就可以中断关机的指令；-f，重新启动时不执行 fsck；-F，重新启动时执行 fsck；-h，将系统关机；-k，只送出信息给所有用户，但实际上不会关机；-n，不调用 init 程序进行关机，而由 shutdown 自己进行；-r，shutdown 之后重新启动；-t<秒数>，送出警告信息和删除信息之间要延迟多少秒；[时间]，设置多久时间后执行 shutdown 指令；[警告信息]，要传送给所有登录用户的信息，需要特别说明的是，该命令只能由超级用户使用。

例如：
```
#shutdown -r +10
```
执行该命令后，系统在 10min 后关机，并且马上重新启动。

例如：
```
#shutdown -r now  //重新启动系统，停止服务后重新启动系统
#shutdown -h now  //关闭系统，停止服务后再关闭系统
```

（7）cp 命令。

语法：copy（cp）【选项】 源文件或目录 目标文件或目录

功能：将指定的文件或目录复制到另一个文件或目录中。

说明：在 cp 命令中可以使用通配符 "*" 和 "?"，其中前者通配多个字符，后者通常配一个字符。另外，在复制时，要防止覆盖已存在的同名文件，避免造成不必要的损失。

例如：
```
#cp hello.c /home / hello.c
```
执行该命令后，将/root 下的文件复制到 home 目录下。
```
cp -r wuzy /
```
执行该命令后，将 wuzy 目录复制到根目录下。

（8）mv 命令。

功能：将文件、目录移动，或者更改文件名。

例如：
```
mv source target
```
执行该命令后，将文件 source 更名为 target。

(9) rm 命令。

功能：删除文件或目录。

rm file，删除某一个文件。

rm -f file，删除时不进行提示。

rm -rf dir，删除当前目录下名为 dir 的整个目录。

(10) mkdir 命令。

功能：创建目录。

说明：mkdir /home/workdir，在/home 目录下创建 workdir 目录；mkdir –p /home/dir1/dir2，创建/home/dir1/dir2 目录，如果 dir1 不存在，就先创建 dir1。

(11) pwd 命令。

功能：显示当前目录。

(12) tar 命令。

功能：归档、压缩等，经常使用。

例如：

```
tar cvf /u0/temp2.tar /usr/lib
```

将/usr/lib 目录下的文件与子目录打包成一个文件库/u0/temp2.tar。

```
tar cvzf temp.tar.gz /home/temp
```

将/home/temp 目录下的所有文件打包并压缩成一个文件 temp.tar.gz。

```
tar xvzf temp.tar.gz
```

将打包压缩文件 temp.tar.gz 在当前目录下解开。

(13) unzip 命令。

功能：解压 zip 文件。

(14) chmod 命令。

功能：改变文件或目录的所有者。

例如：

```
chmod [who] [opt] [mode] 文件/目录名
```

说明：who 表示对象，是以下字母中的一个或组合，u 表示文件所有者，g 表示同组用户，o 表示其他用户，a 表示所有用户；opt 代表操作，其可以为"+"，添加某个权限，也可以为"-"，取消某个权限，还可以为"="，赋予给定的权限，取消原有权限；mode 代表权限，其中 r 为可读，w 为可写，x 为可执行。

(15) df 命令。

功能：检查文件系统的磁盘空间占用情况。该命令可以用来获取硬盘被占用了多少空间，目前还剩下多少空间等信息。

(16) du 命令。

功能：检测一个目录和它所有子目录中文件占用的磁盘空间。

(17) sed 命令。

功能：置换文字列，删除行。

(18) grep 命令。

功能：检索文字列。

(19) diff。

功能：比较文件内容。

例如：
```
diff dir1 dir2
```

比较目录 1 与目录 2 的文件列表是否相同，但不比较文件的实际内容。若不同，则列出。

例如：
```
diff file1 file2
```

比较文件 1 与文件 2 的内容是否相同，若是文本格式的文件，则将不相同的内容显示，若是二进制代码，则只表示两个文件是不同的。

(20) Find。

功能：检索文件和目录。

(21) ln 命令。

功能：建立链接。Windows 的快捷方式就是根据*inx 下的链接原理来做的。
```
ln source_path target_path      //硬连接
ln -s source_path target_path   //软连接
```

(22) top 命令。

功能：查看系统中的进程对 CPU、内存等的占用情况，按 Q 键或 Ctrl+C 键退出。

2. 查看编辑文件命令

(1) cat 命令。

功能：显示文件的内容，与 DOS 的 type 相同。

(2) more 命令。

功能：分页显示命令。

(3) tail 命令。

功能：显示文件的最后几行。

例如：
```
tail -n 100 aaa.txt
```

执行该命令后，显示文件 aaa.txt 文件的最后 100 行。

(4) touch 命令。

功能：创建一个空文件。

例如：
```
touch aaa.txt
```

执行该命令后，创建一个空文件，文件名为 aaa.txt。

（5）wc 命令。

功能：显示文件的行数、字节数或单词数。

3. 基本系统命令

（1）man 命令。

功能：查看某个命令的帮助。

例如：
```
man ls
```

执行该命令后，显示 ls 命令的帮助内容，按 Q 键退出。

（2）w 命令。

功能：显示登录用户的详细信息。

（3）who 命令。

功能：显示登录用户。

（4）last 命令。

功能：查看最近那些用户登录系统。

（5）date 命令。

功能：系统日期设定。

例如：
```
Date                //显示当前日期时间
```

又如：
```
date -s 20:30:30    //设置系统时间为 20:30:30
```

再如：
```
date -s 2014-3-3    //设置系统日期为 2014-3-3
```

（6）clock 命令。

功能：时钟设置。

例如：
```
clock -r            //对系统 Bios 中读取时间参数
```

例如：
```
clock -w            //将系统时间(如由 date 设置的时间)写入 Bios
```

（7）uname 命令。

功能：查看系统版本。

例如：
```
uname -R            //显示操作系统内核的 version
```

（8）reboot/halt 命令。

功能：重新启动系统。

4. 监视系统状态命令

（1）free 命令。

功能：查看内存和 swap 分区使用情况。

（2）uptime。

功能：显示现在的时间，系统开机运转到现在经过的时间，连线的使用者数量，最近 1min、5min 和 15min 的系统负载。

（3）vmstat 命令。

功能：监视虚拟内存使用情况。

（4）ps 命令。

功能：显示进程信息。

例如：
```
ps ux //显示当前用户的进程
```

（5）kill 命令。

功能：结束某个进程，进程号通过 ps 命令得到。

例如：
```
kill -9 1001
```

结束进程编号为 1001 的程序。

（6）sleep 命令。

功能：某进程停止指定的时间。

5. 磁盘操作命令

（1）mkfs 命令。

功能：格式化文件系统，可以指定文件系统的类型，如 EXT2、EXT3、FAT、NTFS 等。

（2）dd 命令。

功能：把指定的输入文件复制到指定的输出文件中，并且在拷贝过程中可以进行格式转换。

（3）mount 命令。

功能：使用 mount 命令就可在 Linux 中挂载各种文件系统。

（4）mkswap 命令。

功能：使用 mkswap 命令可以创建 swap 空间。

（5）fdisk 命令。

功能：对磁盘进行分区。

6. 用户和组相关命令

（1）groupadd 命令。

功能：添加组。

例如：

```
groupadd test1          //添加 test1 组
```

（2）userdel 命令。

功能：删除用户。

例如：

```
userdel user1           //删除 user1 用户
```

（3）chown 命令。

功能：改变文件或目录的所有者。

例如：

```
chown user1 /dir        //将/dir 目录设置为 user1 所有
```

（4）chgrp 命令。

功能：改变文件或目录的所有组。

例如：

```
chgrp user1 /dir
```

运行该命令后，将/dir 目录设置为 user1 所有。

（5）id 命令。

功能：显示用户的信息，包括 uid、gid 等。

（6）finger 命令。

功能：显示用的信息。

7. 压缩解压命令

（1）gzip 格式命令。

功能：压缩文件，是 gz 格式。

注意：生成的文件会把源文件覆盖。

（2）zip 格式命令。

功能：压缩和解压缩 zip 命令。

（3）bzip2 根式命令。

功能：bzip2 格式压缩命令。

注意：生成的文件会把源文件覆盖。

（4）gunzip 命令。

功能：解压 gz 文件。

8. 网络相关命令

（1）ifconfig 命令。

功能：显示修改网卡的信息。

（2）route 命令。

功能：显示当前路由设置情况。

（3）netstat 命令。

功能：用于显示各种网络相关信息，如网络连接、路由表、接口状态（Interface Statistics）、Masquerade 连接、多播成员（Multicast Memberships）等。

（4）ping 命令。

功能：调查远程主机的状况及发送包等。

（5）traceroute 命令。

功能：路由跟踪。

（6）nslookup 命令。

功能：域名解析排错。

（7）host 命令。

功能：检索 host 的信息。

（8）hostname 命令。

功能：表示设定主机名称。

9. 其他命令

（1）ssh 命令。

功能：远程登录到其他主机，基于 SSL 加密。

（2）telnet 命令。

功能：远程登录到其他主机，明码传输，没有加密。

（3）ftp 命令。

功能：连接 ftp 服务器，传输文件。

（4）scp 命令。

功能：远程拷贝访问权限。

知识三　文本编辑

vi 是 Visual interface 的简称，是所有 UNIX 系统都会提供的屏幕编辑器，它提供了一个视窗设备，通过它可以执行打开、保存、输入、修改、查找、替换、删除等文件编辑操作。vi 可分为三种工作模式，分别是命令模式（Command Mode）、编辑（插入）模式（Insert Mode）和末行模式（Last line Mode）。

一、工作模式

1. 命令模式

任何时候，不管用户处于何种模式，只要按 Esc 键就可使 vi 进入命令模式。若在 Shell 环境下输入命令"vi"，则打开编辑器，此时默认处于命令模式下。

在命令模式下，用户可以输入各种合法的 vi 命令用于管理自己的文档。此时，从键盘上输入的任何字符都被当作编辑命令来解释。若输入的字符是合法的 vi 命令，则 vi 在接收用户命令之后完成相应的动作。但需要注意的是，输入的命令并不在屏幕上显示出来。

2. 编辑模式

若在命令行输入 i、r、o、x、d 等编辑命令，则进入文本编辑模式。在该模式下，可实现文本的输入、修改、删除等功能。下面列举几个参数加以说明。

i 表示插入，在当前光标所处位置插入要输入的文字，已存在的字符会向后退；a 表示添加，由当前光标所处位置的下一个字符开始输入，已存在的字符向后退；o 表示插入新的一行，从光标所处位置的下一行行首开始输入；r 表示替换，r 会替换光标所指的那一个字符；Esc 表示返回一般模式。

3. 末行模式

在命令模式下，用户按":"键即可进入末行模式，此时 vi 会在显示窗口的最后一行显示一个":"作为末行模式的提示符，等待用户输入命令。多数文件管理和块操作命令都是在此模式下实现的。末行命令执行完后，vi 会自动回到命令模式。

二、文件的创建与打开

在 Shell 提示符后输入 vi 和想要编辑的文件名，便可启动 vi。下面以 hello.c 为例进行说明。

（1）vi　hello.c（hello.c 就是编写程序时的一个源程序名）。
（2）在键盘上按下 I 键输入字符。
（3）程序写完后保存（敲击 Esc 键，输入":"）。

其中，wq 表示保存退出，q 表示不保存退出，q!表示强行退出。

（4）gcc -o　hello　hello.c（hello.c 编译链接成可执行文件 hello）。
（5）./可执行文件名（执行完此条命令后就可以看到程序的执行结果）。

三、vi 命令

进入 vi 的主要命令如下。

vi filename，打开或新建文件，并将光标置于第一行首；vi +n filename，打开文件，并将光标置于第 n 行首；vi -r filename，在上次正用 vi 编辑时发生系统崩溃，恢复 filename。

移动光标类常用命令：h，光标左移一个字符；l，光标右移一个字符；space，光标右移一个字符；Backspace，光标左移一个字符；k 或 Ctrl+p，光标上移一行；j 或 Ctrl+n，光标下移一行。

屏幕翻滚类命令：Ctrl+u，向文件首翻半屏；Ctrl+d，向文件尾翻半屏；Ctrl+f，向文件尾翻一屏；Ctrl+b，向文件首翻一屏；nz，将第 n 行滚至屏幕顶部，不指定 n 时将当前行滚至屏幕顶部。

插入文本类命令：i，在光标前；I，在当前行首；a，光标后；A，在当前行尾；o，在当前行之下新开一行；O，在当前行之上新开一行。

删除类命令：ndw 或 ndW，删除光标处开始及其后的 n-1 个字；do，删至行首；d$，删至行尾；ndd，删除当前行及其后 n-1 行；x 或 X，删除一个字符，x 删除光标后的，而 X 删除光标前；Ctrl+u，删除输入方式下所输入的文本。

搜索及替换类命令：/pattern，从光标开始处向文件尾搜索；n，在同一方向重复上一次搜索命令；N，在反方向上重复上一次搜索命令；:s/p1/p2/g，将当前行中所有 p1 均用 p2 替代；:n1,n2s/p1/p2/g，将第 n1 至 n2 行中所有 p1 均用 p2 替代；:g/p1/s//p2/g，将文件中所有 p1 均用 p2 替换。

知识四　Linux 开发环境

基于 ADS 的开发环境集成度较高，全图形操作界面，实现 ARM 汇编语言和 C 语言的编程方便、快捷，但对目标机的实时调试不够直接。由于 Linux 源码全部公开，任何人都可以修改并在 GNU 通用公共许可证下发行，因此基于 Linux 的开发环境开发、以 Linux 为操作系统的嵌入式应用具备得天独厚的优势，从而得到许多开发者的认同。

一、环境架构

基于 Linux 的典型开发环境架构如图 1-79 所示。

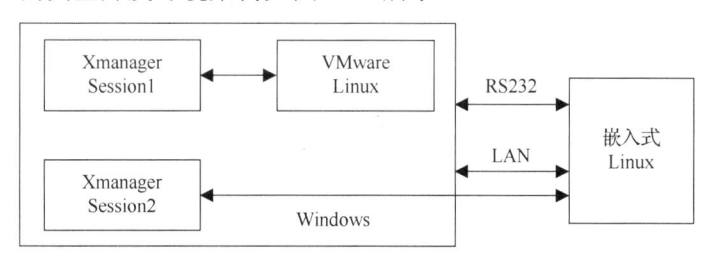

图 1-79　基于 Linux 的典型开发环境架构

在这一开发环境中，应用软件的编写、编译和链接在虚拟机 Linux 系统中进行，由于嵌入式系统的操作系统是 Linux，应用软件的开发也在相同系统中，因此处理问题的思路、方法十分接近目标机。

二、编译工具的使用

（一）GCC 的使用

1. GCC 简介

通常所说的 GCC 是 GUN Compiler Collection 的简称，除了编译程序，它还包含其他相关工具，所以它能把易于人类使用的高级语言编写的源码构建成计算机能够直接执行的二进制代码。GCC 是 Linux 平台下最常用的编译程序。同时，在 Linux 平台下的嵌入式开发领域，GCC 是使用得最普遍的一种编译器。GCC 之所以被广泛采用，是因为它能支持各种不同的目标体系结构。目前，GCC 支持的体系结构有四十余种，常见的有 X86 系列、ARM、PowerPC 等。此外，GCC 还能运行在不同的操作系统上，如 Linux、Solaris、Windows 等。GCC 除了支持 C 语言，还支持其他语言，如 C++、Ada、Java、Objective-C、Fortran、Pascal、Go 等。

2．GCC 安装

Ubuntu 等基于 Debian 发行版 Linux 可以使用以下命令安装：apt -get install gcc。Fedora Core 等基于 RPM 发行版 Linux 可以使用以下命令安装：yum install gcc。使用以下命令查看 GCC 的版本：gcc –version。

（二）程序的编译过程

对 GUN 来说，程序的编译要经历预处理、编译、汇编、连接四个阶段。从功能上来分，预处理、编译、汇编是三个不同的阶段，但在 GCC 的实际操作中，它可以把这三个阶段合并为一个阶段。下面以 C 语言为例来讲述不同阶段的输入和输出情况。

GCC 的基本选项如表 1-2 所示。

表 1-2　GCC 的基本选项

类　　型	说　　明
-E	预处理后即停止，不进行编译、汇编及连接
-S	编译后即停止，不进行汇编及连接
-c	编译或汇编源文件，但不进行连接
-o file	指定输出文件 file

在预处理阶段，输入的是 C 语言的源文件，通常为*.c，它们一般带有.h 之类的头文件。这个阶段主要处理源文件中的#ifdef、#include 和#define 命令。该阶段会生成一个中间文件*.i，但实际工作中通常不用专门生成这种文件，因为基本上用不到；若非要生成这种文件，则可以用命令 gcc -E test.c -o test.i 来实现。在编译阶段，输入的是中间文件*.i，编译后生成汇编语言文件*.s。这个阶段对应的 GCC 命令为 gcc -S test.i -o test.s。在汇编阶段，将输入的汇编文件*.s 转换成机器语言*.o。这个阶段对应的 GCC 命令为 gcc -c test.s -o test.o。在连接阶段将输入的机器代码文件*.s（与其他的机器代码文件和库文件）汇集成一个可执行的二进制代码文件。这一阶段可以用图 1-80 所示的 GCC 命令来完成。

```
wu@ubuntu:~$ cd Ccode
wu@ubuntu:~/Ccode$ gcc -E test.c -o test.i
wu@ubuntu:~/Ccode$ gcc -S test.i -o test.s
wu@ubuntu:~/Ccode$ gcc -c test.s -o test.o
wu@ubuntu:~/Ccode$ gcc test.o -o test
```

图 1-80　GCC 命令

此外，还可以通过 cat -n [filename]命令查看每个阶段的文件内容。

（三）警告选项

GCC 提供了大量的警告选项，对代码中可能存在的问题提出警告，通常可以使用-Wall 来开启警告。GCC 的警告选项如表 1-3 所示。

表 1-3 GCC 的警告选项

类型	说明
-Wall	启用所有警告信息
-Werror	在发生警告时取消编译操作，即将警告看作错误
-w	禁用所有警告信息

例如，给出以下代码，使用 GCC 进行编译，同时开启警告信息（test1.c）。

```
#include<stdio.h>
int main()
{
  int i;
  for(i = 0; i <= 3; i++)
    printf("hello gcc!\n");
  //return 0;
}
```

使用-Wall 开启警告，如图 1-81 所示。

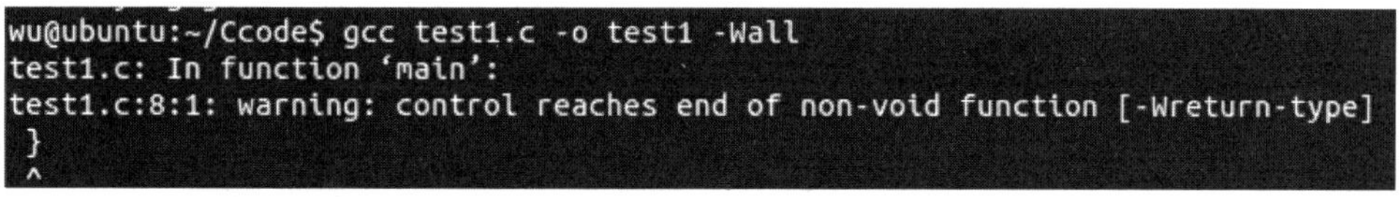

```
wu@ubuntu:~/Ccode$ gcc test1.c -o test1 -Wall
test1.c: In function 'main':
test1.c:8:1: warning: control reaches end of non-void function [-Wreturn-type]
 }
 ^
```

图 1-81 使用-Wall 开启警告

从图 1-81 可以看出，GCC 给出了警告信息，意思是 main 函数的返回值被声明为 int，但是没有返回值。GCC 不仅是简单地发出警告，还会中断整个编译过程。如果不想看到警告信息，可以使用-w 来禁止所有的警告。此外，GCC 还提供了许多以-W 开头的选项，允许用户指定输出某个特定的警告。例如，-Wcomment，出现注释嵌套时发出警告；-Wconversion，若程序中存在隐式类型转换，则发出警告；-Wundef，若在#if 宏中使用了未定义的变量进行判断，则发出警告；-Wunused，若声明的变量或 static 型函数没有使用，则发出警告。

（四）优化选项

GCC 具有优化代码的功能，主要的优化选项如下。

-O0，不进行优化处理；-O 或-O1，进行基本的优化，这些优化在大多数情况下都会使程序执行得更快；-O2，除了完成-O1 级别的优化，还要完成一些额外的调整工作，如处理器指令调度等，这是 GNU 发布软件的默认优化级别；-O3，除了完成-O2 级别的优化，还进行循环的展开及其他一些与处理器特性相关的优化工作；-Os，生成最小的可执行文件，主要用于在嵌入式领域。

一般来说，优化级别越高，生成可执行文件的运行速度就越快，但消耗在编译上的时间也越长，因此在开发的时候最好不要使用优化选项，到软件发行或开发结束的时候才考虑对最终生成的代码进行优化。

例如，给出以下代码，使用 GCC 进行编译，同时比较优化前后执行程序所花的时间。

```c
#include<stdio.h>
int main()
{
    int i, j, x;
    x = 0;
    for(i = 0; i < 100000; i++) {
        for(j = i; j > 0; j--) {
            x += j;
        }
    }
    return 0;
}
```

优化选项使用示意图如图 1-82 所示。

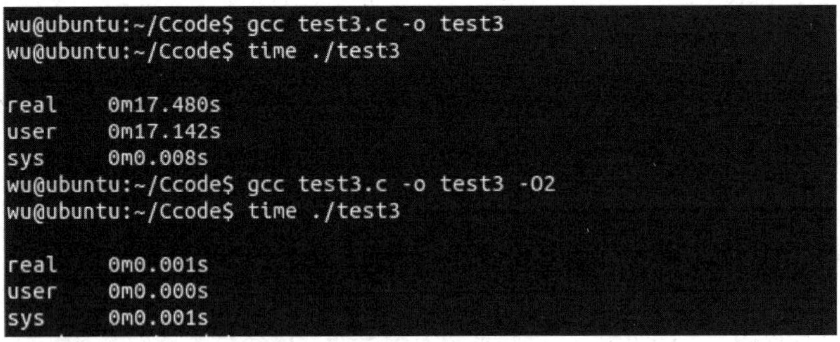

图 1-82 优化选项使用示意图

从图 1-82 中可以看到，优化的效果十分显著。

三、Makefile 文件的编写

（一）Makefile 的语法

一个基本的 Makefile 主要由目标对象、依赖文件、变量和命令四部分组成，目标对象是 make 命令最终需要生成的文件，通常为目标文件或可执行程序；依赖文件是生成目标对象所依赖的文件，通常为目标文件或源码文件；使用变量保存与引用一些常用值可以增强 Makefile 文件的简洁性、灵活性和可读性，一处定义，多处使用，通常还可以对其内容进行赋值或追加；目标对象通常对应着依赖文件成为一条规则，如 hello.o:hello.c hello.h，而对应这条规则，通常跟随着一些命令，这些命令的格式跟 Shell 终端的格式一致，如 rm -f *.o 或$(CC) -c hello.c -o hello.o。注意：每条命令必须以 tab 开头，否则 make 命令将提

示错误，无论是规则语句还是命令语句，都可以引用变量，如$(CC)，make 命令在执行这些语句之前都会先将变量替换为它对应的值。

一个 Makefile 文件中可以有多个目标对象，要生成特定的目标对象，在执行 make 命令的时候跟上目标对象名即可，如 make hello.o，如果不指定，那么 make 命令自动将 Makefile 文件中的第一个目标对象作为默认对象来生成。

Makefile 文件中的一条规则的编写形式如下：

```
targets …:dependent_files …
(tab)command
…
```

targets 表示目标对象，dependent_files 表示依赖文件，command 表示命令行，(tab)表示制表符，"…"表示数量有一个或多个。下面给出一个最基本的编译 hello 程序的 Makefile 文件代码。

```
1.  #This is a example for describing makefile
2.  hello:hello.o
3.      gcc hello.o -o hello
4.  hello.o: hello.s
5.      gcc -c hello.s -o hello.o
6.  hello.s:hello.i
7.      gcc -S hello.i -o hello.s
8.  hello.i:hello.c hello.h
9.      gcc -E hello.c > hello.i
10.
11. .PHONY: clean
12. clean:
13.     rm -f hello.i hello.s hello.o hello
```

以上 Makefile 文件详细描述了 GCC 生成二进制文件 hello 所经过的预处理、编译、汇编和链接四个阶段，并使用 clean 对象来实现生成文件的清除操作。

（二）Makefile 与命令

Makefile 中的命令由一些 Shell 命令行组成，这些命令被一条条地执行，除了第一条紧跟在依赖关系后面的命令需要使用分号隔开，其他每条命令必须以制表符 tab 开始。多个命令行之间可以有空行或注释行，它们在 Makefile 执行时被忽略。每个命令行中可以使用注释，"#"字符出现处到行末的内容将被忽略。

1. 命令回显

默认情况下，每执行一条 Makefile 中的命令之前，Shell 终端都会显示出这条命令的具体内容，除非该命令用分号分隔而紧跟在依赖关系后面，我们称之为"回显"。如果不想显示命令的具体内容，就可以在命令的开头加上"@"符号，这种情况通常用于 echo 命令。

make 执行"echo '开始编译 XXX 模块'"语句的输出结果如下：

```
echo '开始编译 XXX 模块'
开始编译 XXX 模块
```

而 make 执行"@echo'开始编译 XXX 模块'"语句的输出结果是开始编译 XXX 模块。

2. 命令的执行

当 Makefile 中的目标需要被重建时，此条目标对应的依赖关系后面紧跟的命令将会被执行，如果有多行命令，那么 make 将为每一行命令独立分配一个子 Shell 去执行，因此多行命令之间的执行相互独立，也不存在依赖关系。

需要注意的是，在一条依赖关系下的多个命令行中，前一行中的 cd 命令改变目录后不会对后面的命令行产生影响，也就是说，后续命令行的执行目录不会是之前使用 cd 命令进入的那个目录。而 Makefile 中处于同一行、用分号分隔的多个命令属于同一个子 Shell，前面 cd 命令的目录切换动作可以影响到分号后面的其他命令。例如：

```
1.   hello:src/hello.c src/hello.h
2.       cd src/ ; gcc hello.c -o hello
```

如果需要将一个完整的 Shell 命令行书写在多行上，那么可使用反斜杠"\"来处理多行命令的连接，表示反斜杠前后的两行属于同一个命令行，如上述命令也可以这样书写：

```
1.   hello:src/hello.c src/hello.h
2.       cd src/ ; \
3.       gcc hello.c -o hello
```

3. 并发执行命令

make 可以同时执行多条命令。默认情况下，make 在同一时刻只执行一条命令，后一条命令的执行依赖于前一条命令的完成，为了同时执行多条命令，可以在执行 make 命令时添加"-j"选项来指定同时执行命令条数的上限。

如果选项"-j"之后跟一个整数，那么其含义是 make 在同一时刻允许执行的最多命令条数；如果选项"-j"后面不跟整数，那么表示不限制同时执行的命令条数，即每条依赖关系后有多少条命令就同时执行多少条；如果不加选项"-j"，那么默认单步依次执行多条命令。

（三）Makefile 与变量

变量是在 Makefile 中定义的名字，用来代替一个文本字符串，该文本字符串称为该变量的值。变量名是不包括":""#""="和结尾空格的任何字符串。同时，变量名中包含字母、数字及下划线以外的情况应尽量避免，因为它们可能在将来被赋予特别的含义。变量名是大小写敏感的，如变量名"foo""FOO"和"Foo"代表不同的变量。推荐在 Makefile 内部使用小写字母作为变量名，预留大写字母作为控制隐含规则参数或用户重载命令选项参数的变量名。在具体要求下，这些值可以代替目标体、依赖文件、命令及 Makefile 文件中的其他部分，在 Makefile 文件中引用变量 VAR 的常用格式为"$(VAR)"。在 Makefile

中的变量定义有两种方式：一种是递归展开方式，另一种是简单扩展方式。递归展开方式的定义格式为 VAR=var。用递归展开方式定义的变量是在引用该变量时进行替换的，即如果该变量包含了对其他变量的应用，那么在引用该变量时一次性将内嵌的变量全部展开，虽然这种类型的变量能够很好地完成用户的指令，但是它有严重的缺点，如不能在变量后追加内容。

为了避免上述问题，用简单扩展方式定义变量的值在定义处展开，并且只展开一次，因此它不包含任何对其他变量的引用，从而消除变量的嵌套引用。简单扩展方式的定义格式为 VAR:=var。

下面给出一个使用了变量的 Makefile 例子，这里用 OBJS 代替 main.o 和 add.o，用 CC 代替 gcc，用 CFLAGS 代替 "-Wall -O -g"。这样在以后修改时，就可以只修改变量定义，而不需要修改下面的引用实体，从而大大简化了 Makefile 维护的工作量。

```
1.  OBJS=main.o add.o
2.  CC=gcc
3.  CFLAGS = -Wall -O -g
4.
5.  add:$(OBJS)
6.      $(CC) $(OBJS) -o add
7.  main.o:main.c
8.      $(CC) $(CFLAGS) -c main.c -o main.o
9.  add.o:add.c
10.     $(CC) $(CFLAGS) -c add.c -o add.o
11.
12. clean:
13.     rm *.o
```

可以看到，此处变量是以递归展开方式定义的。Makefile 中的变量分为用户自定义变量、预定义变量、自动变量及环境变量。如上例中的 OBJS 就是用户自定义变量，自定义变量的值由用户自行设定，而预定义变量和自动变量是在 Makefile 中都会出现的变量，其中部分有默认值，也就是常见的设定值，当然用户可以对其进行修改。预定义变量包含了常见编译器、汇编器的名称及其编译选项。下面列出了 Makefile 中常见预定义变量及其部分默认值。

```
1.  AS: 汇编程序的名称，默认值为 as
2.  CC: C 编译器的名称，默认值为 cc
3.  CPP: C 预编译器的名称，默认值为$(CC) -E
4.  CXX: C++编译器的名称，默认值为 g++
5.  FC: FORTRAN 编译器的名称，默认值为 f77
6.  RM: 文件删除程序的名称，默认值为 rm -f
7.  ARFLAGS: 库文件维护程序的选项，无默认值
8.  ASFLAGS: 汇编程序的选项，无默认值
9.  CFLAGS: C 编译器的选项，无默认值
10. CPPFLAGS: C 预编译的选项，无默认值
```

```
11. CXXFLAGS: C++编译器的选项，无默认值
12. FFLAGS: FORTRAN 编译器的选项，无默认值
```

可以看出，上例中的 CC 和 CFLAGS 是预定义变量，其中由于 CC 没有采用默认值，因此需要把"CC=gcc"明确列出来。

由于常见的 GCC 编译语句中通常包含了目标文件和依赖文件，而这些文件在 Makefile 文件中的依赖关系一行已经有所体现，因此为了进一步简化 Makefile 的编写，便引入了自动变量。自动变量通常可以代表编译语句中出现的目标文件和依赖文件等，并且具有本地含义（下一语句中出现的相同变量代表的是下一语句的目标文件和依赖文件）。下面列出了 Makefile 中常见的自动变量。

```
1. $*: 不包含扩展名的目标文件名称
2. $+: 所有的依赖文件，以空格分开，并以出现的先后为序，可能包含重复的依赖文件
3. $<: 第一个依赖文件的名称
4. $?: 所有时间戳比目标文件晚的依赖文件，并以空格分开
5. $@: 目标文件的完整名称
6. $^: 所有不重复的依赖文件，以空格分开
7. $%: 如果目标是归档成员，则该变量表示目标的归档成员名称
```

另外，在 Makefile 中还可以使用环境变量。使用环境变量的方法相对比较简单，make 在启动时会自动读取系统当前已经定义了的环境变量，并且创建与之具有相同名称和数值的变量。但是，如果用户在 Makefile 中定义了相同名称的变量，那么用户自定义变量将会覆盖同名的环境变量。

（四）Makefile 与条件语句

Makefile 中的条件语句可以根据变量的值执行或忽略 Makefile 文件中的一部分脚本。条件语句可以将一个变量与其他变量的值相比较，或者将一个变量与一个字符串常量相比较。条件语句用于控制 make 实际看见的 Makefile 文件部分，而不能用于在执行时控制 Shell 命令。

以下条件语句是告诉 make 当变量 CC 的值是"gcc"时使用一个链接库，若不是，则使用其他链接库。它可以根据变量 CC 值的不同来链接不同的函数库。对于没有 else 指令的条件语句的语法如下：

```
1. conditional-directive
2.     text-if-true
3. endif
```

"text-if-true"可以是任何文本行，当条件为真时，它被认为是 Makefile 文件的一部分；当条件为假时，它将被忽略。完整条件语句的语法如下：

```
1. conditional-directive
2.     text-if-true
3. else
4.     text-if-false
5. endif
```

若条件为真,则使用"text-if-true";若条件为假,则使用"text-if-false"。"text-if-false"可以是任意多行的文本。

关于"conditional-directive"的语法对于简单条件语句和复杂条件语句完全一样。有四种不同的指令用于测试不同的条件,指令表的描述如下:

```
1.  ifeq (arg1, arg2)
2.  ifeq 'arg1' 'arg2'
3.  ifeq "arg1" "arg2"
4.  ifeq "arg1" 'arg2'
5.  ifeq 'arg1' "arg2"
```

扩展参数 arg1、arg2 中的所有变量引用,并且比较它们,若它们完全一致,则使用"text-if-true",否则使用"text-if-false"。我们经常要测试一个变量是否有非空值,当经过复杂的变量和函数扩展得到一个值时,该值实际上有可能由于包含空格而被认为不是空值,进而造成混乱。然而,我们可以使用 strip 函数来避免空格作为非空值的干扰。例如:

```
1.  ifeq ($(strip $(foo)),)
2.      text-if-empty
3.  endif
```

上例的$(foo)中即使全为空格,也被当作空值处理。

```
1.  ifdef variable-name
2.      text-if-true
3.  else
4.      text-if-false
5.  endif
```

若变量"variable-name"从没有被定义过,则变量是空值。注意:ifdef 仅仅测试变量是否被定义,它无法判断变量是否有非空值,因此使用 ifdef 测试所有定义过的变量都返回真,但那些像"foo="的情况除外,测试空值请使用 ifeq($(foo),)。例如:

```
1.  bar =
2.  foo = $(bar)
3.
4.  ifdef foo
5.      frobozz = yes
6.  else
7.      frobozz = no
8.  endif
```

设置"frobozz"的值为"yes",而设置"frobozz"的值为"no"。

```
1.  foo =
2.  ifdef foo
3.      frobozz = yes
4.  else
5.      frobozz = no
6.  endif
```

ifndef 跟 ifdef 的功能恰好相反,ifdef 用来判断变量是否已经被定义,而 ifndef 用来判断变量是否没有被定义。在条件语句中，另外两个有影响的指令是 else 和 endif。这两个指令以一个单词的形式出现，没有任何参数。在指令行前面允许有多余的空格，空格和 tab 可以插入到行的中间，以"#"开始的注释可以在行的结尾。条件语句影响 make 使用的 Makefile 文件。如果条件为真，那么 make 将读入"text-if-true"包含的行；如果条件为假，那么 make 读入"text-if-false"包含的行（如果存在的话）；Makefile 文件的语法单位，如规则，可以跨越条件语句的开始或结束。

```
1.   ifndef variable-name
2.        text-if-true
3.   else
4.        text-if-false
5.   endif
```

为了避免混乱，在一个 Makefile 文件中开始一个条件语句，而在另外一个 Makefile 文件中结束该语句是不允许的。如果我们试图引入包含不中断条件语句的 Makefile 文件，可以在条件语句中使用 include 指令将该 Makefile 文件包含进来。

（五）Makefile 与函数

在 Makefile 中可以使用函数来处理变量，从而让命令或规则更加灵活和智能。make 所支持的函数也不算很多，不过已经足够我们操作了。函数调用后，函数的返回值可以当作变量来使用。介于篇幅的限制，这里只简单介绍几个最常用的函数，在介绍这些函数之前，我们先来了解一下调用函数的语法。

1. 调用函数的语法

函数调用，很像变量的使用，也是以"$"来标识的，其语法如下：

```
$(<function> <arguments> )
```

或者

```
${<function> <arguments>}
```

这里，<function>就是函数名，make 支持的函数不多。<arguments>是函数的参数，参数间以逗号分隔，而函数名和参数之间以空格分隔。函数调用以"$"开头，以圆括号或花括号把函数名和参数括起。函数中的参数可以使用变量，为了风格的统一，函数和变量的括号最好一样，如使用"$(subst a,b,$(x))"这样的形式，而不是"$(subst a,b,${x})"的形式，因为统一会更清楚，也会减少一些不必要的麻烦。我们来看一个示例：

```
1.   comma:= ,
2.   empty:=
3.   space:= $(empty) $(empty)
4.   foo:= a b c
5.   bar:= $(subst $(space),$(comma),$(foo))
```

在这个示例中，$(comma)的值是一个逗号。$(space)使用$(empty)定义一个空格，$(foo)的值是"a b c"，$(bar)的定义调用了函数 subst，这是一个替换函数，这个函数有三个参数，第一个参数是被替换字符串，第二个参数是替换字符串，第三个参数是替换操作作用的字符串。这个函数也就是把$(foo)中的空格替换成逗号，所以$(bar)的值是"a,b,c"。

2. subst

`$(subst <from>,<to>,<text> )`

名称：字符串替换函数。

功能：把字符串<text>中的<from>字符串替换成<to>。

返回：函数返回被替换过后的字符串。

例如：

`$(subst ee,EE,feet on the street),`

把"feet on the street"中的"ee"替换成"EE"，返回的结果是"fEEt on the strEEt"。

3. strip

`$(strip <string> )`

名称：去空格函数。

功能：去掉<string>字符串中开头和结尾的空字符。

返回：返回被去掉空格的字符串值。

例如：

`$(strip a b c )`

把字符串" a b c "去掉开头和结尾的空格，返回的结果是"a b c"。

4. dir

`$(dir <names…> )`

名称：取目录函数。

功能：从文件名序列<names>中取出目录部分。目录部分是指最后一个反斜杠（"/"）之前的部分。如果没有反斜杠，那么返回"./"。

返回：返回文件名序列<names>的目录部分。

例如：$(dir src/foo.c hacks)返回值是"src/ ./"。

5. join

`$(join <list1>,<list2> )`

名称：连接函数。

功能：把<list2>中的单词对应地加到<list1>的单词后面。如果<list1>的单词个数要比<list2>的多，那么<list1>中多出来的单词将保持原样。如果<list2>的单词个数要比<list1>多，那么<list2>多出来的单词将被复制到<list1>中。

返回：返回连接过后的字符串。

例如，$(join aaa bbb , 111 222 333)返回值是"aaa111 bbb222 333"。

思考与练习

一、填空

1. 嵌入式系统一般由_____和_____两部分组成，硬件通常包含_____、_____和_____，软件通常由_____、_____和_____组成。

2. 存储器用于存放_____和_____，嵌入式系统的存储器由_____、_____和_____组成。

3. 嵌入式系统硬件的核心是嵌入式处理器，现在多数采用哈佛体系结构，指令系统一般为精简指令集，常用的嵌入式处理器分为_____、_____、_____和_____。

4. 嵌入式系统定义为以_____为中心，以_____为基础，软件、硬件可裁剪，适用于应用系统对_____、_____、_____、_____、_____等严格要求的专用计算机系统。

5. 从软件的角度来看，一个嵌入式 Linux 操作系统通常可以分为四个层次：_____、_____、_____和_____。

二、简答题

1. 嵌入式系统开发流程主要包括哪些？
2. 请列举一些常见的 Bootloader。
3. 什么是操作系统？什么是嵌入式操作系统？
4. 什么是存储器？嵌入式系统的存储器主要由哪几部分组成？
5. 简述操作系统提供的服务。
6. 嵌入式开发一般需要哪些流程？
7. 请你列举几个嵌入式操作系统。

项目二

计算器项目的设计与实现

计算器作为计算工具，为人们的生活带来了很多的方便和实惠。随着科学技术的进步，尤其是电子工业技术的发展，计算器的实现已经从先前的半导体技术发展到高集成度芯片。计算器以其小巧精致的外观和多功能化的发展依旧在当今信息电子化的时代扮演着不可替代的角色。本项目是基于 Qt 进行计算器的设计与实现。通过本项目的学习，学生应达到以下目标。

知识目标

（1）了解 Qt 的发展、特点和应用。
（2）理解 Qt 开发环境搭建的流程。
（3）理解信号和槽的概念。
（4）了解布局管理器的使用。
（5）掌握 Qt 下多线程、Qt 下 TCP 通信和 Qt 下 Wi-Fi 通信的编程方法。
（6）掌握基于 Qt 计算器项目开发的步骤。

技能目标

（1）学会搭建 Qt 开发环境。
（2）学会利用 Qt 实现简易计算器项目设计。

任务一　Qt

知识一　Qt 基础知识

一、Qt 简介

Qt 是一个于 1991 年由 Qt 公司开发的跨平台 C++图形用户界面应用程序开发框架。

它既可以开发 GUI 程序，又可用于开发非 GUI 程序。Qt 是面向对象的框架，使用特殊的代码生成扩展（称为元对象编译器）及一些宏。Qt 很容易扩展，并且允许真正地组件编程。2008 年，Qt 的创始公司被诺基亚公司收购，Qt 也因此成为诺基亚旗下的编程语言工具。2012 年，Qt 业务被 Digia 公司收购。2014 年 4 月，跨平台集成开发环境 Qt Creator 3.1.0 正式发布，实现了对 iOS 的完全支持，新增 WinRT、Beautifier 等插件，废弃了对 Python 接口的 GDB 调试支持，集成了基于 Clang 的 C/C++代码模块，并对 Android 支持做出了调整，至此实现了对 iOS、Android、WP 的全面支持，它为应用程序开发者提供建立艺术级的图形用户界面所需的所有功能。基本上，Qt 同 X Window 上的 Motif、Openwin、GTK 等图形界面库和 Windows 平台上的 MFC、OWL、VCL、ATL 是同类型的软件。

Qt 使用"一次编写，随处编译"的方式为开放、跨平台的图形用户界面应用提供一个完整的 C++应用程序开发框架。Qt 允许程序开发人员使用应用程序中单一源码树来构建可以运行在不同平台下的应用程序的不同版本，这些平台包括从 Window 98 到 Vista、Mac Os X、Linux、HP-UX 及其他版本的基于 X11 的 UNIX。

二、Qt 的特点

1. 优良的跨平台特性

Qt 支持下列操作系统：Microsoft Windows 95/98、Microsoft Windows NT、Linux、Solaris、SunOS、HP-UX、Digital UNIX（OSF/1，Tru64）、Irix、FreeBSD、BSD/OS、SCO、AIX、OS390、QNX 等。

2. 面向对象

Qt 的良好封装机制使得 Qt 的模块化程度非常高，可重用性较好，对用户开发来说是非常方便的。Qt 提供了一种称为 signals/slots 的安全类型来替代 callback，这使得各个元件之间的协同工作变得十分简单。

3. 丰富的 API

Qt 包括 250 个以上的 C++类，还提供基于模板的 collections、serialization、file、I/O device、directory management、date/time 类，甚至包括正则表达式的处理功能，支持 2D/3D 图形渲染，支持 OpenGL。

知识二　Qt Creator

一、Qt Creator 简介

为了帮助开发人员更容易高效地开发基于 Qt 这个应用程序框架的程序，Nokia 公司在收购 Qt 之后推出了 Qt Creator，这是一款跨平台的集成开发环境，旨在为开发者带来最好的体验。Qt Creator 可以实现代码的查看、编辑，界面的查看，以及以图形化的方式设计、修改、编译等工作，甚至在计算机环境下还可以对应用程序进行调试。同时，Qt Creator

支持包括 Linux、Mac OS、Windows 在内的多种操作系统平台，并允许开发人员在桌面、移动和嵌入式平台创建应用程序，这使得不同的开发工作者可以在不同平台下共享代码或协同工作。

Qt Creator 在功能方面包括项目生成向导、高级的 C++代码编辑器、浏览文件的工具、集成了 Qt Designer、图形化的 GDB 调试前端、集成 Qmake 构建工具等。

二、Qt Creator 的特点

1. 复杂代码编辑器

Qt Creator 的高级代码编辑器支持编辑 C++和 QML（JavaScript）、上下文相关帮助、代码完成功能、本机代码转化及其他功能。

2. 版本控制

Qt Creator 汇集了最流行的版本控制系统，包括 Git、Subversion、Perforce、CVS 和 Mercurial。

3. 集成用户界面设计器

Qt Creator 提供了两个集成的可视化编辑器：用于通过 Qt Widget 生成用户界面的 Qt Designer，以及用于通过 QML 开发动态用户界面的 Qt Quick Designer。

4. 项目和编译管理

无论是导入现有项目还是创建一个全新的项目，Qt Creator 都能生成所有必要的文件，包括对 cross-qmake 和 Cmake 的支持。

5. 桌面和移动平台

Qt Creator 支持在桌面系统和移动设备中编译和运行 Qt 应用程序。通过编译设置可以在目标平台之间快速切换。

知识三　Qt Embedded

Qt Embedded（下文简称 qt/e）是 Qt 的嵌入式 Linux 版本。qt/e 延续了 Qt 的强大功能，现在已经有大量的像 KDE 这样的重量级应用基于 Qt 开发，因此在嵌入式系统上通过使用 qt/e 可以方便地移植桌面应用到各式各样的嵌入式平台上，这大大简化嵌入式系统的应用软件开发工作，qt/e 也由此获得了广泛的支持。qt/e 可以开发市场上多种类型的产品和设备，从消费电器（移动电话、PDA）到工业控制设备（如医学成像设备、移动信息系统等）。

在 qt/e 的基础上，Qtopia 是第一个面向嵌入式 Linux 操作系统的全方位应用程序开发平台，它可以并且已经应用于众多的基于 Linux 的 PDA 和智能。

嵌入式技术与应用

与 Qt 类似，qt/e 类库也完全采用 C++封装，但在底层舍弃了 X Window，而是采用 Frame Buffer 作为底层图形接口。因此，qt/e 具有丰富的控件资源和较高的可移植性。

知识四　Qt 编程

常见的 Qt 应用程序的开发有两种方式：一是先使用文本编辑器编写 C++代码，再在命令行下生成工程并编译；二是先使用 Qt Creator 编写 C++代码，并为 Qt Creator 安装 Qt Embedded SDK，再利用 Qt Creator 编译程序。

由于 Qt Creator 具有良好的可视化操作界面，同时它包含一个功能非常强大的 C++代码编辑器，所以第二种方法是我们的首选。

任务二　Qt 环境搭建

在 Ubuntu 系统中，可以看到桌面上有一个 Qt 图标，如图 2-1 所示。

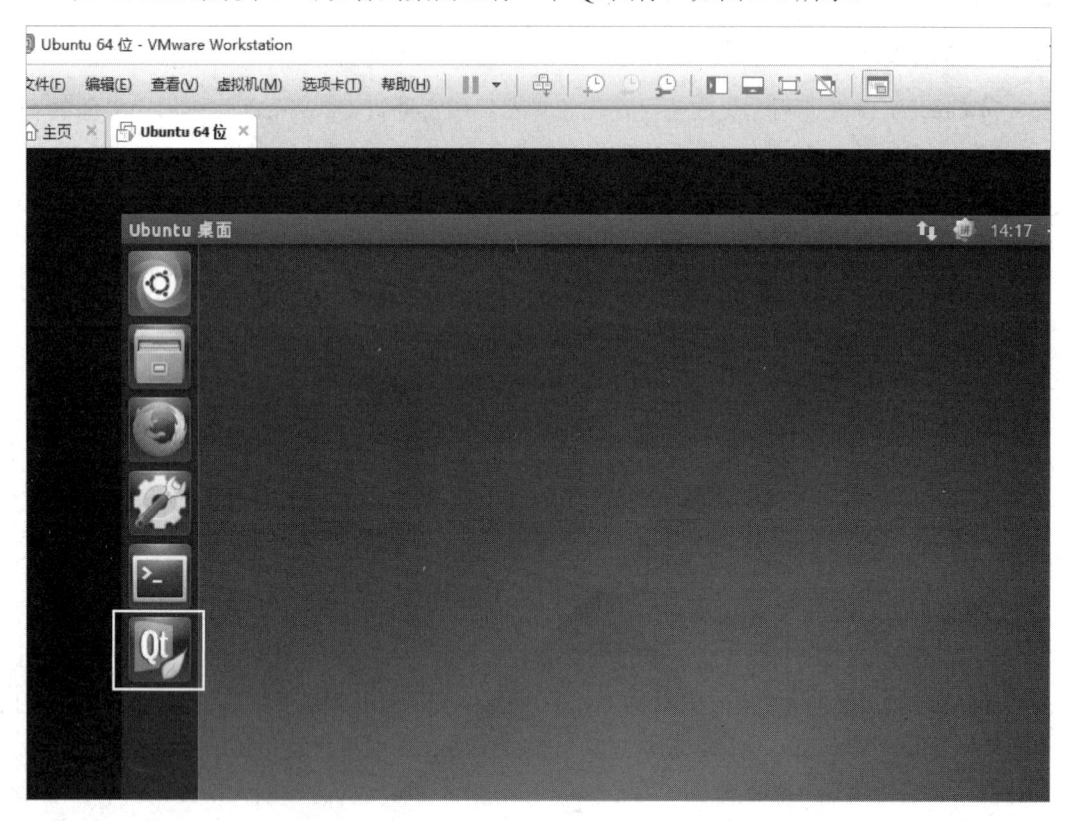

图 2-1　Qt 图标

双击 Qt 图标，在弹出的"Qt Creator"界面的"文件"选项卡下选择"新建文件或工程"选项，如图 2-2 所示。

在打开的"新建"对话框中,先选择"项目"窗格下的"应用程序"选项,再选择新建应用程序的模板,这里选择"Qt Gui 应用"模板,然后单击"选择"按钮,如图 2-3 所示。

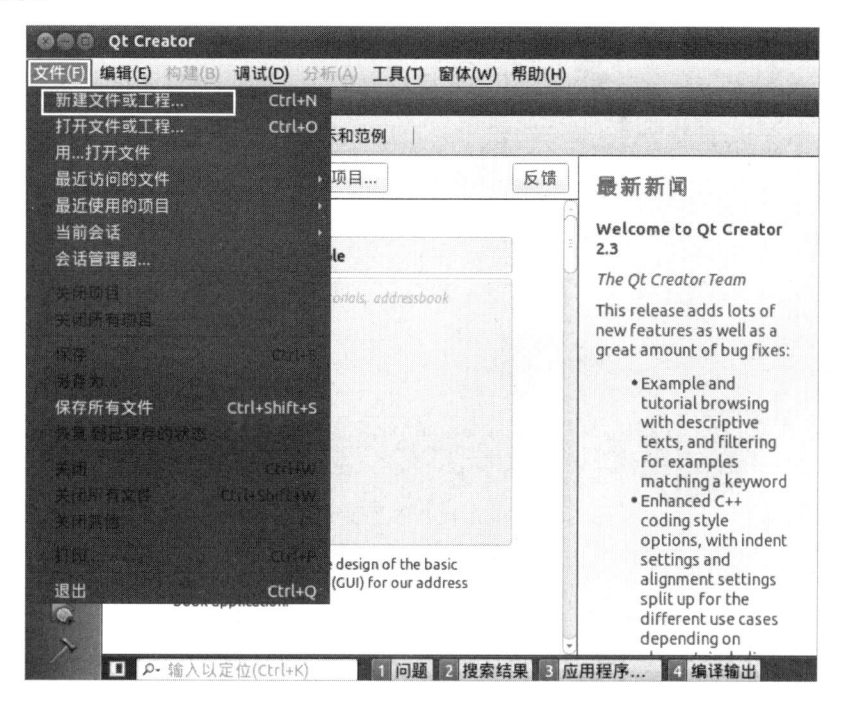

图 2-2　选择"新建文件或工程"选项

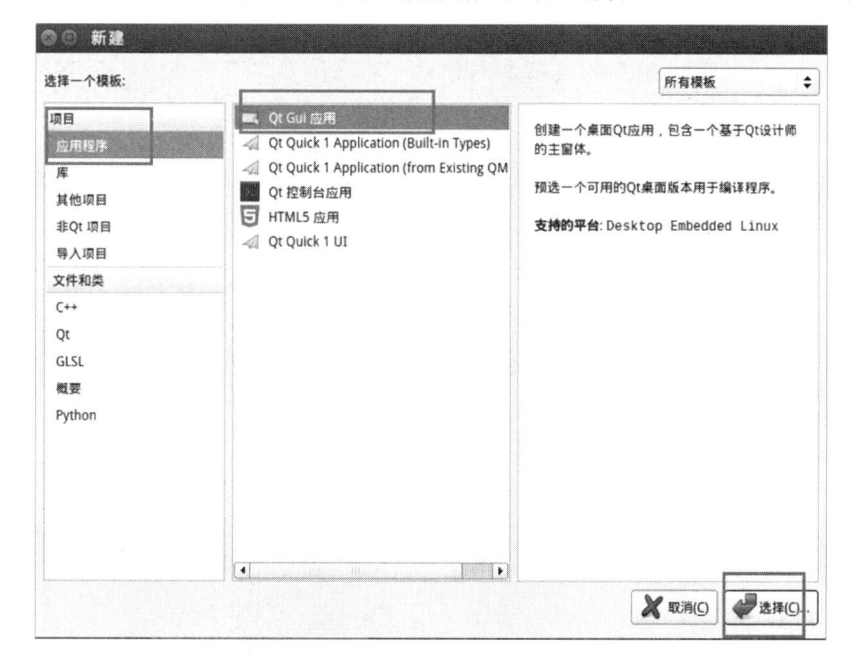

图 2-3　选择"Qt Gui 应用"模板

输入工程名称，选择创建工程的路径，如图 2-4 所示。

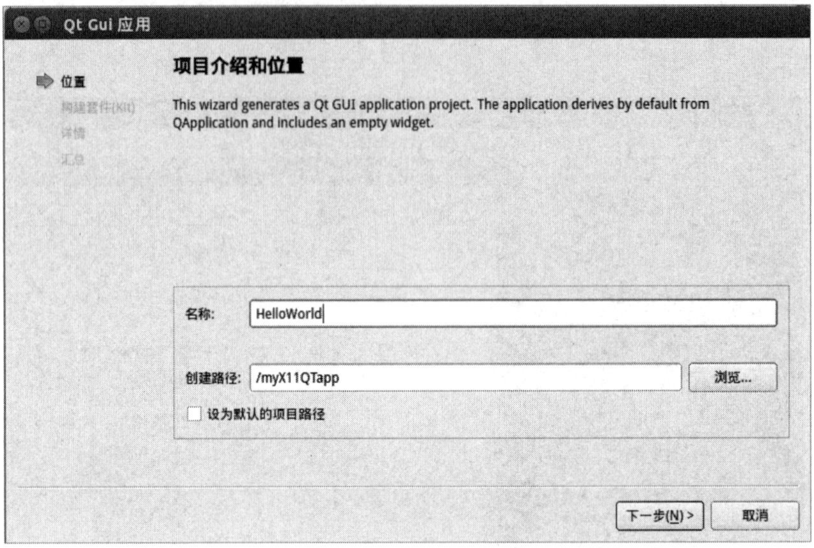

图 2-4　输入工程名称及创建工程路径

基类选择"QWidget"选项，类名可以自己定义，这里定义为"HelloWorld"，单击"下一步"按钮，如图 2-5 所示。

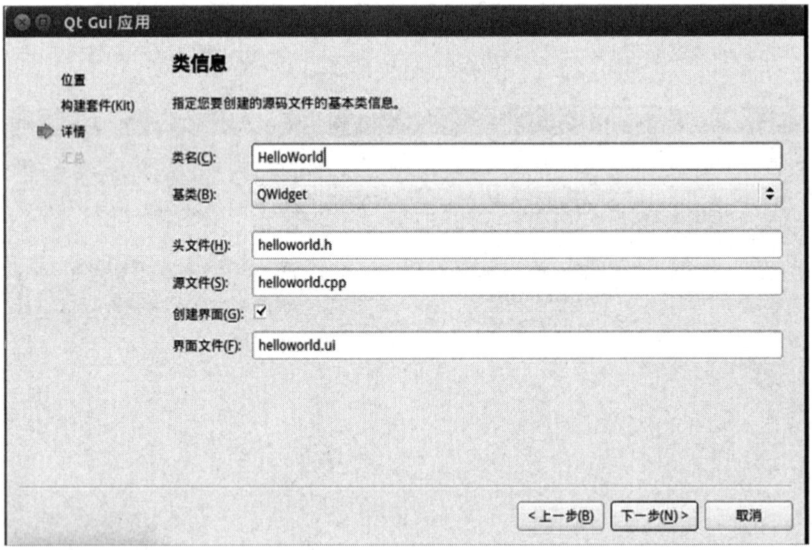

图 2-5　输入类名并选择基类

看到当前新建工程的目录结构，单击"完成"按钮后完成工程的新建，如图 2-6 所示。

进入 Qt 编辑界面，如图 2-7 所示。

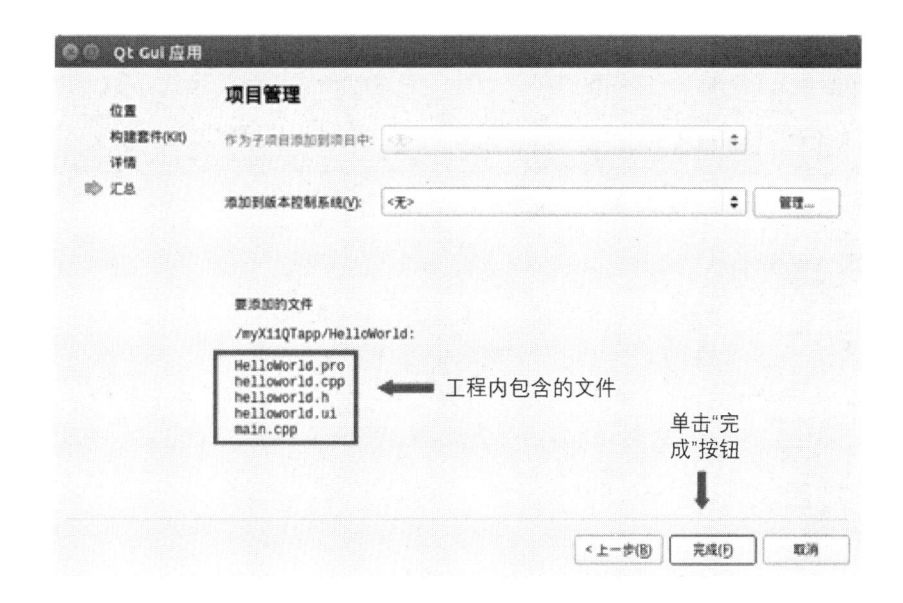

图 2-6　完成工程新建

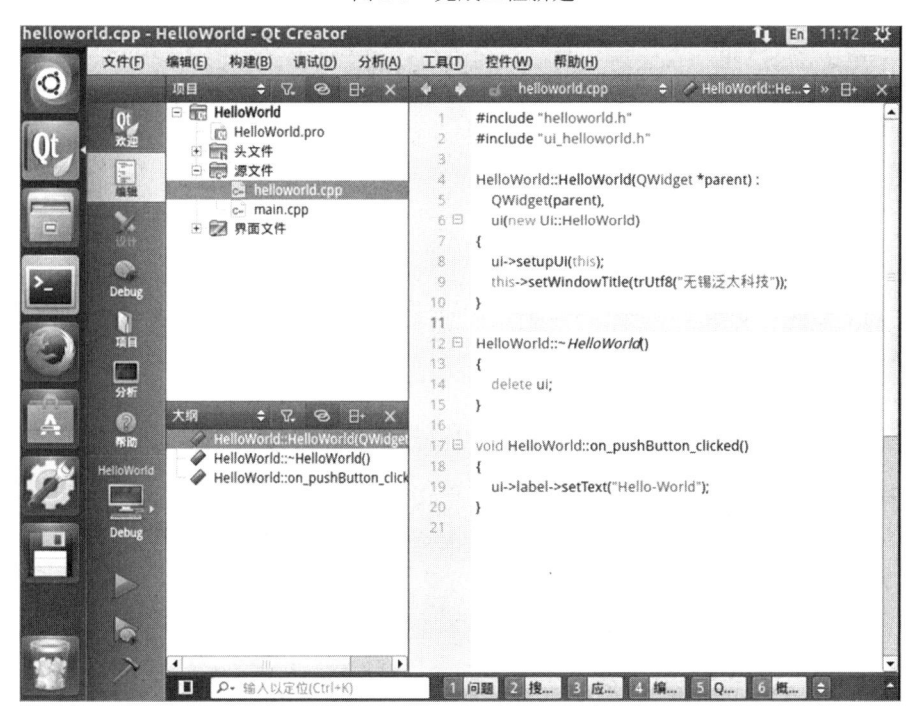

图 2-7　Qt 编辑界面

双击"界面文件"项下的 helloworld.ui 界面文件，将左侧的 Push Button 和 Label 拖到中间的工作区，即拖曳控件。双击 Push Button 可修改对象内容，这里将其修改为"HelloWorld"，如图 2-8 所示。

右击"HelloWord"并选择"转到槽"选项，弹出"转到槽"对话框，如图 2-9 所示。

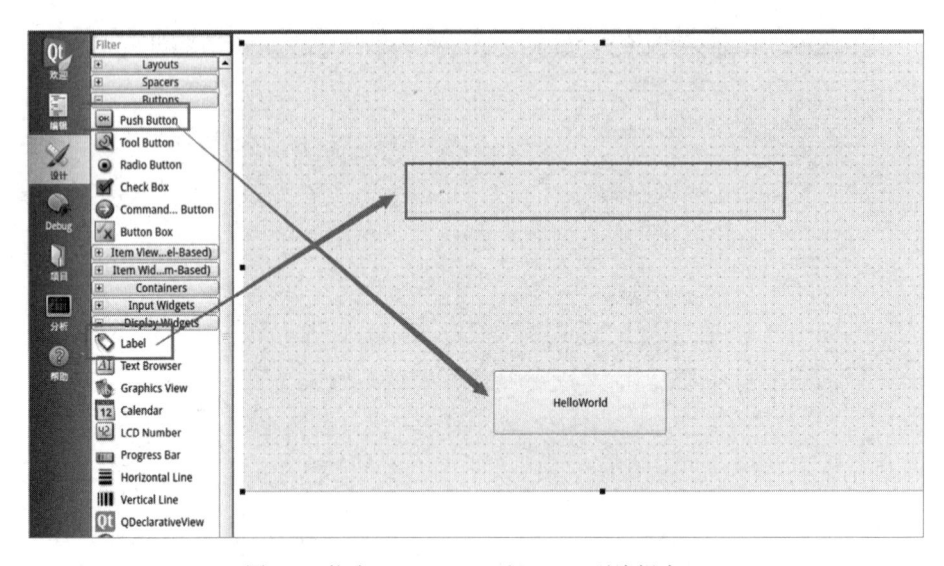

图 2-8　拖曳 Push Button 和 Label 到编辑窗口

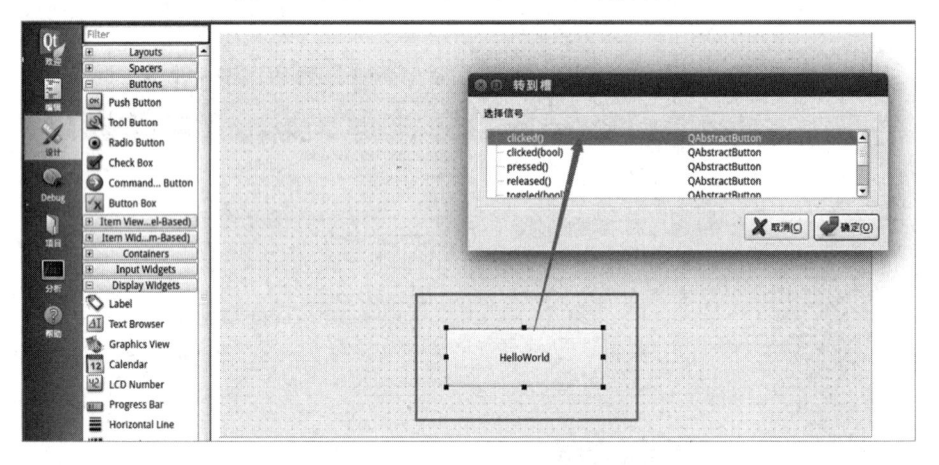

图 2-9　弹出"转到槽"对话框

根据需要，选择信号的类型，这里选择"clicked()"选项，如图 2-10 所示：

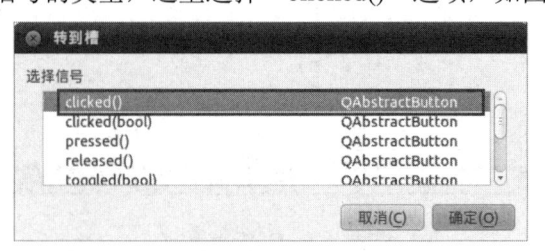

图 2-10　选择信号的类型

单击"确定"按钮之后，界面跳转到 helloworld.cpp 中的 helloworld::on_pushButton_clicked()的响应函数中，编辑代码如图 2-11 所示。

代码的含义：当单击"HelloWorld"按钮后，在 Label 文本框中显示"Hello-World"字符串。

图 2-11 编辑代码

编辑完成后，开始编译并填写构建目录，分别如图 2-12 和图 2-13 所示。

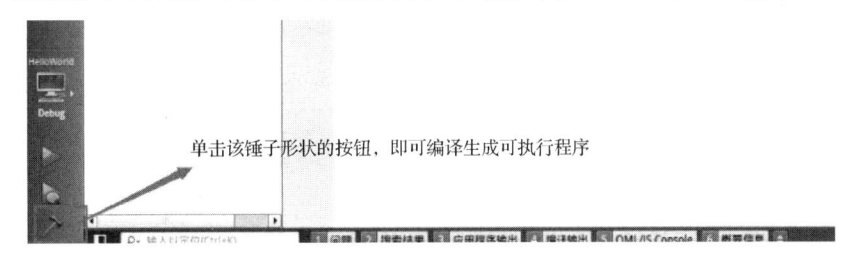

图 2-12 编译文件

图 2-13 填写构建目录

109

将可执行文件 HelloWorld 放到 nfs 共享目录/nfsboot 下，如图 2-14 所示。

使用 minicom 命令对编写的程序进行功能验证，如图 2-15 所示。

图 2-14　将可执行文件放到 nfs 共享目录下

图 2-15　功能验证命令

使用 mount 命令挂载 Ubuntu 主机的共享目录/nfsboot。

```
mount -t nfs -o nolock 192.168.1.188:/nfsboot /mnt
```

执行/mnt 下的 HelloWorld 可执行程序。

```
#cd  /mnt
#ls
./HelloWorld -qws
```

将生成的可执行文件 HelloWorld 复制到 SD 卡内，将 SD 卡插入 A9 网关的 SD 接口，Ubuntu 仍然使用 minicom 进入 SD 中执行命令，如图 2-16 所示。

图 2-16　使用 minicom 进入 SD 卡中执行命令

HelloWorld 运行结果如图 2-17 所示。

单击"HelloWorld"按钮后，功能实现如图 2-18 所示。

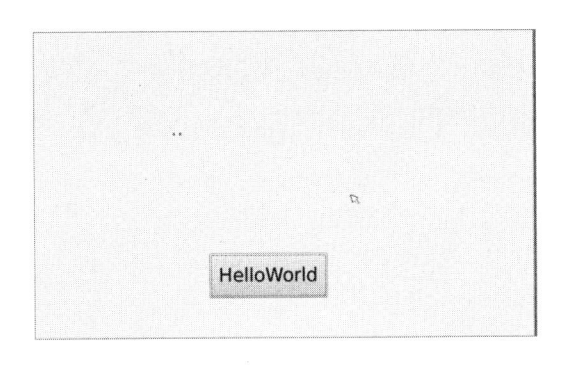

图 2-17 HelloWorld 运行结果

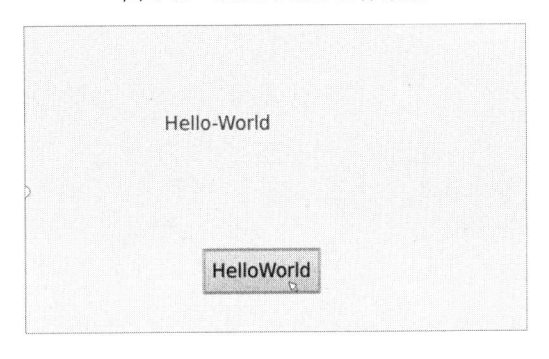

图 2-18 单击"HelloWorld"按钮后的功能实现

直接在 minicom 终端中输入"Ctrl+C"可终止程序运行。

任务三 信号和槽机制

知识一 信号和槽机制简介

信号和槽用于两个对象之间的通信。信号和槽机制是 Qt 的核心特征，也是 Qt 不同于其他开发框架的突出特征。在 GUI 编程中，当改变了一个部件时，总希望其他部件也能了解到该变化。一般来说，我们希望任何对象都可以和其他对象进行通信。例如，如果用户单击了"关闭"按钮，我们希望可以执行窗口的 close()函数来关闭窗口。为了实现对象间的通信，一些工具包中使用了回调函数机制，当我们使用回调函数机制来把某段响应代码和一个按钮的动作相关联时，通常先把那段响应代码写成一个函数，再把这个函数的地址指针传给按钮，当那个按钮被"按下"时，这个函数就会被执行。对于这种方式，以前的开发包不能够确保回调函数被执行时所传递的函数参数就是正确的类型，因此容易造成进程崩溃。此外，回调这种方式紧紧地绑定了图形用户接口的功能元素，很难把开发进行独立的分类。

而在 Qt 中，使用了信号和槽来进行对象间的通信。当一个特殊的事件发生时便可以发射一个信号，如按钮被单击；程序员通过建立一个函数（称作插槽，简称槽），然后调用 connect()函数把这个槽和一个信号连接起来，这样就完成了一个事件和响应代码的连接。信号与槽连接的抽象图如图 2-19 所示。

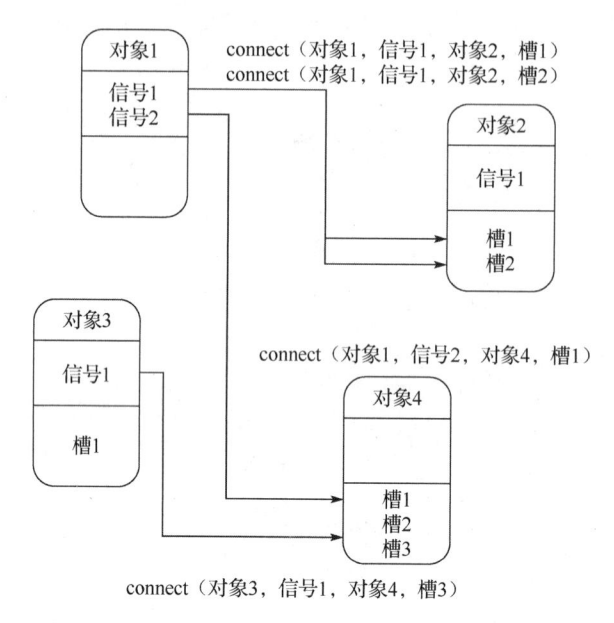

图 2-19　信号与槽连接的抽象图

一、信号

当对象改变其状态时，信号就由该对象发射（Emit）出去，而且对象只负责发送信号，它不知道另一端是谁在接收这个信号。这样就做到了真正的信息封装，能确保对象被当作一个真正的软件组件来使用。

二、槽

槽用于接收信号，而且槽只是普通的对象成员函数。一个槽并不知道是否有任何信号与自己相连接，而且对象并不了解具体的通信机制。

三、信号和槽的连接

所有从 QObject 或其子类（如 Qwidget）派生的类都能够包含信号和槽。因为信号和槽的连接是通过 QObject 的 connect()成员函数来实现的，函数格式如下：

```
connect(sender, SIGNAL(signal), receiver, SLOT(slot));
```

其中，sender 与 receiver 是指向对象的指针，SIGNAL()与 SLOT()是转换信号和槽的宏。

知识二　使用信号和槽

声明一个信号要使用 signals 关键字，signals 前面不可加 public、private 和 protected

进行修饰，因为只有定义该信号的类及其子类才可以发射该信号；声明一个槽需要使用 slots 关键字，一个槽可以是 private、public 或 protected 类型的，也可以被声明为虚函数，这与普通的成员函数是一样的，也可以像调用一个普通函数一样来调用槽。

信号只用声明，不需要也不能对它进行定义实现。需要注意的是，信号没有返回值，只能是 void 类型。因为只有 QObject 类及其子类派生的类才能使用信号和槽机制，如 MyDialog 类继承自 QDialog 类，QDialog 类又继承自 QWidget 类，QWidget 类是 QObject 类的子类，所以这里可以使用信号和槽。使用信号和槽，还必须在类声明的开始处添加 Q_OBJECT 宏。

当一个信号被发射时，和其相关联的槽将被立即执行，就和一个正常的函数调用相同。注意：只有定义过这个信号的类及其派生类才能够发射这个信号。信号和槽机制完全独立于所有 GUI 事件循环。只有当所有的槽返回以后，发射函数才返回。如果存在多个槽和某个信号相关联，那么当这个信号被发射时，这些槽将会一个接一个地执行，不过它们执行的顺序将会是随机的、不确定的，我们不能人为地指定哪个先执行、哪个后执行。

一、信号的声明

信号的声明是在头文件中进行的，Qt 的 signals 关键字指出进入了信号声明区，即可声明自己的信号。例如，下面声明了三个信号：

```
signals:
void mySignal();
void mySignal(int x);
void mySignalParam(int x,int y);
```

在上面的定义中，signals 是 Qt 的关键字，而非 C/C++的。第二行 void mySignal()定义了信号 mySignal，这个信号没有携带参数；第三行 void mySignal(int x)定义了重名信号 mySignal，不过这里携带一个整形参数，类似于 C++中的虚函数。从形式上讲，信号的声明和普通的 C++函数是相同的，不过信号没有函数体定义。另外，信号的返回类型为 void，没有返回值。

二、槽函数的声明

槽是普通的 C++成员函数，能被正常调用，它们唯一的特性就是非常多信号能和其相关联。当和其关联的信号被发射时，这个槽就会被调用。槽能有参数，但槽的参数不能有默认值。

因为槽是普通的成员函数，所以和其他函数一样，也有存取权限。槽的存取权限决定了谁能够和其相关联。同普通的 C++成员函数相同，槽函数也分为三种类型，即 public slots、private slots 和 protected slots。

1. public slots

在这个区内声明的槽意味着所有对象的信号均可与之相连接。这对于组件编程非常有用，可以创建彼此互不了解的对象，将它们的信号和槽进行连接，以便信息能够正确地传递。

2. private slots

在这个区内声明的槽意味着只有当前类自己的信号才能与之相连接。这适用于联系非常紧密的类。

3. protected slots

在这个区内声明的槽意味着当前类及其子类的信号可以与之相连接。这适用于那些槽是类实现的一部分，但其界面接口却是面向外部的。

槽的声明也是在头文件中进行的。例如，下面声明了三个槽：

```
public slots:
void mySlot();
void mySlot(int x);
void mySignalParam(int x,int y);
```

知识三　信号和槽机制应注意的问题

（1）信号和槽机制与普通函数的调用一样，如果使用不当，在程序执行时就有可能产生死循环。因此，在定义槽函数时一定要注意避免间接形成无限循环，即在槽中再次发射所接收的相同信号。

（2）一个信号函数可以连接多个槽函数。当一个信号发出时，其所连接的槽函数会在不定顺序的情况下依次调用。

（3）多个信号函数可以连接一个槽函数。当任何一个信号发出时，槽函数都会被调用。

（4）一个信号函数可以连接另一个信号函数，第一个信号发出后，第二个信号同时发出。除此之外，信号和信号连接与信号和槽连接相同。

（5）信号和槽的连接可以使用 disconnect() 断开。例如：

```
disconnect(lcd,SIGNAL(overflow()),this,SLOT(handleMathError()));
```

但这个函数很少使用。一个对象实例删除后，Qt 自动删除这个对象的所有连接。

（6）信号和槽在连接时，它们的参数必须有相同的类型和相同的顺序。但是，如果信号的参数比槽的参数多，那么多余的参数将会被忽略。例如：

```
connect(ftp, SIGNAL(rawCommandReply(int,const QString &)),this,SLOT(check
    Error (int)));
```

此例的 QString 将会被忽略。在信号和槽的名字中不能包含参数名，否则 Qt 会发出警告。

（7）信号是没有函数体定义的，若不慎进行了定义，则编译器会提示"multiple definition of" 错误，应注意。

知识四　Qt 下信号和槽实例

一、新建工程与主界面

具体方法可参考"Qt 环境搭建"的新建工程方法，这里不再赘述，过程如图 2-20、图 2-21、图 2-22 所示。本例中新建的工程名为 mySignalSlot，存放在"/DiskQTApp/QTApp/小实验/mySignalSlot/"目录下。

图 2-20　项目名称与存放路径

图 2-21　基类类型与名称定义

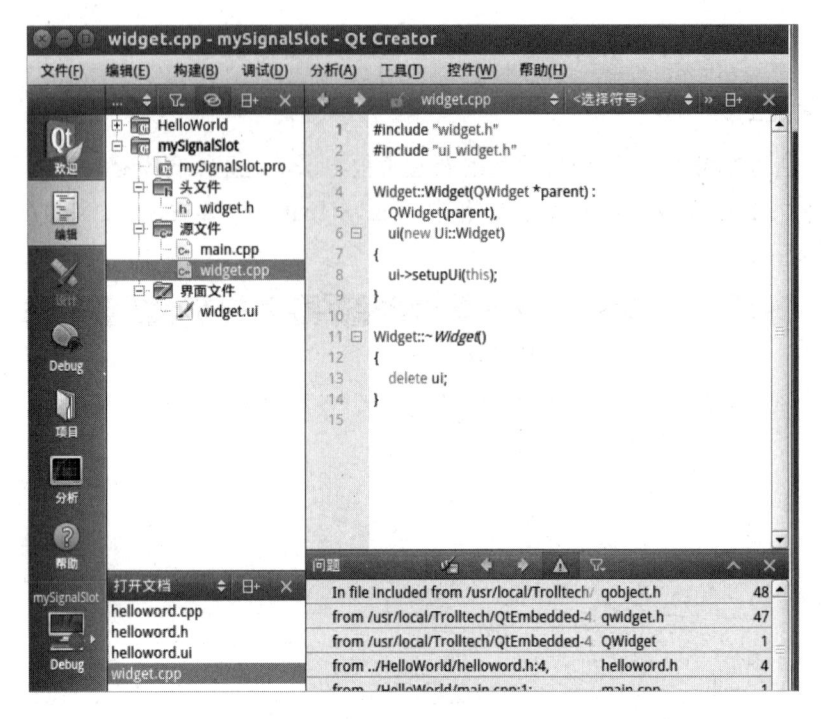

图 2-22　生成的工程

二、使用 Qt 设计界面类新建子界面

选择"文件"选项卡下的"新建文件或项目"选项，如图 2-23 所示。

图 2-23　选择"新建文件或项目"选项

在弹出的"新建"对话框中，选择"文件和类"窗格下的"Qt"选项，选择"Qt 设计师界面类"选项，如图 2-24 所示，单击"选择"按钮。

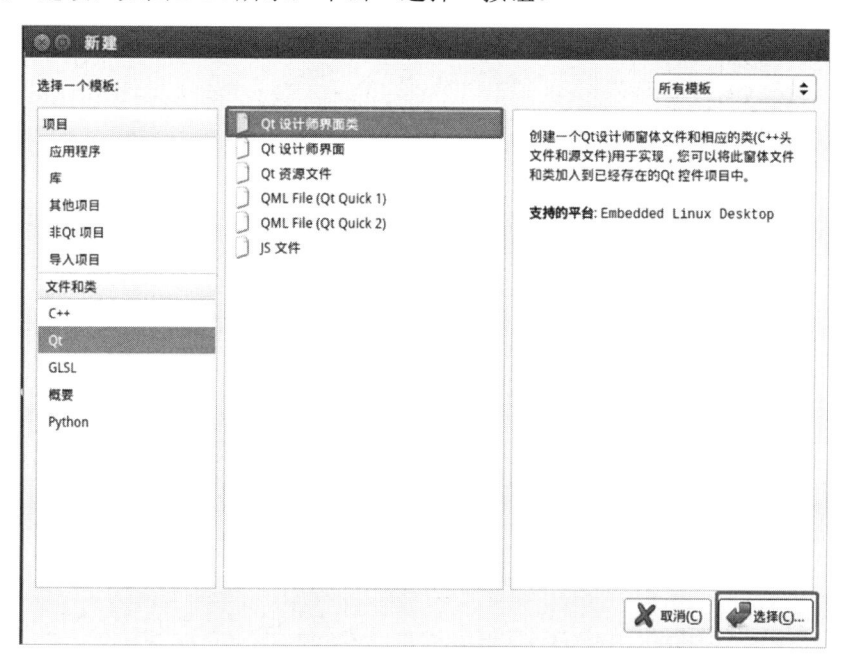

图 2-24 选择"Qt 设计师界面类"选项

在弹出的"Qt 设计器界面类"对话框中选择"Dialog without Buttons"类型的界面模板，如图 2-25 所示，单击"下一步"按钮。

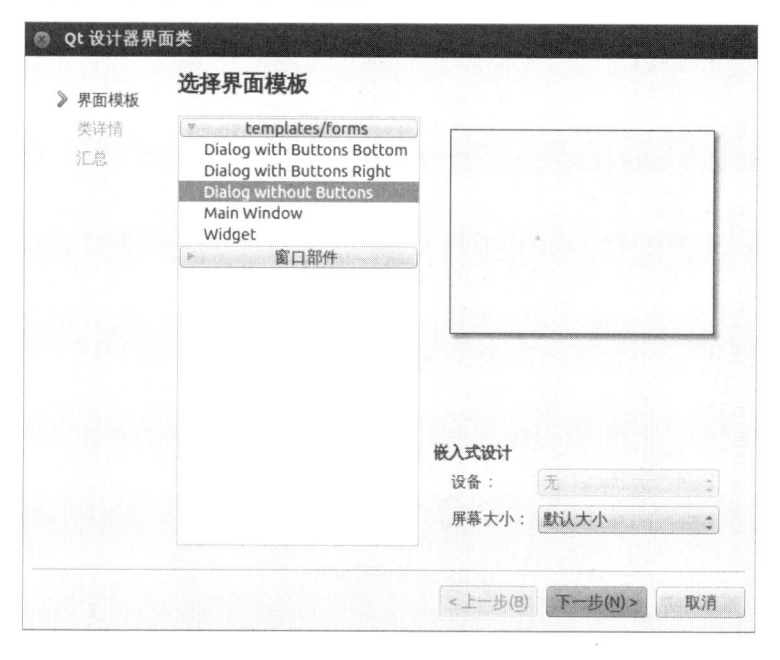

图 2-25 选择"Dialog without Buttons"类型的界面模板

在弹出的界面中修改类名，如图 2-26 所示，单击"下一步"按钮。

图 2-26　修改类名

完成新建工程，如图 2-27 所示。

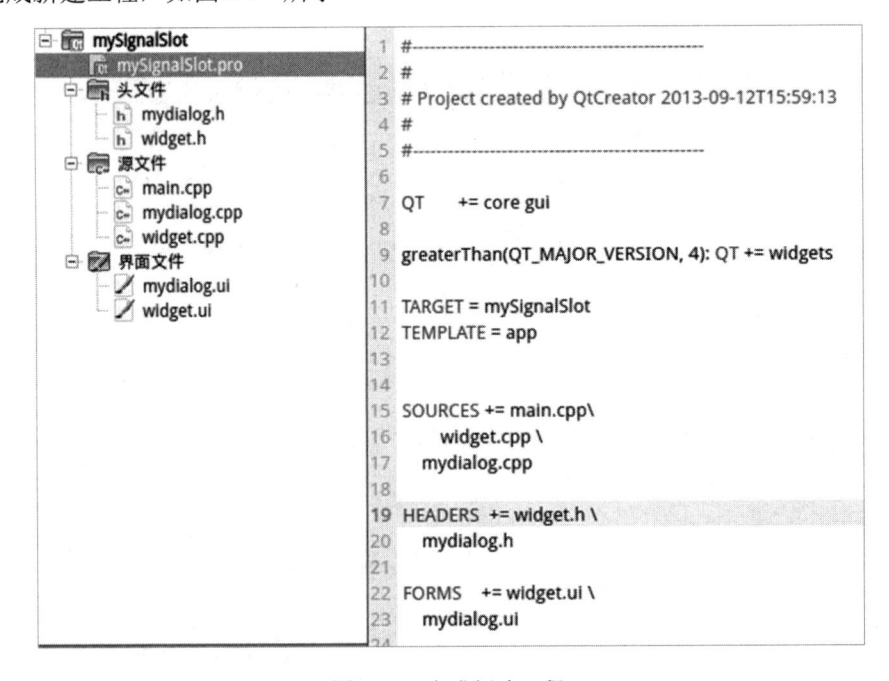

图 2-27　完成新建工程

三、界面设计

编辑工程名为 mySignalSlot 的界面文件。在主界面中,分辨率满屏显示,添加一个 Label 控件,修改文字为"获取的值是:",如图 2-28 所示。

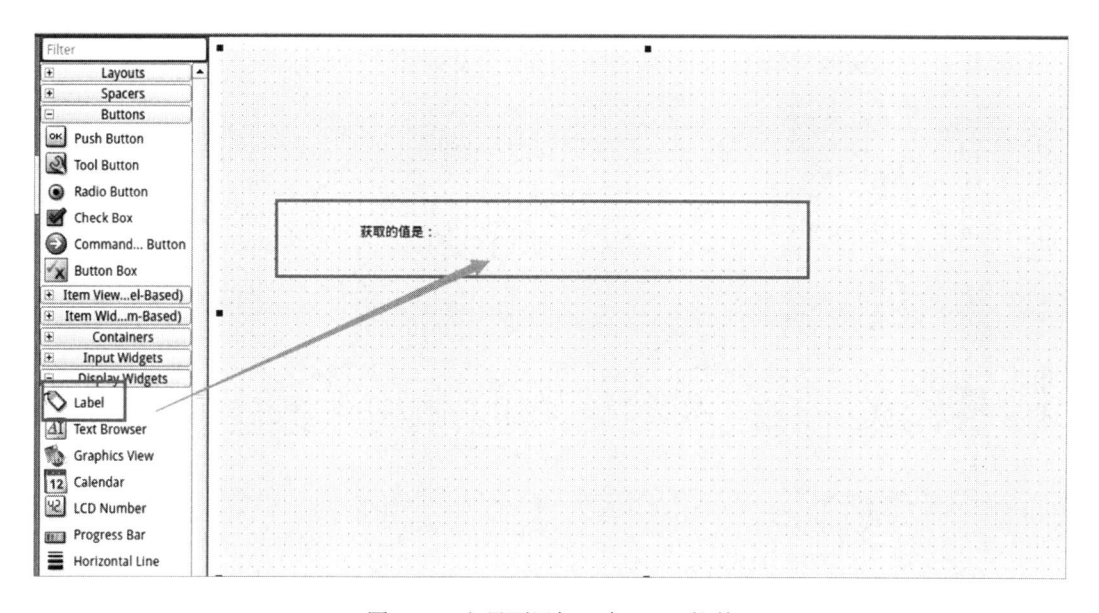

图 2-28　主界面添加一个 Label 控件

在子界面中,添加一个 Push Button 控件,修改名称为"确定",再添加一个 Spin Box 控件,如图 2-29 所示。

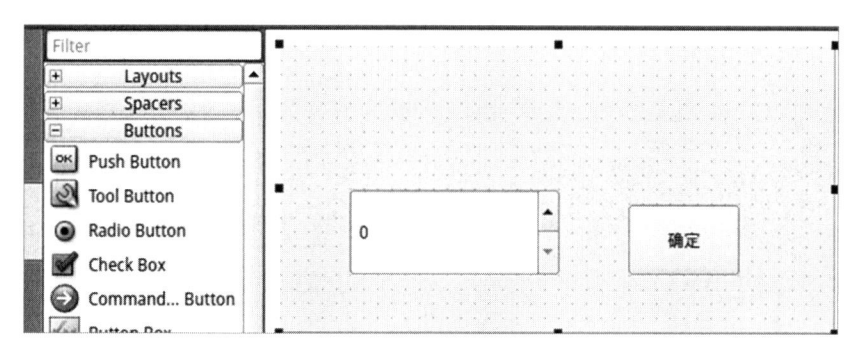

图 2-29　添加控件

右击"确定"按钮,选择"转到槽"选项,增加槽函数,暂时为空,如图 2-30 所示。

四、编程

(1)编辑子界面头文件 mydialog.h,定义信号,如图 2-31 所示。

119

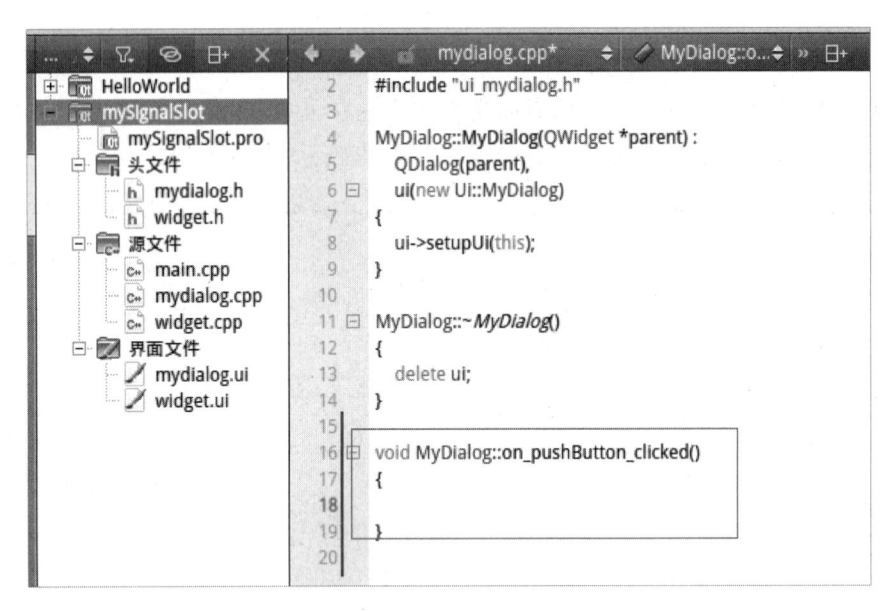

图 2-30　增加空的槽函数

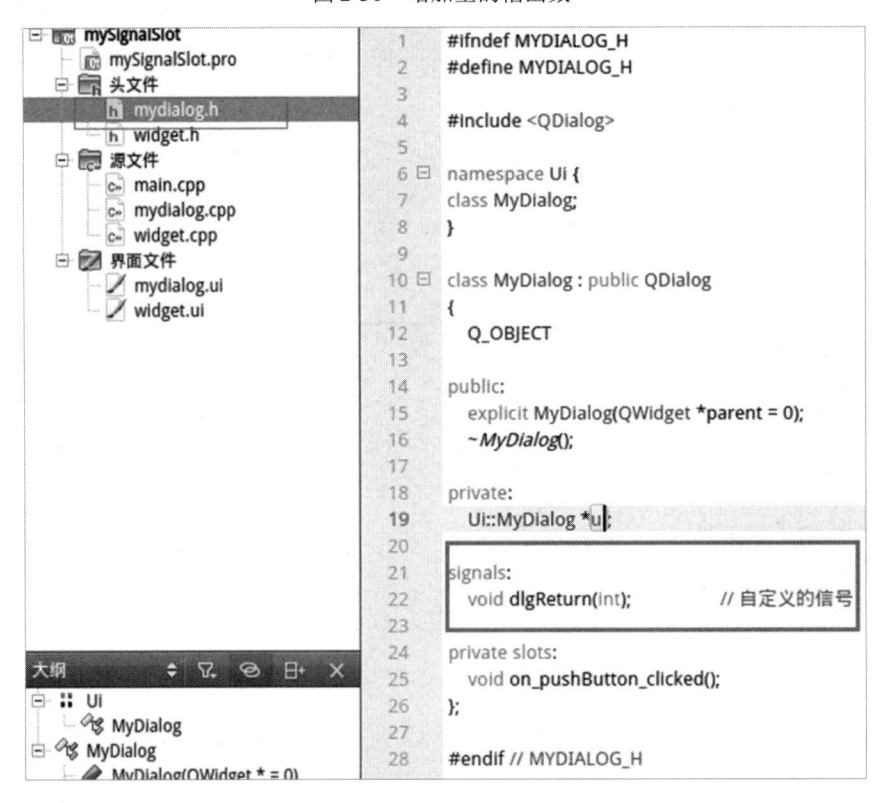

图 2-31　编辑子界面头文件 mydialog.h

（2）在刚新建的槽函数中添加发射信号，如图 2-32 所示。

项目二　计算器项目的设计与实现

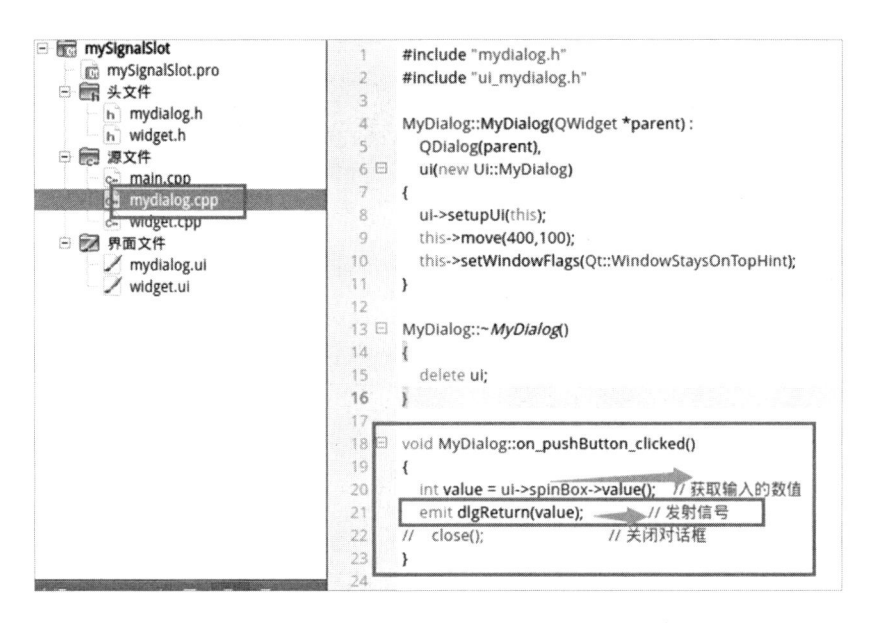

```
1  #include "mydialog.h"
2  #include "ui_mydialog.h"
3
4  MyDialog::MyDialog(QWidget *parent) :
5      QDialog(parent),
6      ui(new Ui::MyDialog)
7  {
8      ui->setupUi(this);
9      this->move(400,100);
10     this->setWindowFlags(Qt::WindowStaysOnTopHint);
11 }
12
13 MyDialog::~MyDialog()
14 {
15     delete ui;
16 }
17
18 void MyDialog::on_pushButton_clicked()
19 {
20     int value = ui->spinBox->value();    // 获取输入的数值
21     emit dlgReturn(value);               // 发射信号
22     // close();                           // 关闭对话框
23 }
24
```

图 2-32　在槽函数中添加发射信号

（3）在主界面头文件中定义接收信号的槽函数，如图 2-33 所示。

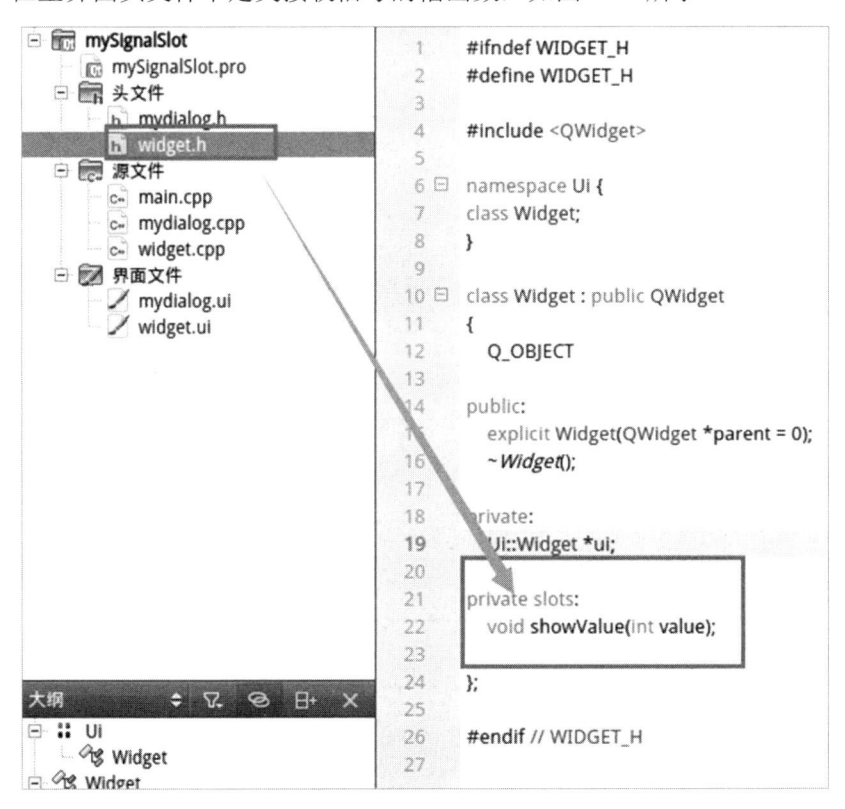

```
1  #ifndef WIDGET_H
2  #define WIDGET_H
3
4  #include <QWidget>
5
6  namespace Ui {
7  class Widget;
8  }
9
10 class Widget : public QWidget
11 {
12     Q_OBJECT
13
14 public:
15     explicit Widget(QWidget *parent = 0);
16     ~Widget();
17
18 private:
19     Ui::Widget *ui;
20
21 private slots:
22     void showValue(int value);
23
24 };
25
26 #endif // WIDGET_H
27
```

图 2-33　在主界面头文件中定义接收信号的槽函数

（4）在主界面程序中，信号和槽函数的关联设置如图 2-34 所示。

121

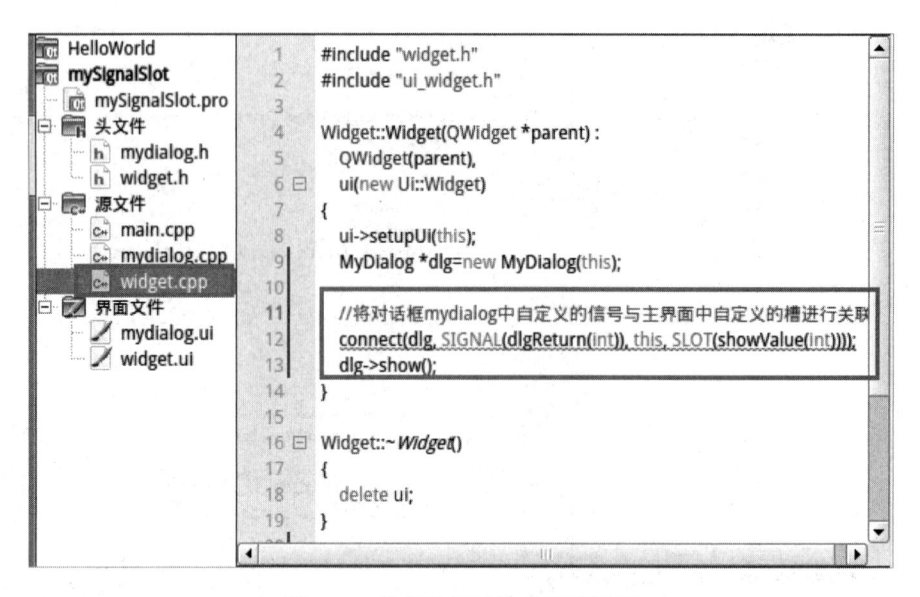

图 2-34　信号和槽函数的关联设置

（5）主界面中自定义的接收信号的槽函数实现方法如图 2-35 所示。

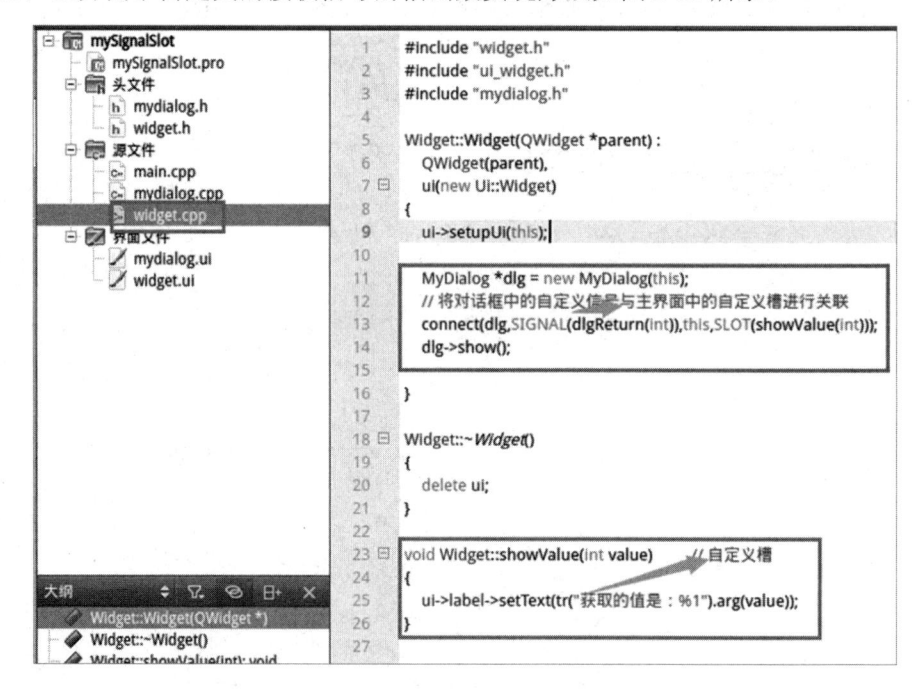

图 2-35　主界面中自定义的接收信号的槽函数实现方法

五、编译工程

单击"Qt Creator"界面左下角的 ▶ 图标编译工程，将生成的可执行文件 mySignalSlot 通过 NFS 或 SD 卡放到板子上，在终端串口下执行以下命令即可。

```
./mySignalSlot -qws
```

六、运行结果

在数值框中输入数值,单击"确定"按钮,可以看到界面中显示的值也是一致的。运行结果如图 2-36 所示。

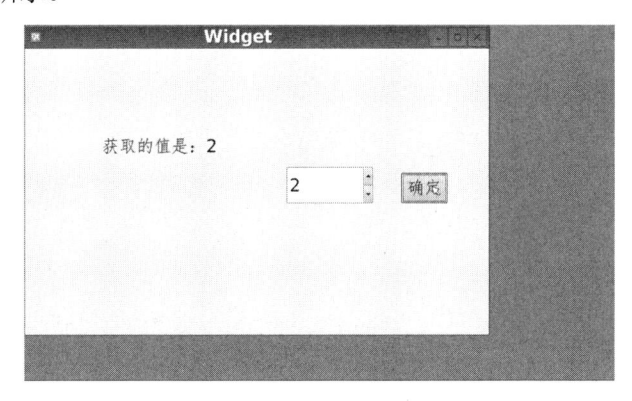

图 2-36 运行结果

任务四 布局管理器的使用

知识一 窗体

Qt 拥有丰富的满足不同需求的窗体(按钮、滚动条等)。Qt 的窗体使用起来很灵活,为了满足特别的要求,它很容易就可以被子类化。窗体是 Qwidget 类或其子类的实例,客户自己的窗体类需要从 Qwidget 的子类继承。

一个窗体可以包含任意数量的子窗体,子窗体可以显示在父窗体的客户区,一个没父窗体的窗体被称为顶级窗体(一个"窗口"),一个窗体通常有一个边框和标题栏作为装饰。Qt 并未对一个窗体有什么限制,任何类型的窗体都可以是顶级窗体,也可以是别的窗体的子窗体。在父窗体显示区域的子窗体的位置可以通过布局管理自动地进行设置,也可以人为指定。当父窗体无效、隐藏或被删除后,它的子窗体都会进行同样的动作。标签、消息框、工具栏等并未被限制使用什么颜色、字体和语言。Qt 的文本呈现窗体可以使用 HTML 子集显示一个多语言的宽文本。

一、通用窗体

下面是一些主要的 Qt 窗体的截图,图 2-37 所示为使用了 QHBox 进行排列的一个标签和一个按钮,图 2-38 所示为使用了 QbuttonGroup 进行排列的两个单选框和两个复选框,图 2-39 所示为使用了 QgroupBox 进行排列的日期类 QDateTimeEdit、一个行编辑框类 QLineEdit、一个文本编辑类 QTextEdit 和一个组合框类 QComboBox,图 2-40 所示为以 QGrid 排列的一个 QDial、一个 QProgressBar、一个 QSpinBox、一个 QScrollBar、一个 QLCDNumber 和一个 QSlider。

图 2-37　QHBox 使用效果示例 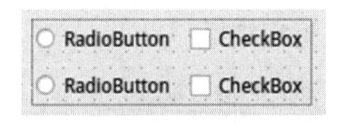　　　　　　图 2-38　QbuttonGroup 使用效果示例

图 2-39　QgroupBox 使用效果示例 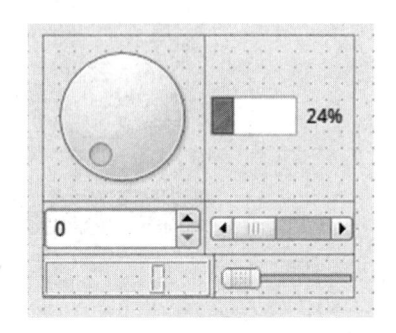　　　　图 2-40　QGrid 使用效果示例

有些时候在进行字符输入时，我们希望输入的字符满足了某种规则才能使输入被确认。Qt 提供了解决的办法，如 QComboBox、QLineEdit 和 QspinBox 的字符输入可以通过 Qvalidator 的子类来进行约束和有效性检查。通过继承 QScrollView、QTable、QListView、QTextEdit 和其他窗体就能够显示大量的数据，并且自动地拥有一个滚动条。许多 Qt 创建的窗体能够显示图像，如按钮、标签、菜单项等。Qimage 类支持几种图形格式的输入、输出和操作，它目前支持的图形格式有 BMP、GIF*、JPEG、MNG、PNG、PNM、XBM 和 XPM。

二、画布

QCanvas 类提供了一个高级的平面图形编程接口，它可以处理大量的线条、矩形、椭圆、文本、位图、动画等画布项，画布项可以较容易地做成交互式。

画布项是 QcanvasItem 子类的实例，它们比窗体类 Qwidget 更显得轻量级，它们能够被快速地移动、隐藏和显示。Qcanvas 可以更有效地支持冲突检测，它能够列出一个指定区域里面所有的画布项。QcanvasItem 可以被子类化，从而可以提供更多的画布项类型，或者扩展已有的画布项的功能。

Qcanvas 对象是由 QcanvasView 进行绘制的，QcanvasView 对象可以以不同的译文、比例、旋转角度、剪切方式去显示同一个画布。

Qcanvas 对象是理想的数据表现方式，它已经被消费者用于绘制地图和显示网络拓扑结构。它也可用于制作快节奏的且有大量角色的平面游戏。

三、主窗口

QMainWindow 类是为应用的主窗口提供一个摆放相关窗体的框架。一个主窗口包含了一组标准窗体的集合。主窗口的顶部包含一个菜单栏，它的下方放置着一个工具栏，工具栏可以移动到其他停靠区域。主窗口允许停靠的位置有顶部、左边、右边和底部。工具栏可以被拖放到一个停靠的位置，从而形成一个浮动的工具面板。主窗口的下方，也就是在底部的停靠位置之下有一个状态栏。主窗口的中间区域可以包含其他的窗体。提示工具和"这是什么"帮助按钮以旁述的方式阐述了用户接口的使用方法。对于小屏幕的设备，使用 Qt 图形设计器定义的标准的 Qwidget 模板比使用主窗口更好一些。典型的模板包含菜单栏、工具栏、状态栏，也可能没有状态栏。

四、菜单

弹出式菜单 QpopupMenu 类以垂直列表的方式显示菜单项，它可以是单个的（如上下文相关菜单），也可以以菜单栏的方式出现，还可以以别的弹出式菜单的子菜单出现。每个菜单项可以有一个图标、一个复选框和一个加速器（快捷键），菜单项通常对应一个动作（如存盘），分隔器通常显示成一条竖线，它用于把一组相关联的动作菜单分立成组。

QmenuBar 类实现了一个菜单栏，它会自动设置几何尺寸并在它的父窗体的顶部显示出来，如果父窗体的宽度不够宽以致不能显示一个完整的菜单栏，那么菜单栏将会分为多行显示。Qt 内置的布局管理能够自动地调整菜单栏。Qt 的菜单系统是非常灵活的，菜单项可以被动态地使能、失效、添加或删除。

通过子类化 QcustomMenuItem，我们可以建立客户化外观和功能的菜单项。

五、工具栏

QtoolButton 类实现了一个带有图标、三维边框和可选标签的工具栏按钮。切换工具栏按钮具有开、关的特征，其他按钮则执行一个命令。不同的图标用来表示按钮的活动、失效、使能模式，以及开或关的状态。如果仅为按钮指定了一个图标，那么 Qt 会使用可视提示来表现按钮不同的状态，如按钮失效时显示灰色。工具栏按钮通常以一排的形式显示在工具栏上，对于一个有几组工具栏的应用，用户可以随便移动这些工具栏，工具栏差不多可以包含所有的窗体。

六、旁述

现代的应用主要使用旁述的方式去解释用户接口的用法。Qt 提供了两种旁述的方式："提示栏"和"这是什么"帮助按钮。

"提示栏"是小的，通常是黄色的矩形，当鼠标在窗体的一些位置游动时，它就会自动出现。它主要用于解释工具栏按钮,特别是那些缺少文字标签说明的工具栏按钮的用途。当提示字符出现之后，用户还可以在状态栏显示更详细的文字说明。

对于一些没有鼠标的设备（如那些使用触点输入的设备），就不会有鼠标的光标在窗体上游动，这样就不能激活提示栏。对于这些设备就需要使用"这是什么"帮助按钮，或者使用一种姿态来表示输入设备正在游动，如用按下或握住的姿态来表示输入设备正在游动。"这是什么"帮助按钮和提示栏有些相似，只不过前者需要用户单击它才会显示旁述。在小屏幕设备上，"这是什么"帮助按钮一般位于应用的窗口的关闭按钮"×"附近，符号为"？"。一般来说，"这是什么"帮助按钮被按下后显示的提示信息应该比提示栏要多一些。

知识二　布局管理器

使用 Qt 图形设计器这个可视化设计工具，用户可以建立自己的对话框。Qt 使用布局管理自动设置窗体与别的窗体之间相对的尺寸和位置，这样可以确保对话框能够最大程度地利用屏幕上的可用空间。使用布局管理意味着按钮和标签可以根据要显示的文字自动地改变自身大小，而用户完全不用考虑文字是哪一种语言。

一、布局

Qt 的布局管理用于组织管理一个父窗体区域内的子窗体。它的特点是可以自动设置子窗体的位置和大小，并可判断出一个顶级窗体的最小尺寸和默认尺寸，当窗体的字体或内容变化后，它可以重置一个窗体的布局。

使用布局管理，开发者可以编写独立于屏幕大小和方向之外的程序，从而不需要浪费代码空间和重复编写代码。对于一些国际化的应用程序，使用布局管理，可以确保按钮和标签在不同的语言环境下有足够的空间显示文本，不会造成部分文字被剪掉。布局管理使得提供部分用户接口组件（如输入法和任务栏）变得更加容易。

Qt 提供了三种用于布局管理的类：基本布局管理器（QBoxLayout）、网格布局管理器（QGridLayout）和表单布局管理器（QFormLayout），而 QBoxLayout 又分为水平布局管理器（QHBoxLayout）和垂直布局管理器（QVBoxLayout）。

QHBoxLayout 把窗体按照水平方向从左至右排成一行。QHBoxLayout 水平布局管理示意图如图 2-41 所示。

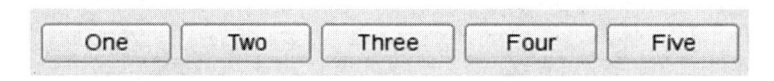

图 2-41　QHBoxLayout 水平布局管理示意图

QVBoxLayout 把窗体按照垂直方向从上至下排成一列。QVBoxLayout 垂直布局管理示意图如图 2-42 所示。

QGridLayout 以网格的方式来排列窗体，一个窗体可以占据多个网格。QGridLayout 网格布局管理示意图如图 2-43 所示。

QGridLayout 其实也可以通过 QHBoxLayout 和 QVBoxLayout 相互嵌套实现。

表单布局管理器（QFormLayout）以表单的方式管理界面组件，是专为标签和字段（组件）的形式创建的。QFormLayout 表单布局管理示意图如图 2-44 所示。

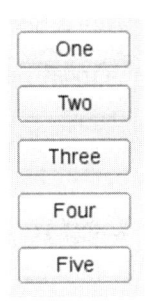

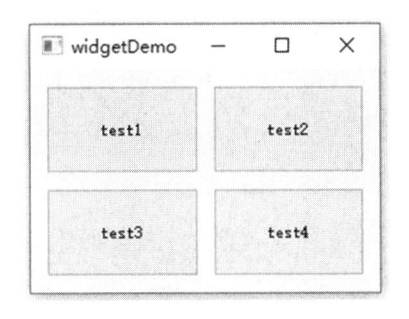

图 2-42　QVBoxLayout
垂直布局管理示意图

图 2-43　QGridLayout 网格布局
管理示意图

图 2-44　QFormLayout 表单布局
管理示意图

在多数情况下，布局管理在管理窗体时执行最优化的尺寸，这样窗体看起来更好看，其尺寸变化更平滑。使用以下机制可以简化窗体布局的过程。

（1）为一些子窗体设置一个最小的尺寸、一个最大的或固定的尺寸。

（2）增加拉伸项（Stretch Items）或间隔项（Spacer Item）。拉伸项和间隔项可以填充一个排列的空间。

（3）改变子窗体的尺寸策略，程序员可以调整窗体尺寸改变时的策略。子窗体可以被设置为扩展、紧缩和保持相同尺寸等策略。

（4）改变子窗体的尺寸提示。QWidget::sizeHint()和 QWidget::minimumSize-Hint()函数返回一个窗体根据自身内容计算出的首选尺寸和首选最小尺寸。我们在建立窗体时可考虑重新实现这两个函数。

（5）设置拉伸比例系数。设置拉伸比例系数是指允许开发者设置窗体之间占据空间大小的比例系数，如我们设定可用空间的 2/3 分配给窗体 A，剩下的 1/3 分配给窗体 B。布局管理也可按照从右到左、从下到上的方式来进行。当一些国际化的应用需要支持从右到左的阅读习惯的语言文字（如阿拉伯和希伯来）时，使用从右到左的布局排列要更加方便。布局是可以嵌套和随意进行的。

下面是一个对话框的例子，它以两种不同尺寸来显示，如图 2-45 所示。

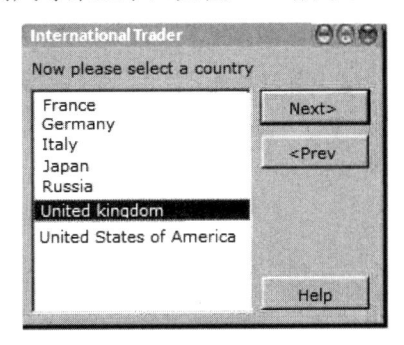

图 2-45　小的对话框和大的对话框

这个对话框使用了三种排列方式。QVBoxLayout 管理一组按钮，QHBoxLayout 管理一个显示国家名称的列表框和右边那组按钮，QVBoxLayout 管理窗体上的"Now pleaseselect a country"标签。在"＜Prev"和"Help"按钮之间放置了一个拉伸项，使得二者之间保持了一定比例的间隔。

二、综合布局实例

用 QVBoxLayout 和 QHBoxLayout 相互嵌套的方式实现图 2-46 所示的温度转换器界面。

首先，将界面拆分成四个部分，如图 2-47 所示。

第一部分：第一行只有一个 Push Button，记作区域①。

第二部分：第二行是两个水平排列的 Label，可以用水平布局管理器将其放到一起，记作区域②。

第三部分：在下方深色区域水平排列的两个 Label 用于显示和调整温度，也可用水平布局将其放到一起，记作区域③。

第四部分：是垂直排列的 LCDNumber 和 Dial，可以使用垂直布局管理器将其放到一起，记作区域④。

然后，将区域③和④这两个部分用水平布局管理器组合起来，形成区域 A。

此时，整个窗体的布局变成从上到下的三个部分：区域①、区域②、区域 A，而且这三个部分恰好是垂直排列的（见图 2-48），所以可以用垂直布局管理器将这三个部分再次组合。

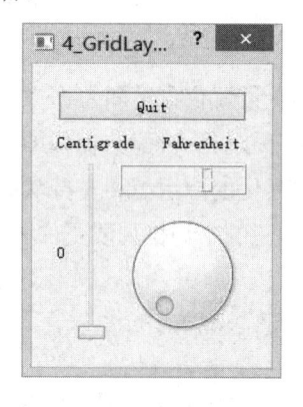

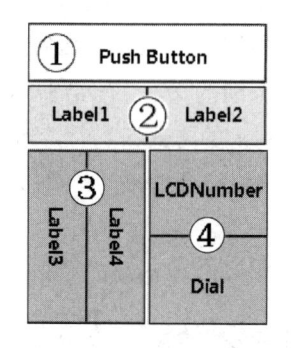

图 2-46　温度转换器界面　　　图 2-47　界面拆分　　　图 2-48　界面重新组合

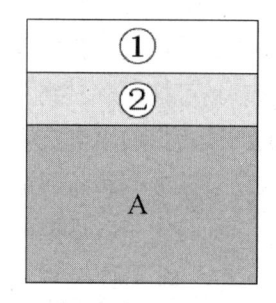

任务五　Qt 下多线程

知识一　进程与线程的概念

一、进程

我们都知道计算机的核心是 CPU，它承担了所有的计算任务，而操作系统是计算机的管理者，它负责任务的调度、资源的分配和管理，统领整个计算机硬件；应用程序是具有某种功能的程序，程序是运行于操作系统之上的。

进程是一个具有一定独立功能的程序在一个数据集上的一次动态执行的过程，是操作系统进行资源分配和调度的一个独立单位，是应用程序运行的载体。进程是一种抽象的概念，从来没有统一的定义。进程一般由程序、数据集和进程控制块三部分组成。程序用于描述进程要完成的功能，是控制进程执行的指令集；数据集是程序在执行时所需的数据和工作区；进程控制块包含进程的描述信息和控制信息，是进程存在的唯一标志。

进程具有以下特征。

（1）动态性：进程是程序的一次执行过程，是临时的、有生命期的，也是动态产生、动态消亡的。

（2）并发性：任何进程都可以同其他进程一起并发执行。

（3）独立性：进程是系统进行资源分配和调度的一个独立单位。

（4）结构性：进程由程序、数据集和进程控制块三部分组成。

二、线程

在早期的操作系统中并没有线程的概念，进程是拥有资源和独立运行的最小单位，也是程序执行的最小单位。任务调度采用的是时间片轮询的抢占式调度方式，而进程是任务调度的最小单位，每个进程有各自独立的一块内存，使得各个进程之间的内存地址相互隔离。

后来，随着计算机的发展，对 CPU 的要求越来越高，进程之间的切换开销较大，已经无法满足越来越复杂的程序要求，于是就发明了线程。线程是程序执行中一个单一的顺序控制流程，是程序执行的最小单位，也是处理器调度和分派的基本单位。一个进程可以有一个或多个线程，各个线程之间共享程序的内存空间（也就是所在进程的内存空间）。一个标准的线程由线程 ID、当前指令指针 PC、寄存器和堆栈组成。而进程由内存空间（代码、数据、进程空间、打开的文件）和一个或多个线程组成。

三、进程与线程的区别

（1）线程是程序执行的最小单位，而进程是操作系统资源分配的最小单位。

（2）一个进程由一个或多个线程组成，线程是一个进程中代码的不同执行路线。

（3）进程之间相互独立，但同一进程下的各个线程之间共享程序的内存空间（包括代码段、数据集、堆等）及一些进程级的资源（如打开的文件和信号等），某进程内的线程在其他进程不可见。

（4）调度和切换：线程上下文切换比进程上下文切换要快得多。

知识二　Qt 多线程简介

Qt 作为一种基于 C++的跨平台 GUI 系统，能够提供给用户构造图形用户界面的强大功能。为了满足用户构造复杂图形界面系统的需求，Qt 提供了丰富的多线程编程支持。从

2.2 版本开始，Qt 主要从以下三个方面对多线程编程提供支持：一是构造了一些基本的与平台无关的线程类；二是提交用户自定义事件的 Thread-safe 方式；三是多种线程间同步机制，如信号量、全局锁等。这些都给用户提供了极大的方便。不过，在某些情况下，使用定时器机制能够比利用 Qt 本身的多线程机制更方便地实现所需的功能，同时避免不安全的现象发生。

一、系统对多线程编程的支持

不同的平台对 Qt 的多线程支持方式是不同的。当用户在 Windows 操作系统上安装 Qt 系统时，线程支持是编译器的一个选项，在 Qt 的 mkfiles 子目录中包括了不同种类编译器的编译文件，其中带有-mt 后缀的文件是支持多线程的。

而在 UNIX 操作系统中，线程的支持是通过在运行 configure 脚本文件时添加-thread 选项加入的。安装过程将创建一个独立的库，即 libqt-mt，因此在支持多线程编程时，必须与该库链接（链接选项为-lqt-mt），而不是与通常的 Qt 库（-lqt）链接。

另外，无论是何种平台，在增加线程支持时都需要定义宏 QT_THREAD_SUPPORT（即增加编译选项-DQT_THREAD_SUPPORT）。在 Windows 操作系统中，这一点通常是在 qconfig.h 文件中增加一个选项来实现的。而在 UNIX 操作系统中，这个选项通常添加在有关的 Makefile 文件中。

二、Qt 中的线程类

在 Qt 系统中，与线程相关的最重要的类是 QThread 类，该类提供了创建一个新线程及控制线程运行的各种方法。线程是通过 QThread::run()重载函数开始执行的，这一点类似于 Java 语言中的线程类。在 Qt 系统中，始终运行着一个 GUI 主事件线程，这个主线程从窗口系统中获取事件，并将它们分发到各个组件中去处理。在 QThread 类中还有一种从非主事件线程中将事件提交给一个对象的方法，也就是 QThread::postEvent()方法，该方法提供了 Qt 中的一种 Thread-safe 的事件提交过程。提交的事件先被放进一个队列中，再被 GUI 主事件线程唤醒并发给相应的对象，这个过程与一般的窗口系统事件处理过程是一样的。值得注意的是，当事件处理过程被调用时，是在主事件线程中被调用的，而不是在调用 QThread::postEvent 方法的线程中被调用的。比如，用户可以从一个线程中迫使另一个线程重画指定区域：

```
QWidget *mywidget;
QThread::postEvent(mywidget, new QPaintEvent(QRect(0,0,100,100)));
```

然而，只有一个线程类是不够的，为编写出支持多线程的程序，还需要实现两个不同的线程对共有数据的互斥访问，因此 Qt 还提供了 QMutex 类，一个线程在访问临界数据时，需要加锁，此时其他线程是无法对该临界数据同时加锁的，直到前一个线程释放该临界数据。通过这种方式才能实现对临界数据的原子操作。

除此之外，还需要一些机制使得处于等待状态的线程在特定情况下被唤醒。QWaitCondition 类就提供了这种功能。当发生特定事件时，QWaitCondition 类将唤醒等待该事件的所有线程或唤醒任意一个被选中的线程。

三、用户自定义事件在多线程编程中的应用

在 Qt 系统中，定义了很多种类的事件，如定时器事件、鼠标移动事件、键盘事件、窗口控件事件等。通常，事件都来自底层的窗口系统，Qt 的主事件循环函数从系统的事件队列中获取这些事件，并将它们转换为 QEvent，然后传给相应的 QObjects 对象。

除此之外，为了满足用户的需求，Qt 系统还提供了一个 QCustomEvent 类，用于用户自定义事件，这些自定义事件可以利用 QThread::postEvent()或 QApplication::postEvent()被发给各种控件或其他 QObject 实例，而 QWidget 类的子类可以通过 QWidget::customEvent()事件处理函数方便地接收到这些自定义的事件。需要注意的是，QCustomEvent 对象在创建时都带有一个类型标识 ID 以定义事件类型，为了避免与 Qt 系统定义的事件类型冲突，该 ID 值应该大于枚举类型 QEvent::Type 中给出的"User"值。

在下面的例子中，显示了多线程编程中如何利用用户自定义事件类。

```
UserEvent 类是用户自定义的事件类，其事件标识为346798，显然不会与系统定义的事件类型冲突。
class UserEvent : public QCustomEvent              //用户自定义的事件类{
public: UserEvent(QString s) : QCustomEvent(346798), sz(s) { ; }
QString str() const {
return sz;
}
private: QString sz;
};
```

UserThread 类是由 QThread 类继承而来的子类，在该类中除了定义有关的变量和线程控制函数，最主要的是定义线程的启动函数 UserThread::run()，在该函数中创建了一个用户自定义事件 UserEvent，并利用 QThread 类的 postEvent 函数提交该事件给相应的接收对象。

```
class UserThread : public QThread                  //用户定义的线程类{
public: UserThread(QObject *r, QMutex *m, QWaitCondition *c);
QObject *receiver;
}
void UserThread::run()              //线程类启动函数，在该函数中创建了一个用户自定义事件{
UserEvent *re = new UserEvent(resultstring);
QThread::postEvent(receiver, re);
}
```

UserWidget 类是用户定义的用于接收自定义事件的 QWidget 类的子类，该类利用 slotGo()函数创建了一个新的线程 recv（UserThread 类），当收到相应的自定义事件（即 ID 为 346798）时，利用 customEvent 函数对事件进行处理。

```
void UserWidget::slotGo()            //用户定义控件的成员函数{
mutex.lock();
```

```
if (! recv)
recv = new UserThread(this, &mutex, &condition);
recv->start(); mutex.unlock();
}
void UserWidget::customEvent(QCustomEvent *e)     //用户自定义事件处理函数{
if (e->type()==346798)  {
UserEvent *re = (UserEvent *) e;
newstring = re->str();
}
}
```

在这个例子中，UserWidget 类创建了新的线程 UserThread 类，用户可以利用这个线程实现一些周期性的处理（如接收底层发来的消息等），一旦满足特定条件就提交一个用户自定义的事件，当 UserWidget 类收到该事件时，可以按需求做出相应的处理，而一般情况下，UserWidget 类可以正常地执行某些例行处理，而完全不受底层消息的影响。

四、利用定时器机制实现多线程编程

为了避免 Qt 系统中多线程编程带来的问题，用户可以使用系统中提供的定时器机制来实现类似的功能。定时器机制将并发的事件串行化，简化了对并发事件的处理，从而避免了线程安全问题的出现。

在下面的例子中，同时有若干个对象需要接收底层发来的消息（可以通过 Socket、FIFO 等进程间通信机制），而消息是随机收到的，需要有一个 GUI 主线程专门负责接收消息。当收到消息时，主线程初始化相应对象使之开始处理，同时返回，这样主线程就可以始终更新界面，显示并接收外界发来的消息，达到同时对多个对象的控制。此外，各个对象在处理完消息后需要通知 GUI 主线程。对于这个问题，可以利用用户自定义事件的方法，在主线程中安装一个事件过滤器，捕捉从各个对象中发来的自定义事件，然后发出信号调用主线程中的一个槽函数。

另外，也可以利用 Qt 中的定时器机制实现类似的功能，而不必担心线程安全问题。下面是有关的代码：

```
在用户定义的 Server 类中创建和启动了定时器，并利用 connect 函数将定时器超时与读取设备文件数据相关联：
Server:: Server(QWidget *parent) : QWidget(parent){
readTimer = new QTimer(this);      //创建并启动定时器
connect(readTimer, SIGNAL(timeout()), this, SLOT(slotReadFile()));        //每当定时器超时
//时调用函数 slotReadFile 读取文件
readTimer->start(100);}
slotReadFile 函数负责在定时器超时时，从文件中读取数据，然后重新启动定时器：
int Server::slotReadFile()          // 消息读取和处理函数{
readTimer->stop();                  //暂时停止定时器计时
ret = read(file, buf );             //读取文件if(ret == NULL){
readTimer->start(100);              //当没有新消息时，重新启动定时器
return(-1);
```

```
}   else
根据 buf 中的内容将消息分发给各个相应的对象进行处理
readTimer->start(100);              //重新启动定时器}
```

在该程序中，利用了类似轮询的方式定时对用户指定的设备文件进行读取，根据 buf 中的内容将信息分发给各个相应的对象进行处理。用户可以在自己的 GUI 主线程中创建一个 Server 类，帮助实现底层的消息接收过程，而本身仍然可以处理界面显示的问题等。当各个对象完成处理后，通过重新启动定时器继续进行周期性读取底层设备文件的过程。当然，这种方法适用于各对象对事件的处理时间较短，而底层设备发来消息的频率又相对较慢的情况。在这种情况下，上述方法完全可以满足用户的需求，又避免了处理一些与线程并发有关的复杂问题。

知识三　Qt 多线程实例

一、新建工程

在"Qt Gui 应用"对话框中输入名称和创建路径，如图 2-49 所示。

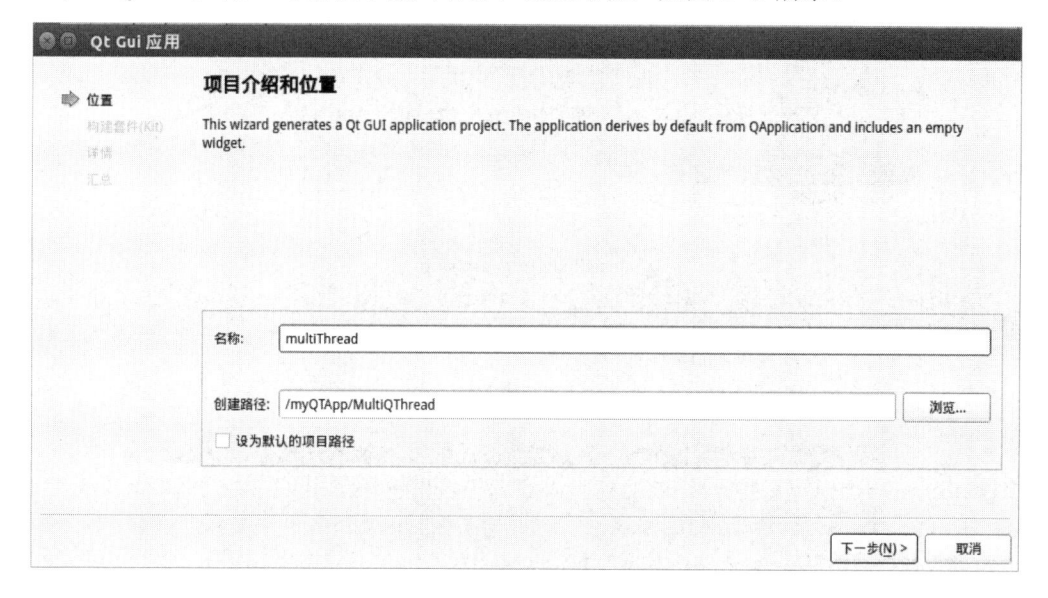

图 2-49　输入名称和创建路径

单击"下一步"按钮，在弹出的界面中类名定义为 ThreadDialog，基类选择 QDialog，如图 2-50 所示。

单击"下一步"按钮，multiThread 工程建立完成，如图 2-51 所示。

二、编辑工程

编辑工程名为 multiThread 的界面文件，添加 3 个 Push Button 和 1 个 Label，如图 2-52 所示。

图 2-50　选择基类并确定类名

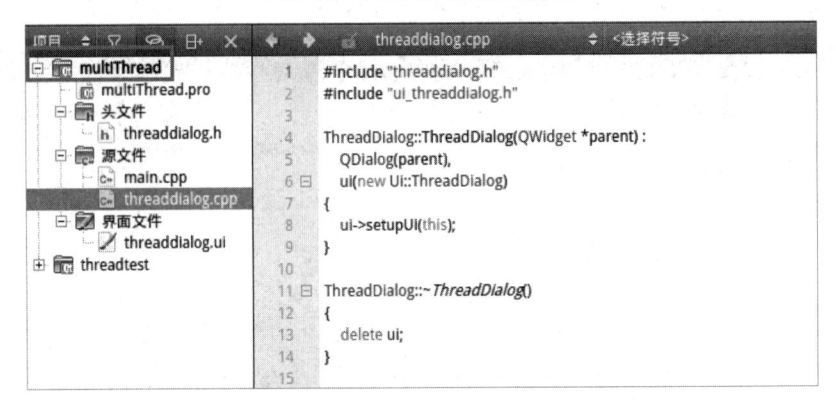

图 2-51　multiThread 工程建立完成

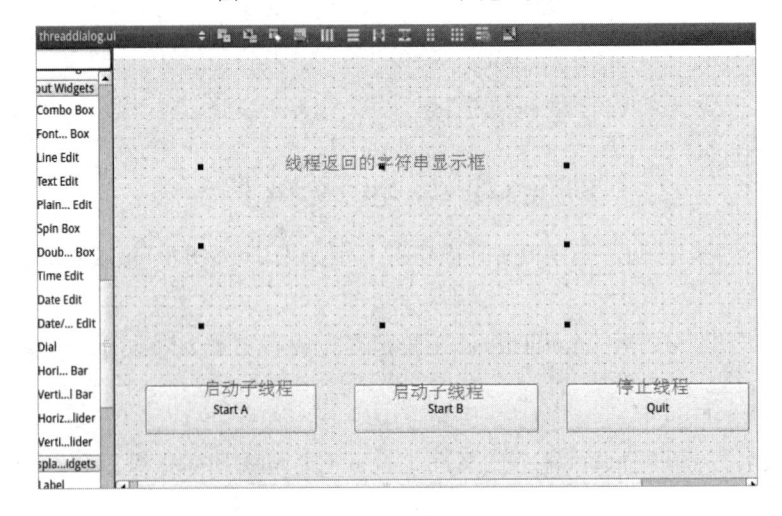

图 2-52　添加 3 个 Push Button 和 1 个 Label

三、新建 QThread 线程类

选择"文件"选项卡下的"新建文件或项目"选项,在弹出的"新建"对话框中选择"C++"和"C++ Class"选项,单击"选择"按钮,如图 2-53 所示。

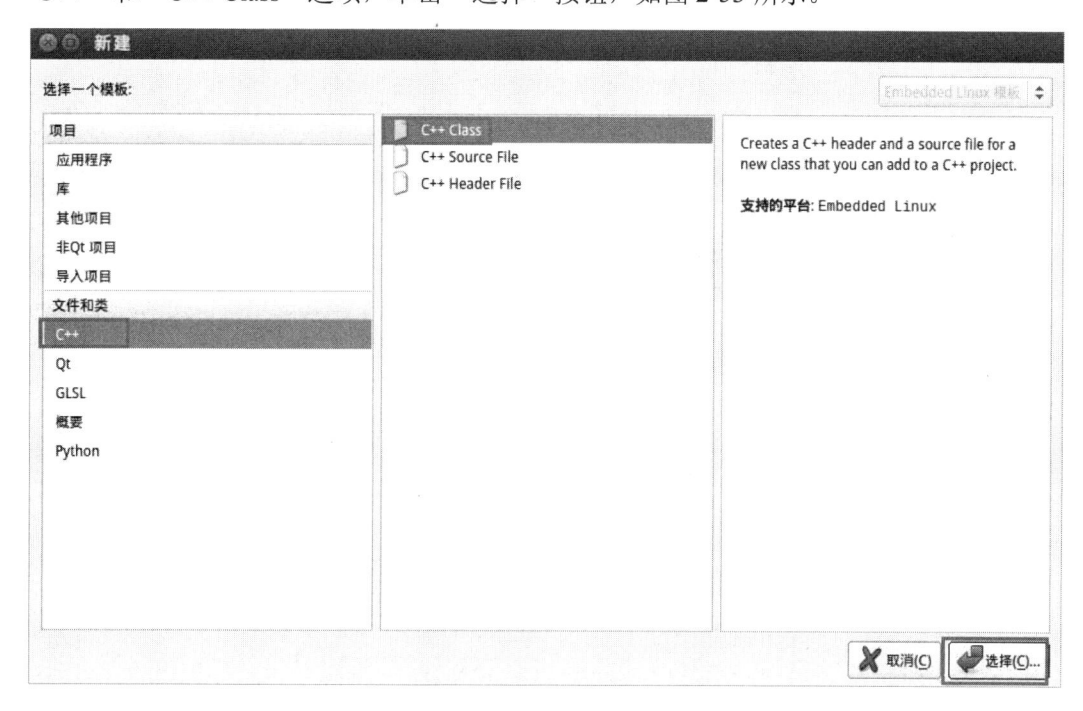

图 2-53 单击"选择"按钮

输入类名、头文件、源文件和保存的路径,如图 2-54 所示。

图 2-54 输入类名、头文件、源文件和保存的路径

连续单击"下一步"按钮，直到类新建完成，并按照路径和当前新建的项目自动添加到项目的工作空间，如图 2-55 所示。

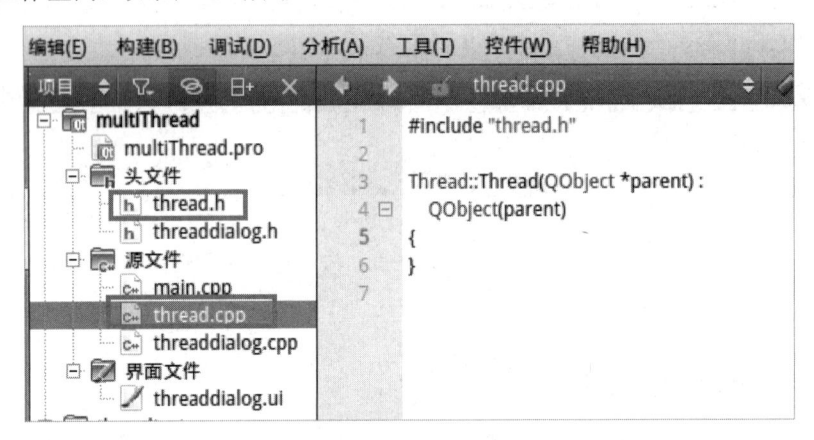

图 2-55　新建的项目自动添加到项目的工作空间

四、线程文件修改

线程头文件 thread.h 增加变量和函数，如图 2-56 所示。

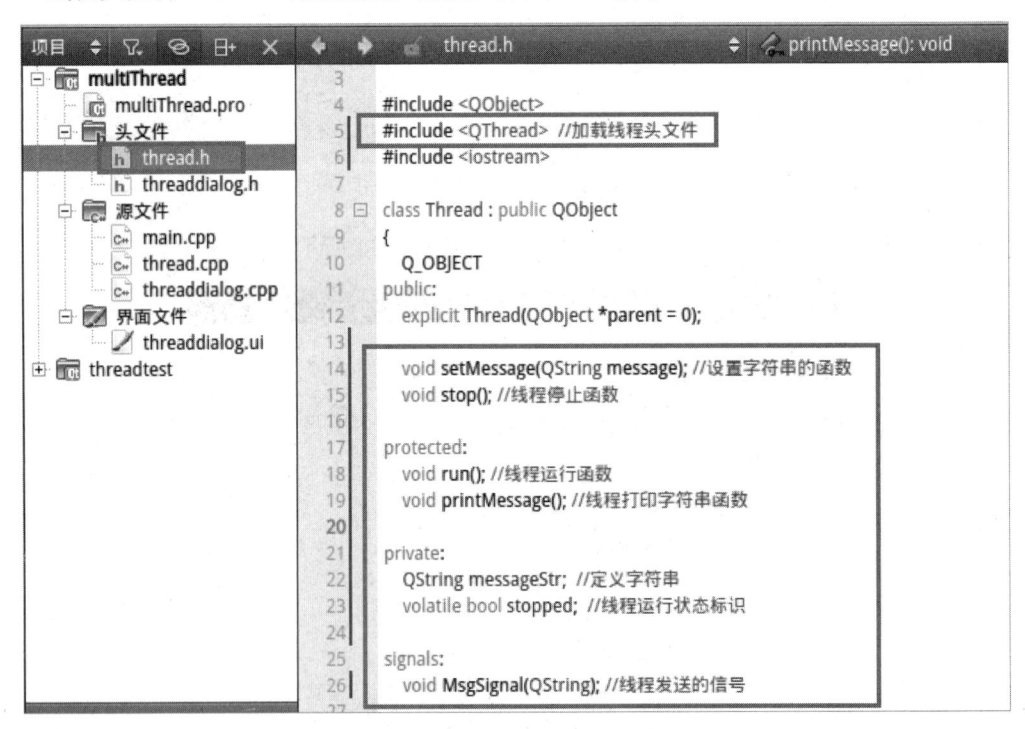

图 2-56　线程头文件 thread.h 增加变量和函数

注意：stopped 被声明为易失性变量（volatile variable，断电或中断时数据丢失而不可再恢复的变量类型），这是因为不同的线程都需要访问它，并且我们也希望确保它能在任

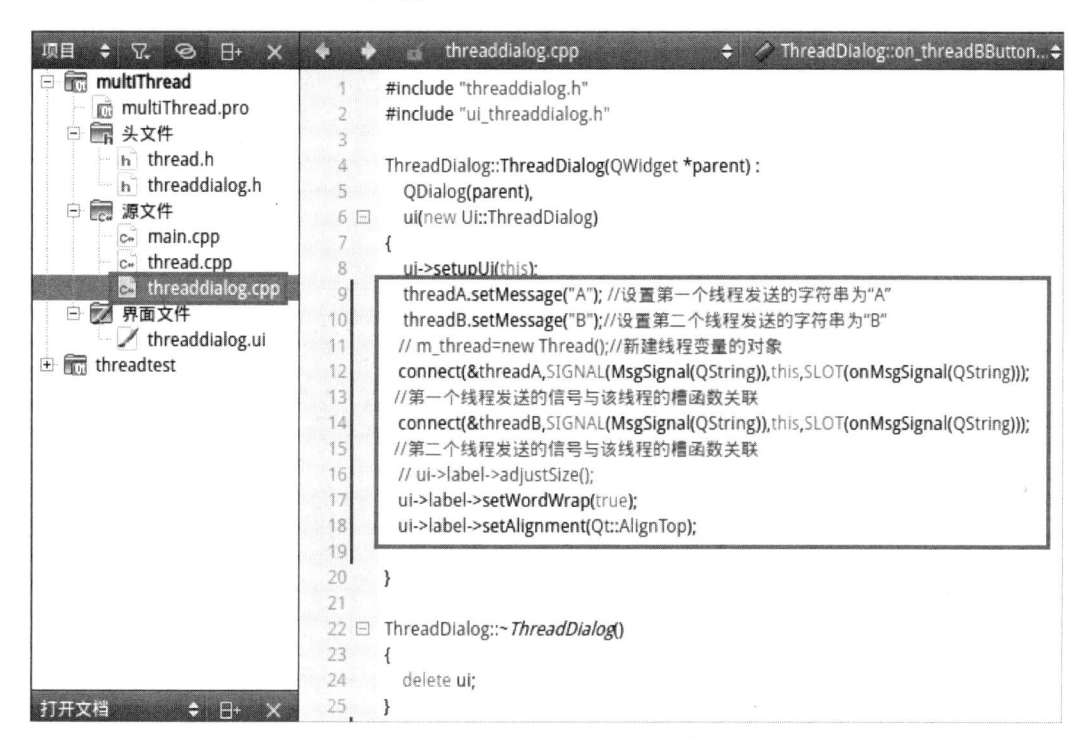

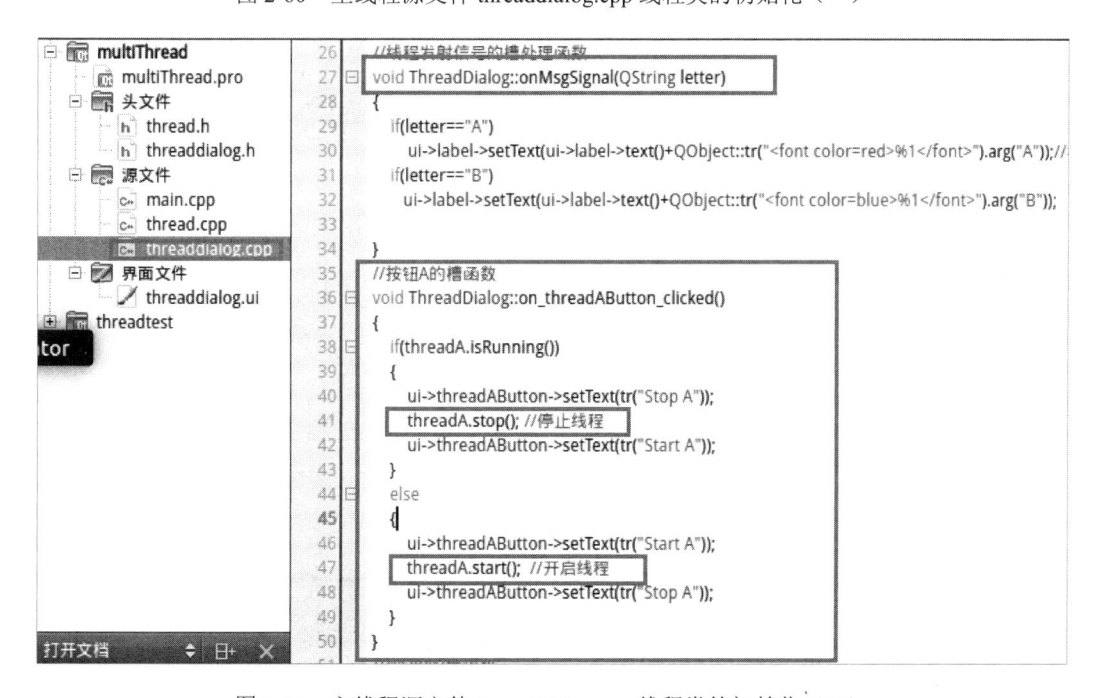

主线程源文件 threaddialog.cpp 线程类的初始化，如图 2-60～图 2-63 所示。

```cpp
#include "threaddialog.h"
#include "ui_threaddialog.h"

ThreadDialog::ThreadDialog(QWidget *parent) :
    QDialog(parent),
    ui(new Ui::ThreadDialog)
{
    ui->setupUi(this);
    threadA.setMessage("A"); //设置第一个线程发送的字符串为"A"
    threadB.setMessage("B");//设置第二个线程发送的字符串为"B"
// m_thread=new Thread();//新建线程变量的对象
    connect(&threadA,SIGNAL(MsgSignal(QString)),this,SLOT(onMsgSignal(QString)));
    //第一个线程发送的信号与该线程的槽函数关联
    connect(&threadB,SIGNAL(MsgSignal(QString)),this,SLOT(onMsgSignal(QString)));
    //第二个线程发送的信号与该线程的槽函数关联
    // ui->label->adjustSize();
    ui->label->setWordWrap(true);
    ui->label->setAlignment(Qt::AlignTop);

}

ThreadDialog::~ThreadDialog()
{
    delete ui;
}
```

图 2-60　主线程源文件 threaddialog.cpp 线程类的初始化（一）

```cpp
//线程发射信号的槽处理函数
void ThreadDialog::onMsgSignal(QString letter)
{
    if(letter=="A")
        ui->label->setText(ui->label->text()+QObject::tr("<font color=red>%1</font>").arg("A"));//
    if(letter=="B")
        ui->label->setText(ui->label->text()+QObject::tr("<font color=blue>%1</font>").arg("B"));
}

//按钮A的槽函数
void ThreadDialog::on_threadAButton_clicked()
{
    if(threadA.isRunning())
    {
        ui->threadAButton->setText(tr("Stop A"));
        threadA.stop(); //停止线程
        ui->threadAButton->setText(tr("Start A"));
    }
    else
    {
        ui->threadAButton->setText(tr("Start A"));
        threadA.start();  //开启线程
        ui->threadAButton->setText(tr("Stop A"));
    }
}
```

图 2-61　主线程源文件 threaddialog.cpp 线程类的初始化（二）

139

图 2-62　主线程源文件 threaddialog.cpp 线程类的初始化（三）

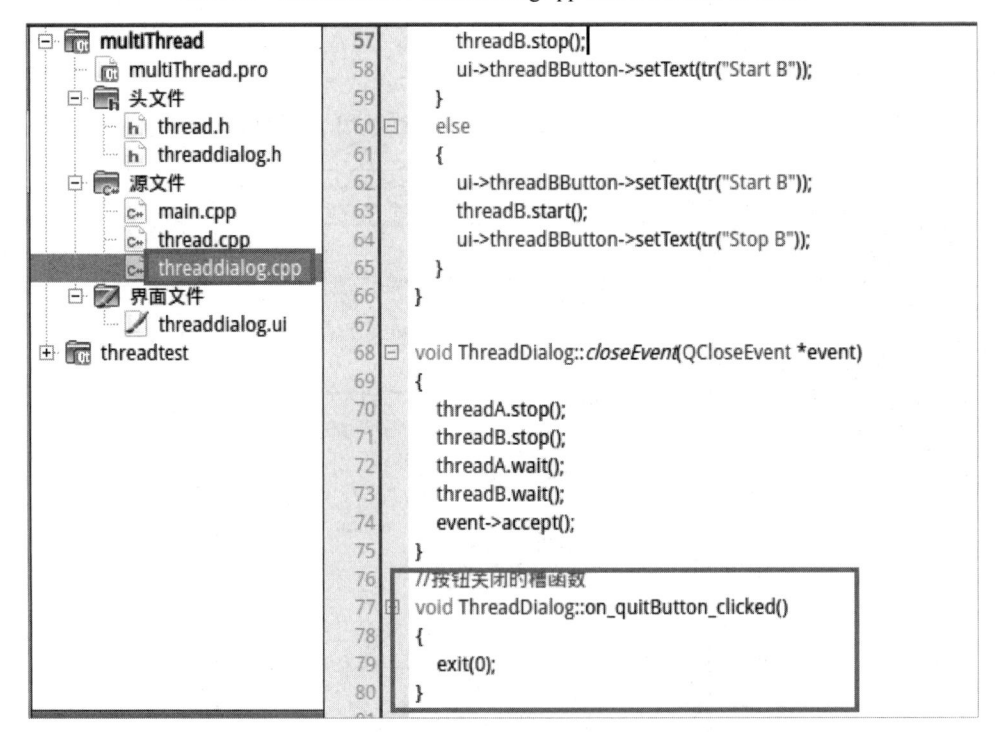

图 2-63　主线程源文件 threaddialog.cpp 线程类的初始化（四）

六、编译工程

单击"Qt Creator"界面左下角的 ▶ 图标编译工程，将生成的可执行文件 multiThread

放到板子上，在终端串口下执行以下命令即可。

```
./ multiThread -qws
```

七、运行结果

运行结果如图 2-64 所示，主线程显示 3 个 Push Button、1 个 Label，目前没有显示字符串。

单击"Start A"按钮，第一个线程被启动，线程每隔 1s 向主线程发射信号，主线程接收到字符串"A"后显示在 Label 文本框中，如图 2-65 所示。

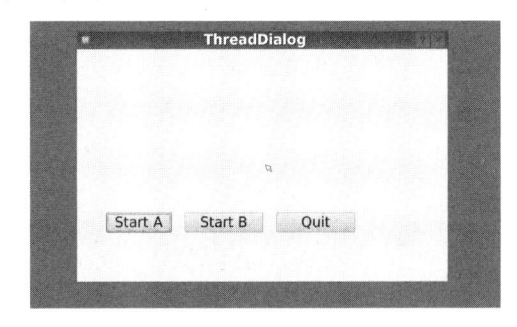

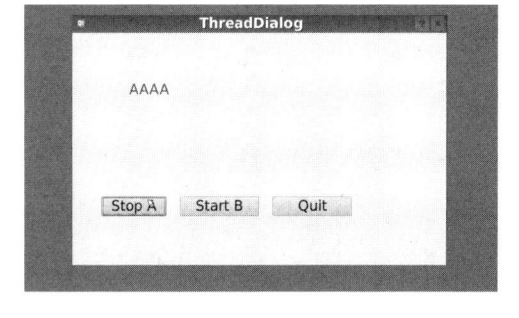

图 2-64　运行结果　　　　　　图 2-65　单击"Start A"按钮后的显示情况

单击"Start B"按钮，第二个线程被启动，线程每隔 1s 向主线程发射信号，主线程接收到字符串"B"后显示在 Label 文本框中，如果此时 A 线程仍在运行，那么会出现 A 和 B 交替出现，如图 2-66 所示。

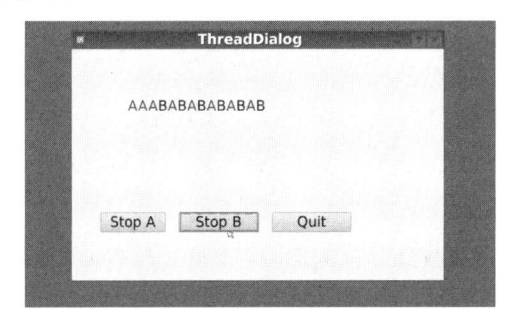

图 2-66　单击"Start B"按钮后的显示情况

单击"Quit"按钮，所有线程停止，程序退出，资源释放。

任务六　Qt 下 TCP 通信

知识一　TCP 通信简述

TCP 是一种面向连接、可靠、基于字节流的传输层协议。面向连接是指一次正常的 TCP 传输需要通过在 TCP 客户端和 TCP 服务端建立特定的虚电路连接来完成，该过程通常被称为三次握手。TCP 通过数据分段（Segment）中的序列号保证所有传输的数据可以在远端按照正常的次序进行重组，而且通过确认保证数据传输的完整性。要通过 TCP 传输数据，必须在两端主机之间建立连接。

TCP 常用于应用程序之间的通信。当应用程序希望通过 TCP 与另一个应用程序通信时，它会发送一个通信请求。这个请求必须被送到一个确切的地址。在双方"握手"之后，TCP 将在两个应用程序之间建立一个全双工（Full-Duplex）的通信。

套接字（Socket）是通信的基石，是支持 TCP/IP 协议的网络通信的基本操作单元。它是网络通信过程中端点的抽象表示，包含进行网络通信必需的五种信息：连接使用的协议、本地主机的 IP 地址、本地进程的协议端口、远地主机的 IP 地址、远地进程的协议端口。

一、TCP 通信的特点

TCP 是一种面向广域网的通信协议，目的是在跨越多个网络通信时，为两个通信端点之间提供一条具有以下特点的通信方式。

（1）基于流的方式。

（2）面向连接。

（3）可靠通信方式。

（4）在网络状况不佳的时候尽量降低系统由于重传带来的带宽开销。

（5）通信连接维护是面向通信的两个端点的，而不考虑中间网段和节点。

二、TCP 通信的规定

为了满足 TCP 通信的上述特点，TCP 做了以下规定。

（1）数据分片：在发送端对用户数据进行分片，在接收端进行重组，由 TCP 确定分片的大小并控制分片和重组。

（2）到达确认：接收端接收到分片数据时，根据分片数据序号向发送端发送一个确认。

（3）超时重发：当发送方在发送分片时启动超时定时器，如果在定时器超时之后没有收到相应的确认，那么重发分片。

（4）滑动窗口：TCP 连接的每一方都有固定大小的缓冲空间，接收端只允许另一端发送其缓冲区所能容纳的数据，TCP 在滑动窗口的基础上提供流量控制，防止较快主机使较慢主机的缓冲区溢出。

（5）失序处理：作为 IP 数据报来传输的 TCP 分片到达时可能会失序，TCP 将对收到的数据进行重新排序，将收到的数据以正确的顺序交给应用层。

（6）重复处理：作为 IP 数据报来传输的 TCP 分片会发生重复，TCP 的接收端必须丢弃重复的数据。

（7）数据校验：TCP 将保持它首部和数据的检验和，这是一个端到端的检验和，目的是检测数据在传输过程中的任何变化。如果收到分片的检验和有差错，那么 TCP 将丢弃这个分片，并不确认收到此报文段，导致对端超时并重发。

知识二 TCP 通信流程

TCP 通信流程如图 2-67 所示。

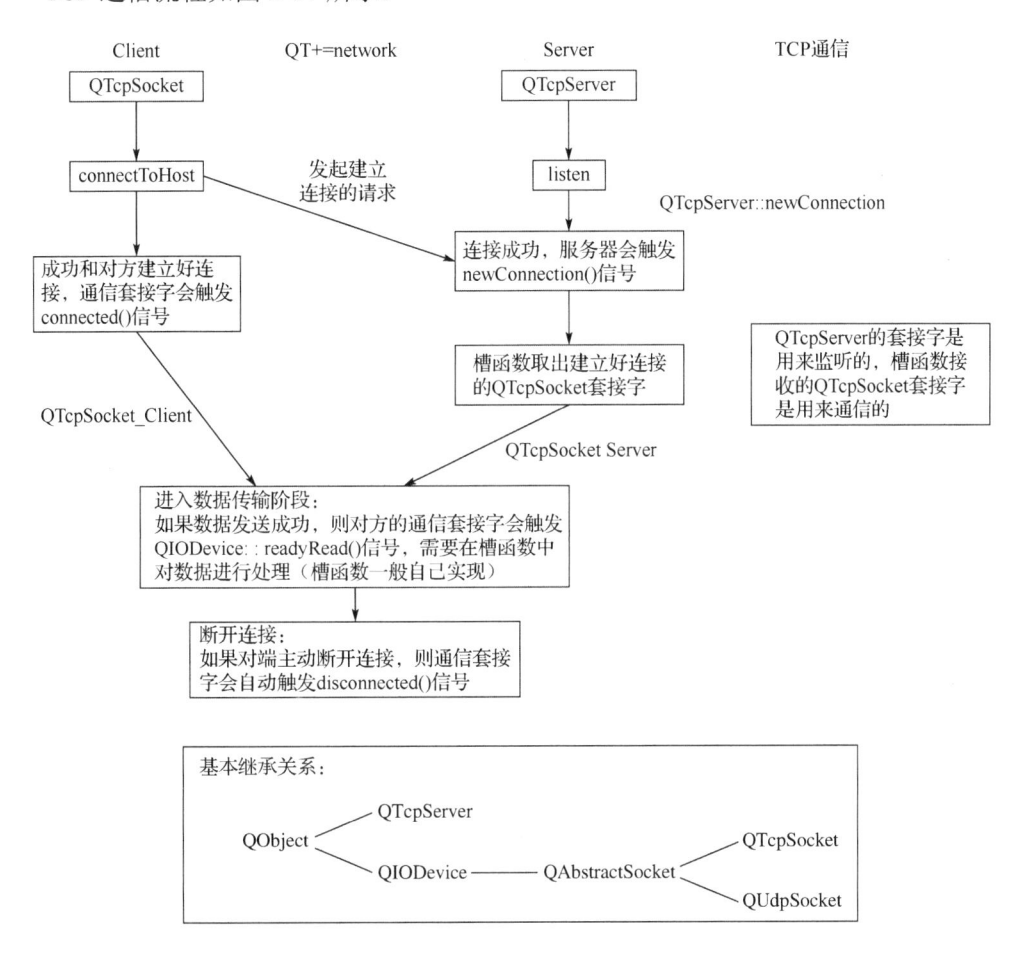

图 2-67 TCP 通信流程

QTcpServer 用来创建服务器对象，服务器对象创建以后，调用成员函数 listen()进行连接监听，其中 listen()包含了绑定 IP 和 Port 的操作。服务器一直阻塞监听。而客户端用 QTcpSocket 创建 TCP 通信对象，使用成员函数 connectToHost()进行发起连接操作，当服务器接收到连接请求完成三次握手后，连接成功，服务器的 QTcpServer 类对象会触发一个 newConnection()信号。对该信号进行处理，在其槽函数中取出建立连接后服务器端创建的 TcpSocket 用于通信的对象（用 nextPendingConnection()成员来获取监听队列中第一个

143

建立连接完成的套接字)。注意：此时服务器有两个对象，即 QTcpServer 对象和 QTcpSocket 对象，一个用来监听，另一个用来通信。连接成功之后，客户端也会触发一个 connected() 连接成功的信号。这样就可以开始进行数据传输了。

服务器的 QTcpSocket 对象和客户端的 QTcpSocket 对象进行数据交换，发送方发送数据（write()），对端检测信号 readyRead()，若发送成功，则 readyRead() 信号就会被触发，此时在 readyRead() 信号的槽函数中实现数据的接受读取（read()、readAll()等）即可。

知识三　Qt 下 TCP 通信——服务器端实例

本例需要确保计算机与网关之间通过以太网连接。二者都接入路由器中，并处于同一个局域网段。网关端建立 TCP 服务器，Windows 上使用 TCP 测试工具作为客户端，二者建立连接，可以互相发送数据。

本例的 A9 网关服务器 IP 地址为 192.168.1.21，端口号为 8999。

（1）新建工程。本例中新建的工程名为 TCPServer，如图 2-68 所示。

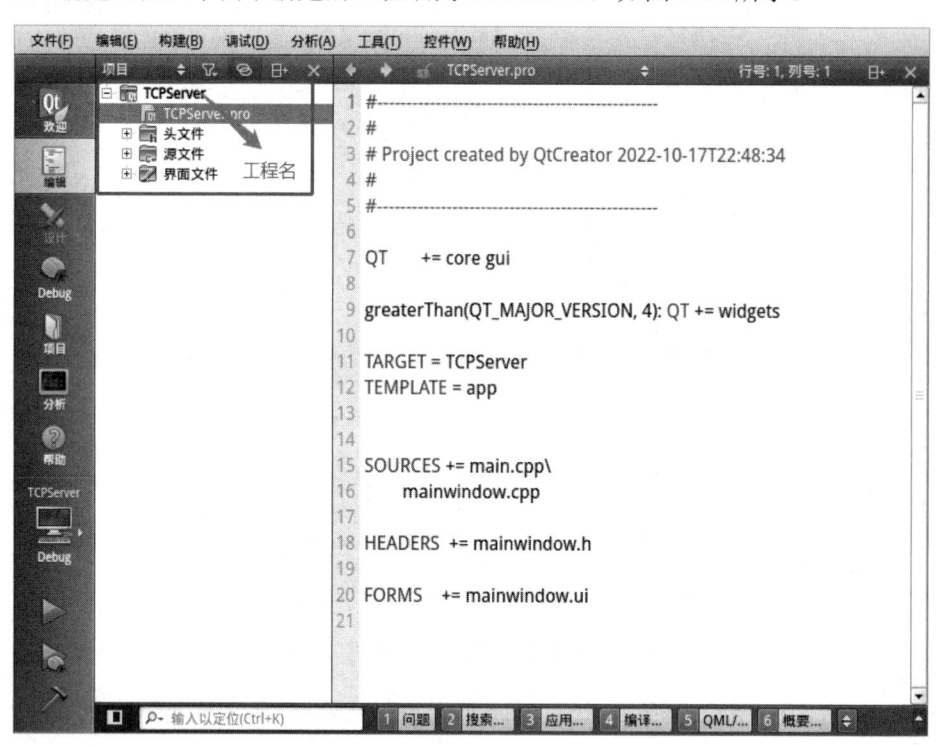

图 2-68　新建工程

（2）编辑工程名为 TCPServer 的界面文件，如图 2-69 所示。

（3）在对应头文件 tcpserver.h 下加载头文件、新建对象及私有槽函数，如图 2-70 所示。

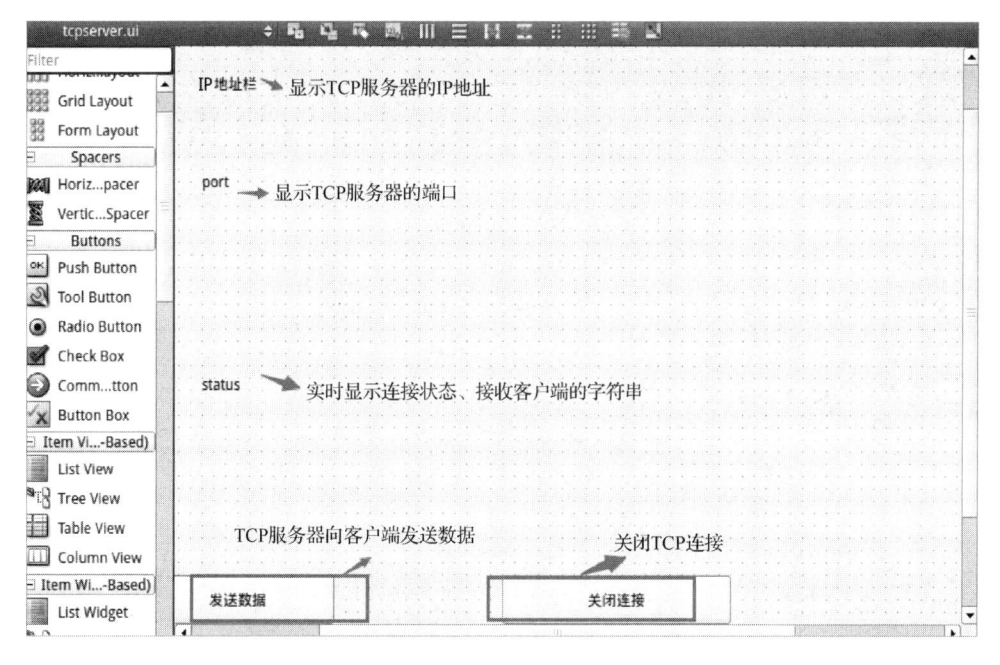

图 2-69 编辑工程名为 TCPServer 的界面文件

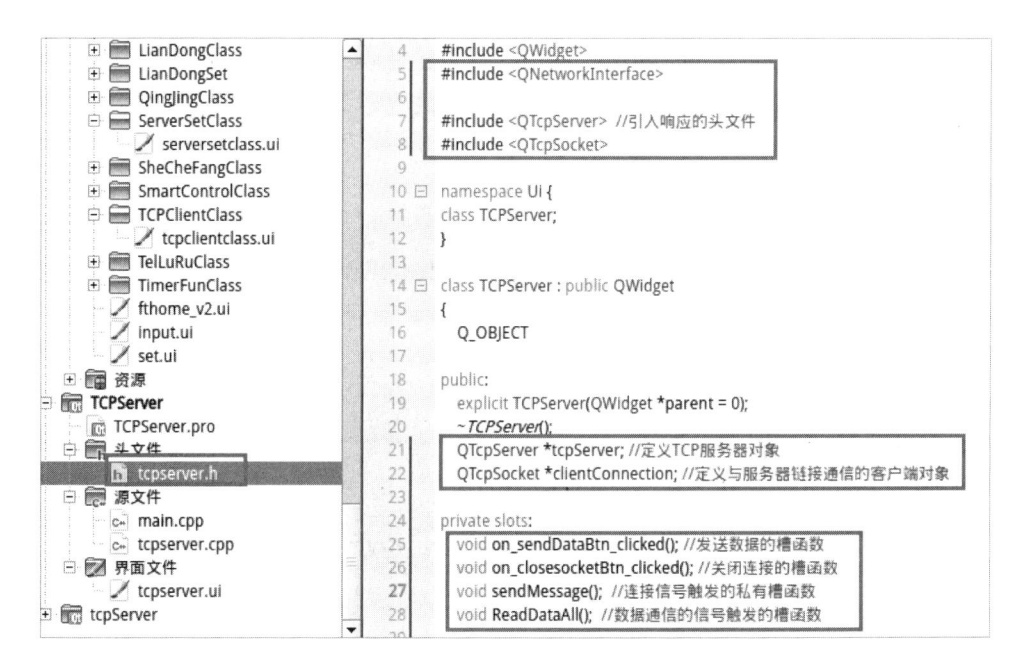

图 2-70 在对应头文件 tcpserver.h 下加载头文件、新建对象及私有槽函数

（4）在 TCPServer 源文件 tcpserver.cpp 中添加相应的功能。

① 在构造函数中获取当前网关的 IP 地址并显示，如图 2-71 所示。

② 仍在构造函数中开启服务器监听模式，如图 2-72 所示，同时建立连接信号和槽函数，显示端口号和服务器等待连接的状态。

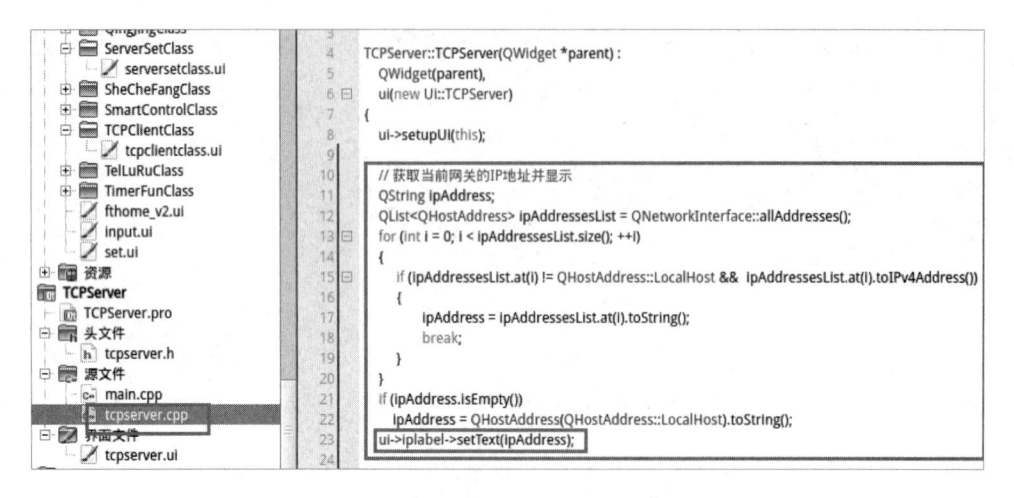

图 2-71 在构造函数中获取当前网关的 IP 地址

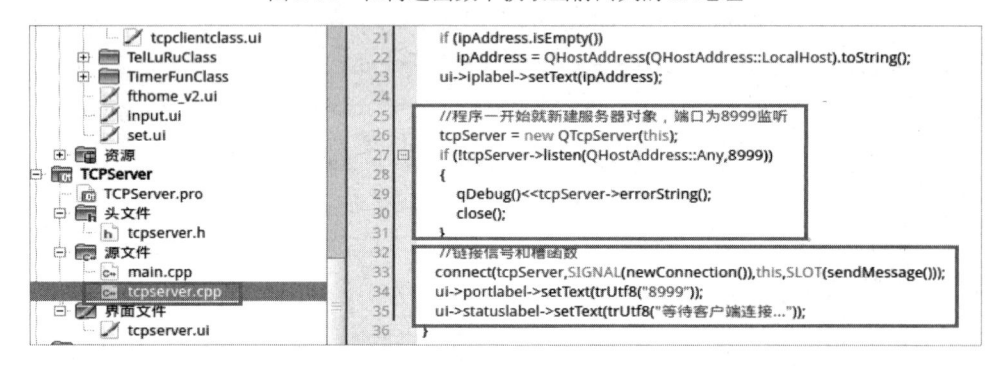

图 2-72 在构造函数中开启服务器监听模式

③ 获取连接套接字的槽函数 sendMessage()，如图 2-73 所示。一旦有客户端连接到服务器，就转到该槽函数中，继续监测是否有传输数据，一旦有数据进入，就会触发新的槽函数 ReadDataAll()。

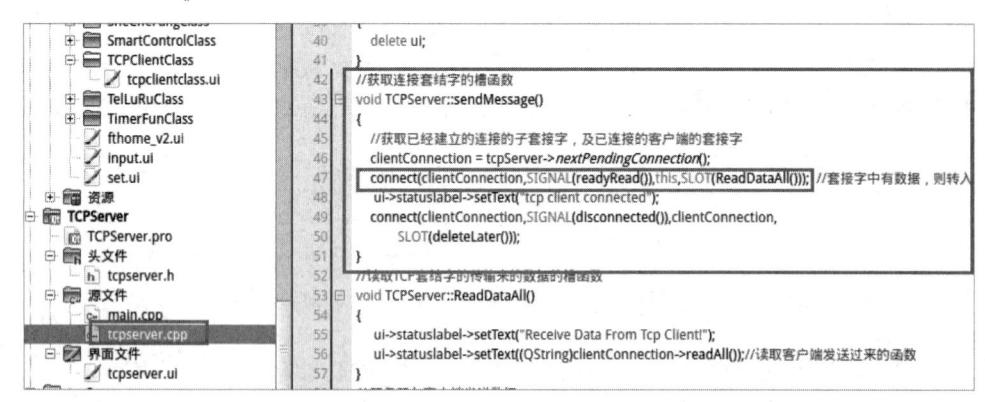

图 2-73 获取连接套接字的槽函数 sendMessage()

④ 接收数据处理。添加 ReadDataAll()槽函数，如图 2-74 所示，对接收到的数据进行处理，显示在 statuslabel 标签中。

146

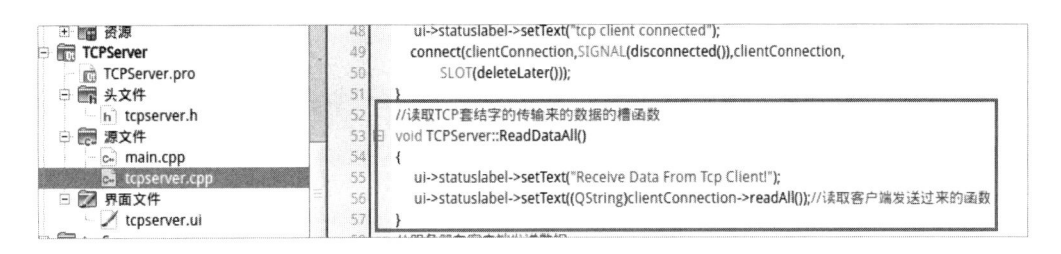

图 2-74 添加 ReadDataAll()槽函数

（5）添加"sendDataBtn"按钮的槽函数，实现服务器向客户端发送数据，如图 2-75 所示。

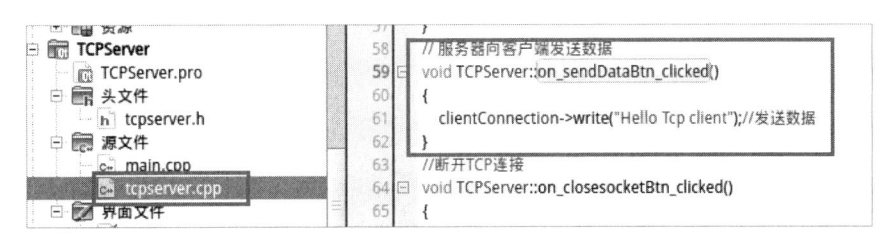

图 2-75 添加"sendDataBtn"按钮的槽函数

（6）添加"closesocketBtn"按钮的槽函数，可断开 TCP 连接，如图 2-76 所示。

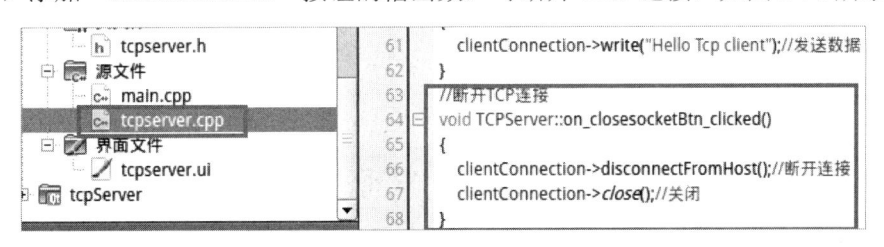

图 2-76 添加"closesocketBtn"按钮的槽函数

（7）单击"Qt Creator"界面左下角的 ![icon] 图标编译工程，将生成的可执行文件 TCPServer 放到板子上，在终端串口下执行以下命令即可。

```
./ TCPServer -qws
```

（8）运行结果。运行结果如图 2-77 所示，网关作为服务器已经处于监听状态。

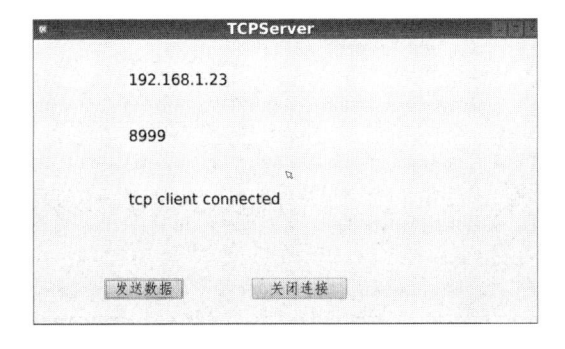

图 2-77 运行结果

通过客户端测试软件连接服务器成功，客户端显示如图 2-78 所示。

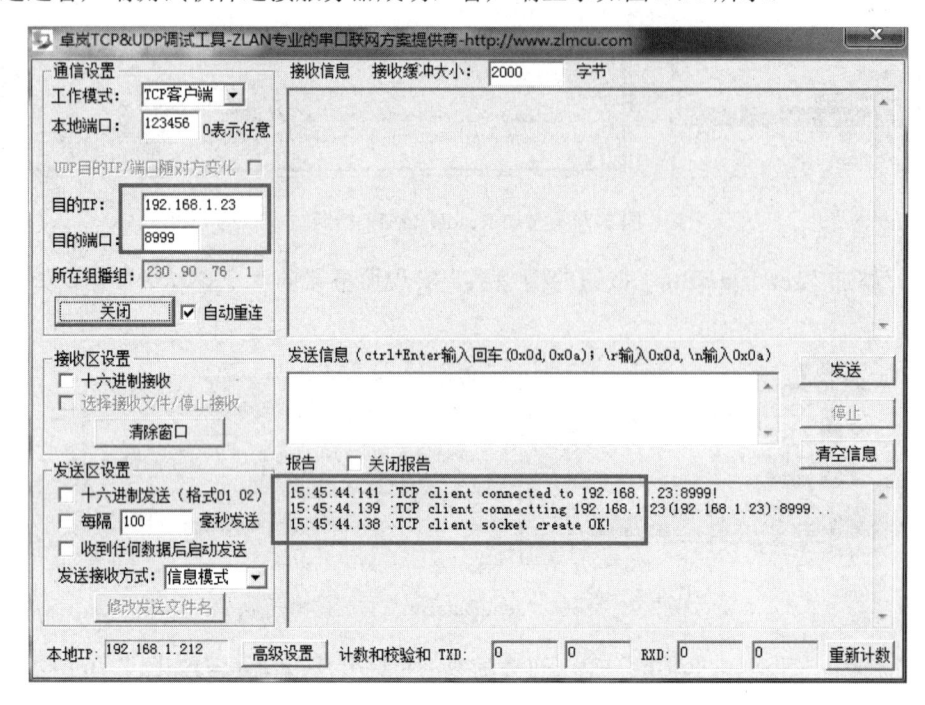

图 2-78　客户端测试软件连接服务器成功后显示

客户端向服务器发送数据，如图 2-79 所示。服务器接收数据，如图 2-80 所示。

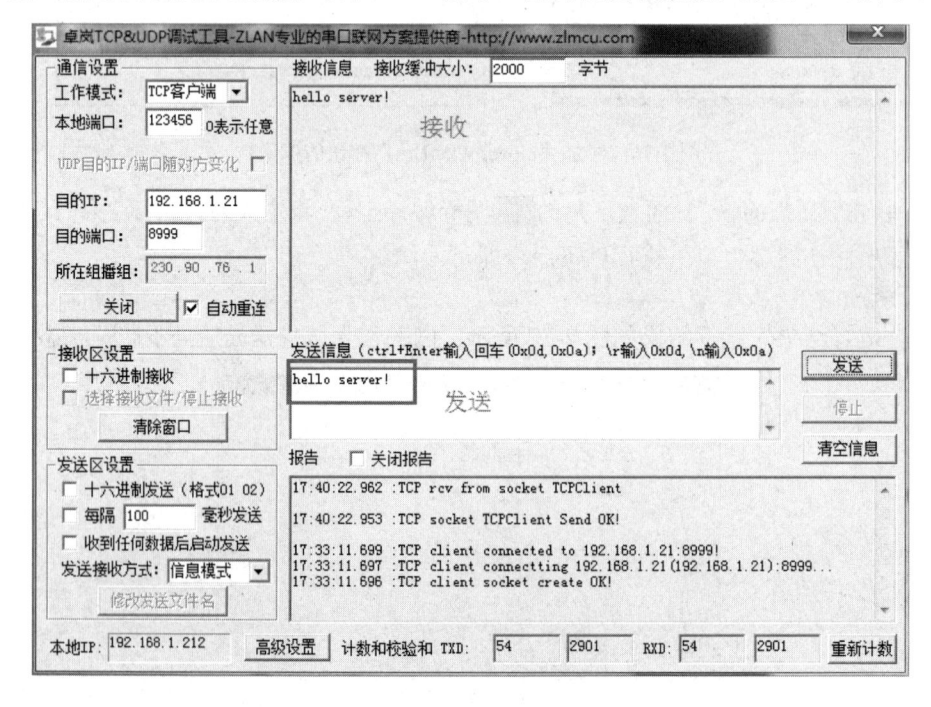

图 2-79　客户端向服务器发送数据

项目二 计算器项目的设计与实现

图 2-80 服务器接收数据

服务器端单击"发送数据"按钮，向客户端发送字符串，如图 2-81 所示。

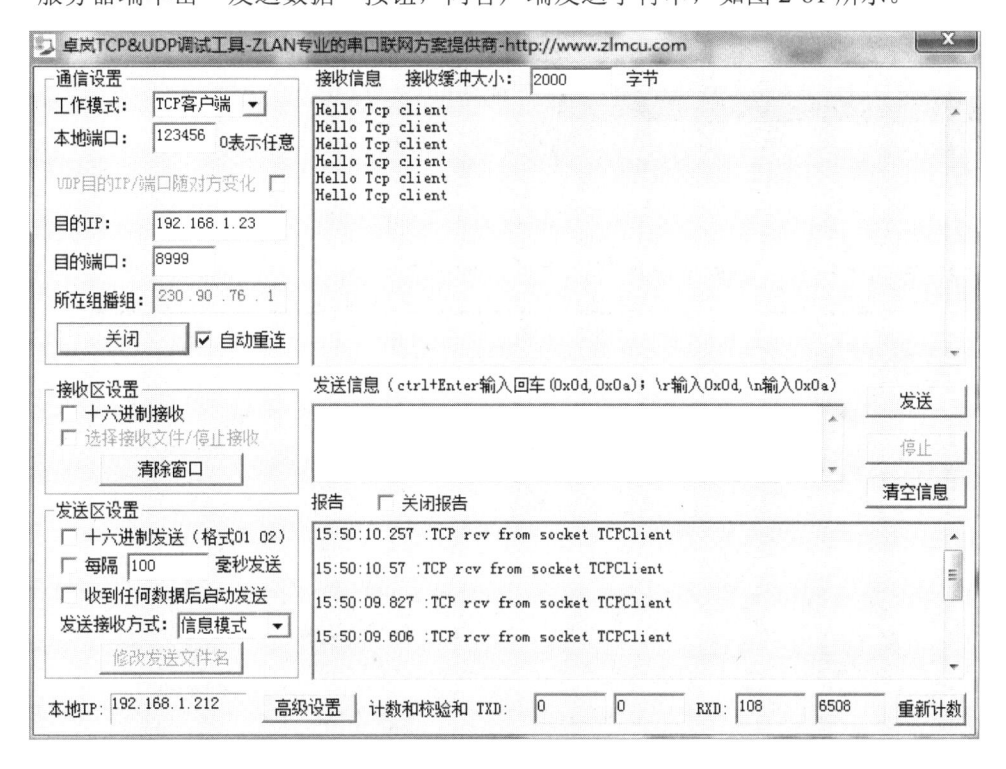

图 2-81 向客户端发送字符串

知识四 Qt下TCP通信——客户端实例

本例需要确保计算机与网关之间通过以太网连接。二者都接入路由器中，并处于同一个局域网段。网关端建立 TCP 客户端，Windows 上使用 TCP 测试工具作为服务器，二者建立连接，可以互相发送数据。

设服务器 IP 地址为 192.168.0.55，端口号为 6000。

（1）新建工程。本例新建的工程名为 tcpClient，如图 2-82 所示。

149

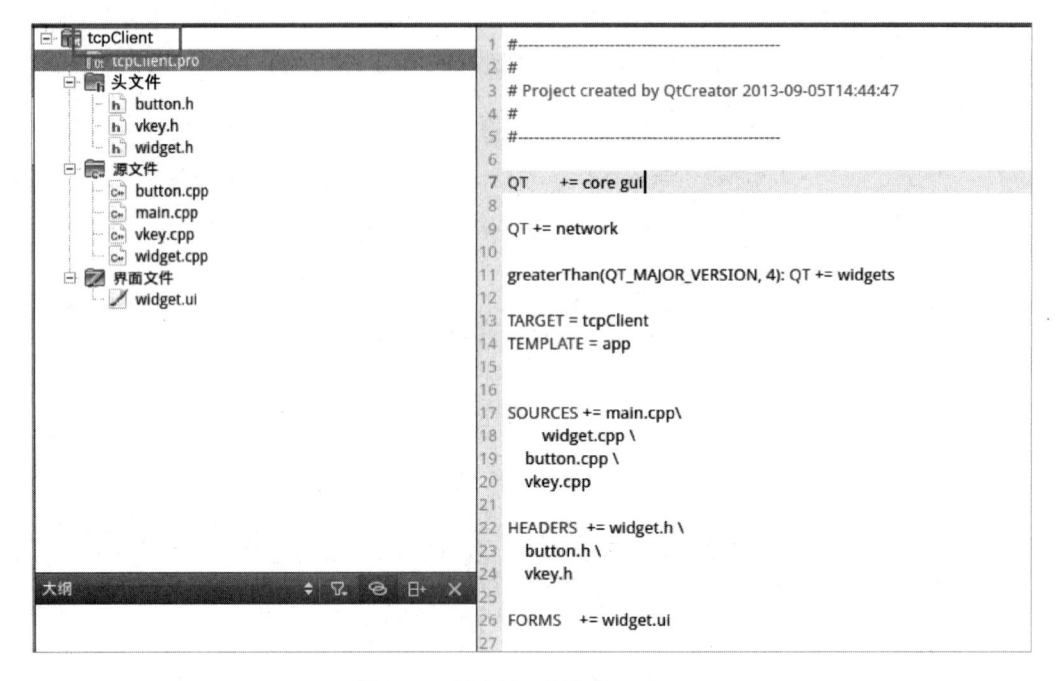

图 2-82 新建的工程名为 tcpClient

（2）编辑工程名为 tcpClient 的界面文件，如图 2-83 所示。

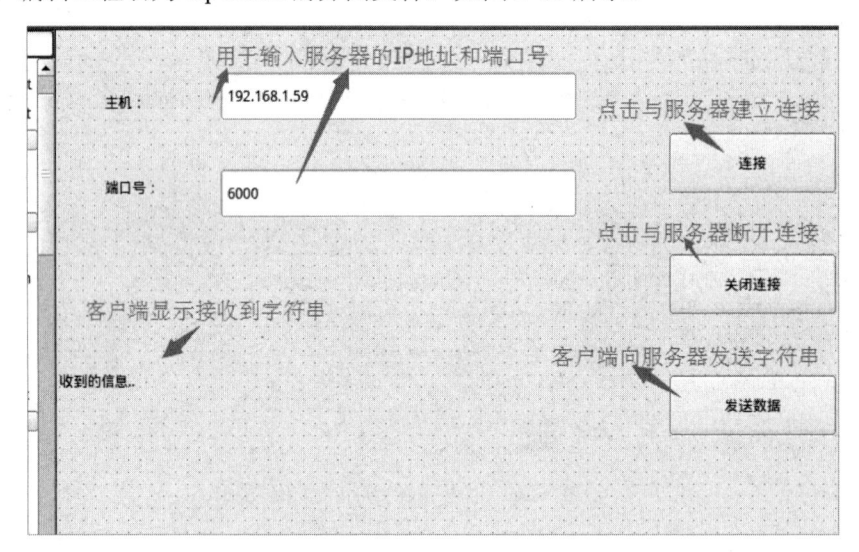

图 2-83 编辑工程名为 tcpClient 的界面文件

（3）在对应头文件 widget.h 中添加定义的套接字对象和槽函数声明，如图 2-84 所示。

（4）在源文件 widget.cpp 的构造函数中新建套接字对象，定义信号槽函数，如图 2-85 所示。

在源文件下添加 IP 地址栏、端口栏的响应函数，如图 2-86 所示，接受用户单击修改 IP 地址和端口。

```
   #include <QtNetwork>
   #include "vkey.h"

   namespace Ui {
   class Widget;
   }

   class Widget : public QWidget
   {
       Q_OBJECT

   public:
       explicit Widget(QWidget *parent = 0);
       ~Widget();

   private:
       Ui::Widget *ui;
       QTcpSocket *tcpSocket; //定义客户端套接字

       VKey *myVkey;
   private slots:
       void newConnect(); //连接服务器
       void readMessage(); //接收数据
       void displayError(QAbstractSocket::SocketError); //显示错误
       void on_pushButton_clicked(); //连接按钮的槽函数声明
       void on_hostLineEdit_selectionChanged(); //ip地址输入框
       void on_portLineEdit_selectionChanged(); //端口输入框
```

```
       void on_pushButton_clicked(); //连接按钮的槽函数声明
       void on_hostLineEdit_selectionChanged(); //ip地址输入框
       void on_portLineEdit_selectionChanged(); //端口输入框
       void on_pushButton_2_clicked(); //关闭连接按钮的槽函数声明
       void on_sendDataBtn_clicked(); //发送数据按钮的槽函数声明
```

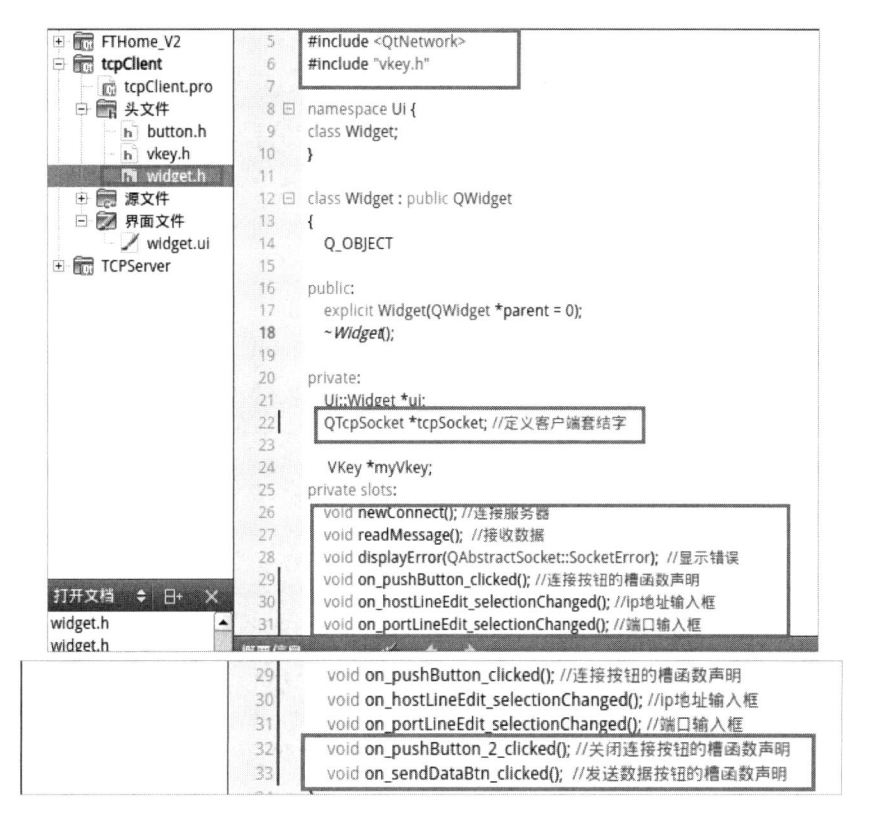

图 2-84 在对应头文件 widget.h 中添加定义的套接字对象和槽函数声明

```
   QWidget(parent),
   ui(new Ui::Widget)
   {
       ui->setupUi(this);
       myVkey = new VKey();
       tcpSocket = new QTcpSocket(this); //新建套接字对象
       connect(tcpSocket,SIGNAL(readyRead()),this,SLOT(readMessage())); //如果有数据进来,出发readMessage槽函数
       connect(tcpSocket,SIGNAL(error(QAbstractSocket::SocketError)),this,SLOT(displayError(QAbstractSocket::SocketError)));
   }
   Widget::~Widget()
   {
```

图 2-85 新建套接字对象并定义信号槽函数

```
   }
   //服务器ip地址栏修改响应函数
   void Widget::on_hostLineEdit_selectionChanged()
   {
       disconnect(myVkey,0,0,0);
       connect(myVkey,SIGNAL(setvalue(const QString &)), ui->hostLineEdit,SLOT(setText(const QString &)));
       myVkey->show();
   }
   //服务器端口栏修改响应函数
   void Widget::on_portLineEdit_selectionChanged()
   {
       disconnect(myVkey,0,0,0);
       connect(myVkey,SIGNAL(setvalue(const QString &)), ui->portLineEdit,SLOT(setText(const QString &)));
       myVkey->show();
   }
```

图 2-86 在源文件下添加 IP 地址栏、端口栏的响应函数

添加连接按钮的槽函数，如图 2-87 所示。

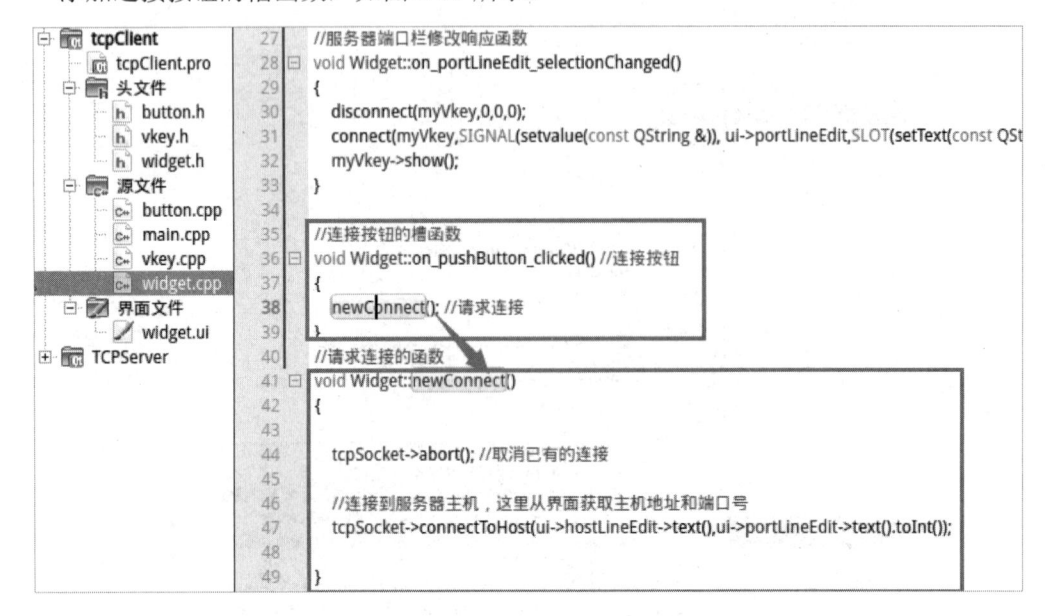

图 2-87　添加连接按钮的槽函数

添加客户端接收数据的槽函数，如图 2-88 所示，接收到后，显示在 Label 中。

图 2-88　添加客户端接收数据的槽函数

添加发送数据按钮的槽函数，如图 2-89 所示。

图 2-89　添加发送数据按钮的槽函数

添加客户端断开连接的槽函数，如图 2-90 所示。

图 2-90　添加客户端断开连接的槽函数

（5）单击"Qt Creator"界面左下角的 ▷ 图标编译工程，将生成的可执行文件 tcpClient 放到板子上，在终端串口下执行以下命令即可。

```
./ tcpClient -qws
```

（6）运行结果。运行程序，界面显示如图 2-91 所示。使用 Windows 的 TCP 测试工具搭建服务器（IP 地址为 192.168.1.59，Port 为 6000），如图 2-91 所示。

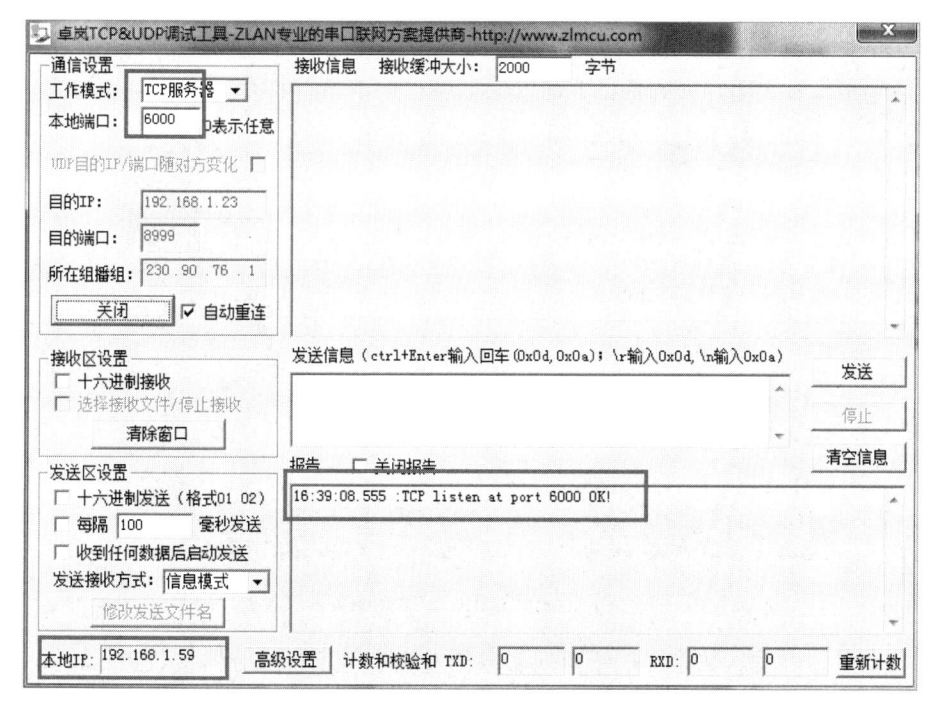

图 2-91　使用 TCP 测试工具搭建服务器

网关作为客户端，在界面上输入服务器的 IP 地址和端口号，单击"连接服务器"按钮，若服务器连接成功，如图 2-92 所示。

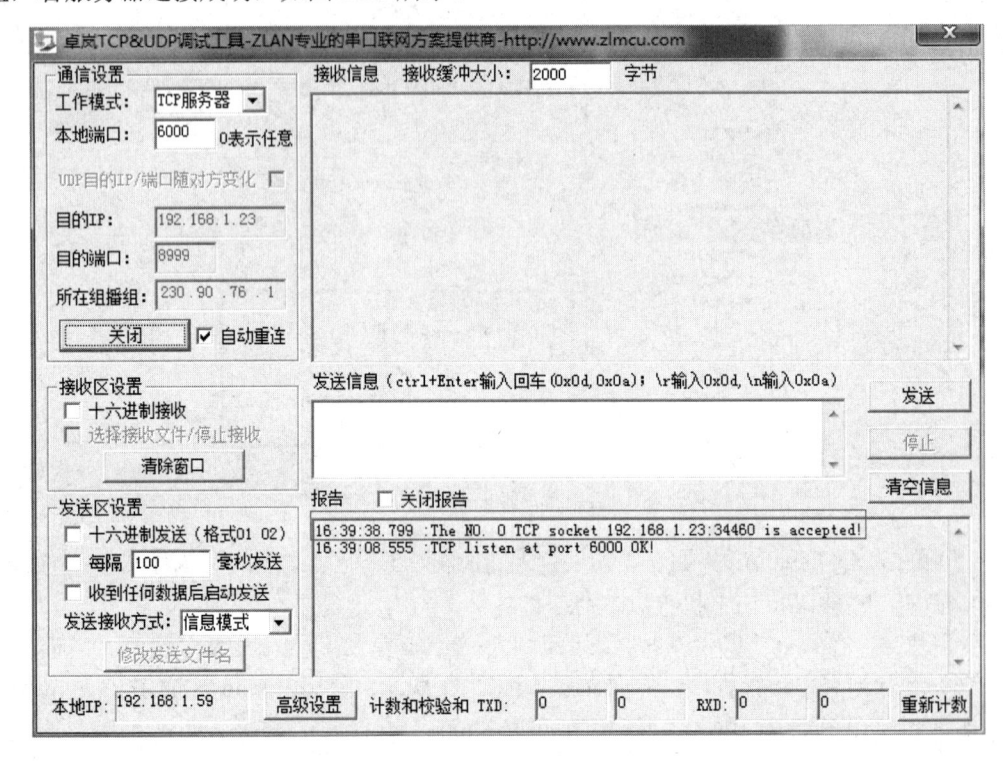

图 2-92　服务器连接成功

客户端接收服务器发来的数据并显示，如图 2-93 所示。

图 2-93　客户端接收服务器发来的数据并显示

客户端单击"发送数据"按钮，向服务器发送字符串，服务器接收显示，如图 2-94 所示。

项目二　计算器项目的设计与实现

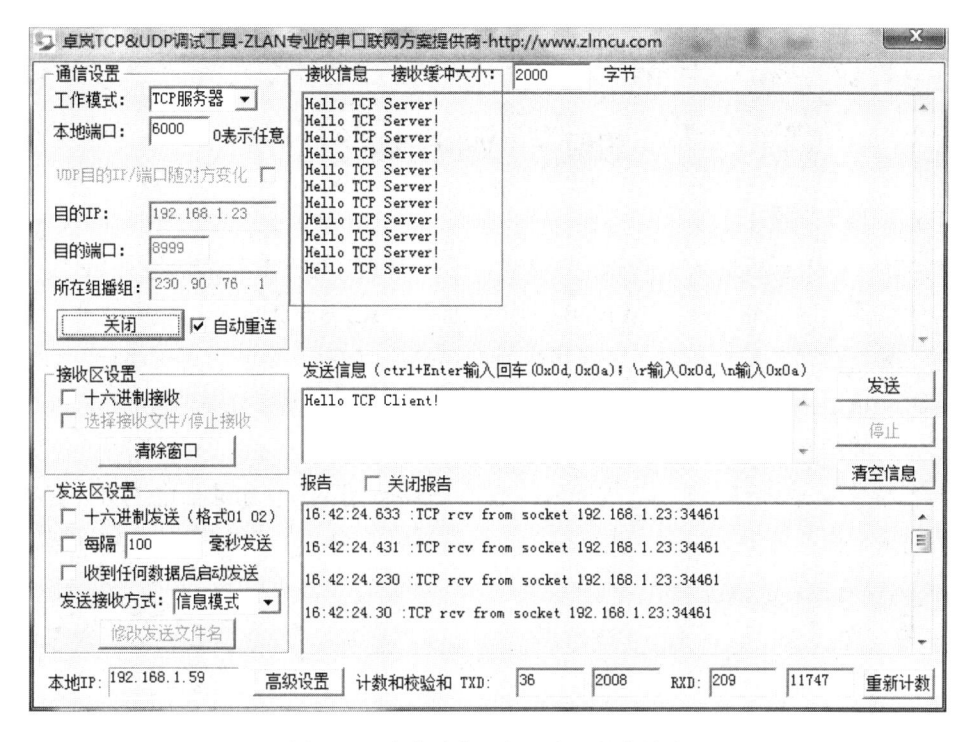

图 2-94　客户端向服务器发送的字符串

单击"关闭"按钮，客户端断开与服务器的 TCP 连接，通信终止，如图 2-95 所示。

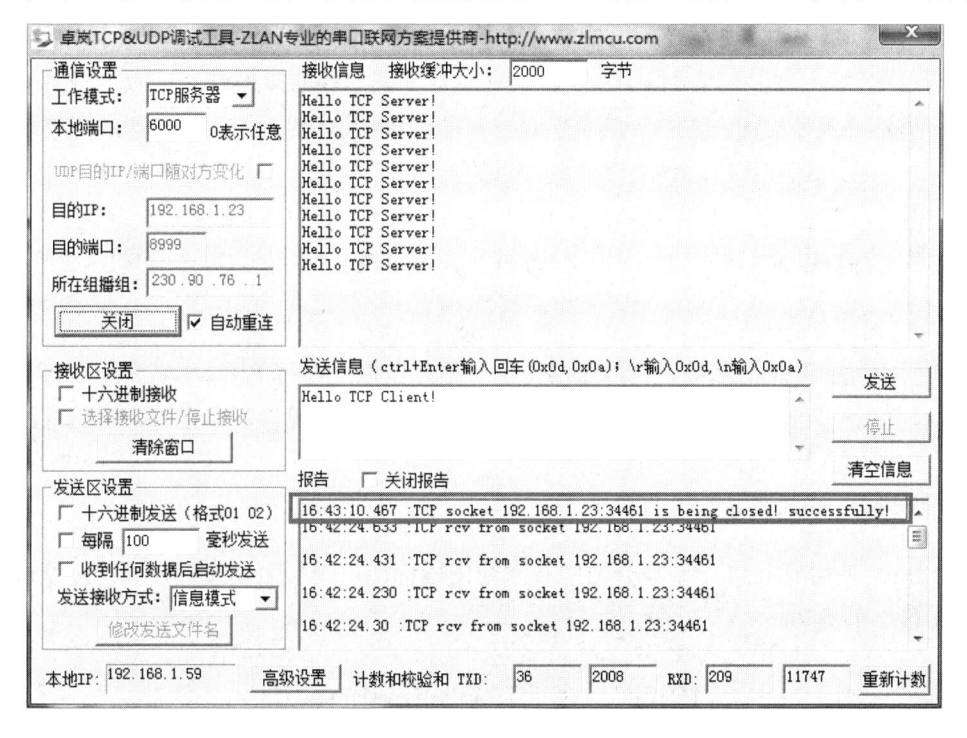

图 2-95　客户端断开与服务器的 TCP 连接

155

任务七　Qt 下 Wi-Fi 通信

知识一　Wi-Fi 简介

一、Wi-Fi 技术

Wi-Fi（Wireless Fidelity）俗称无线宽带，又叫 IEEE 802.11b 标准，是 IEEE 定义的一个无线网络通信的工业标准。IEEE 802.11b 标准是在 IEEE 802.11 的基础上发展起来的，工作在 2.4 Hz 频段，最高传输速率能够达到 11Mbit/s。该技术是一种可以将计算机、手持设备等终端以无线方式互相连接的一种技术。其目的是改善基于 IEEE 802.1 标准的无线网络产品之间的互通性。

无线局域网（Wireless LAN，WLAN）本质的特点是不再使用通信电缆将计算机与网络连接起来，而是通过无线的方式连接，从而使网络的构建和终端的移动更加灵活。

二、Wi-Fi 技术的特点

1. 无线电波覆盖范围广

基于蓝牙技术的电波覆盖范围非常小，半径大约只有 15 m，而 Wi-Fi 的半径可达 300m，适合办公室及单位楼层内部使用。

2. 组网简便

WLAN 的组建在硬件设备上的要求与有线的相比，更加简洁方便，而且目前支持 WLAN 的设备已经在市场上得到了广泛的普及，不同品牌的接入点 AP 及客户网络接口之间在基本的服务层面上都是可以实现互操作的。WLAN 的规划可以随着用户的增加而逐步扩展，在初期根据用户的需要布置少量的点。

当用户数量增加时，只需要增加几个 AP 设备，而不需要重新布线。而全球统一的 Wi-Fi 标准使其与蜂窝载波技术不同，同一个 Wi-Fi 用户可以在世界各个国家使用 WLAN 服务。

3. 业务可集成性

由于 Wi-Fi 技术在结构上与以太网完全一致，所以能够将 WLAN 集成到已有的宽带网络中，也能将已有的宽带业务应用到 WLAN 中。这样就可以利用已有的宽带有线接入资源，迅速地部署 WLAN，形成无缝覆盖。

4. 完全开放的频率使用段

WLAN 使用的 ISM 是全球开放的频率使用段，使用户端无须任何许可就可以自由使用该频段上的服务。

知识二　Qt 下 Wi-Fi 通信实例

（1）新建工程，具体新建工程可参考 "HelloWorld" 的新建工程方法，这里不再赘述。

项目二　计算器项目的设计与实现

本例新建的工程名为 WIFI_Test，如图 2-96 所示。

图 2-96　新建的工程名为 WIFI_Test

（2）编译工程名为 WIFI_Test 的文件，如图 2-97 所示，在该文件中添加 Push Button、Label、TextEdit、TableWidget 等控件。

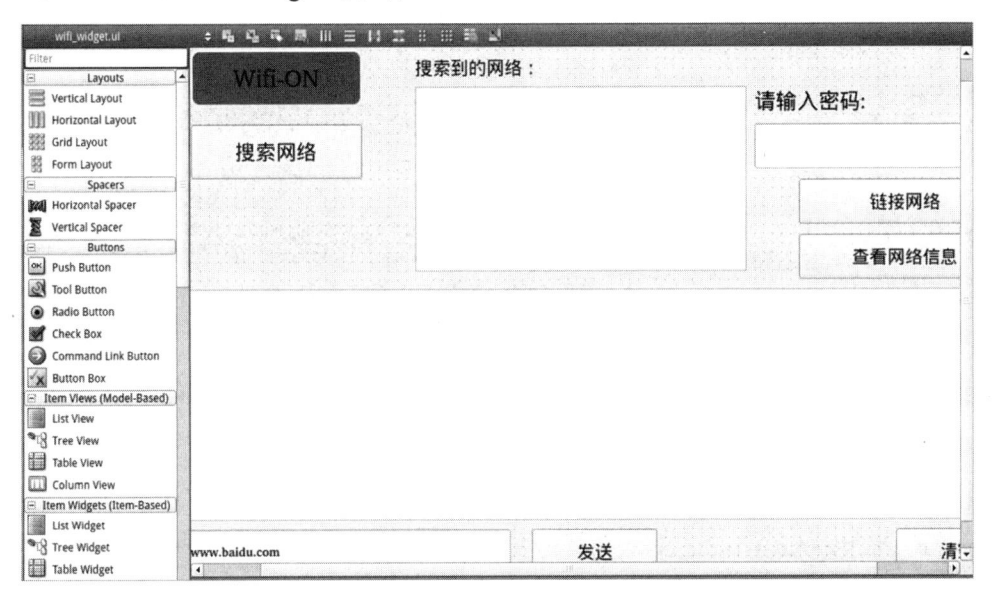

图 2-97　编译工程名为 WIFI_Test 的文件

此外，在该界面中，对"Wifi-ON"的 Push Button 控件使用了一些样式设计。

（3）添加或导入输入法类文件，如图 2-98 所示。

157

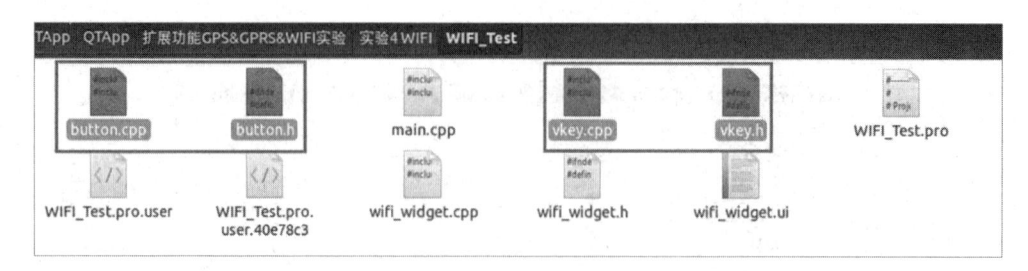

图 2-98 添加或导入输入法类文件

具体添加方法如下。

① 将该类复制到 WIFI_Test 工程的路径下，如图 2-99 所示。

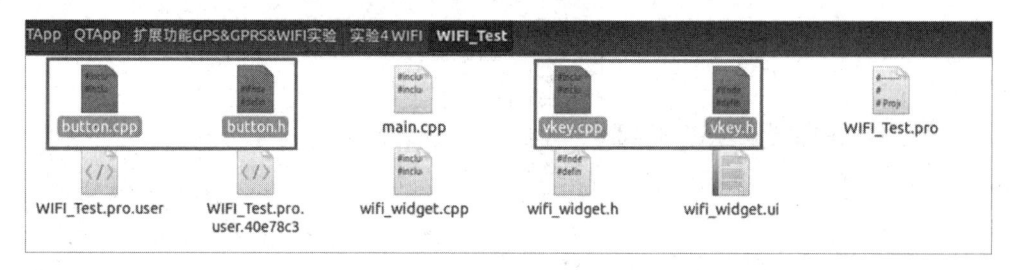

图 2-99 将该类复制到 WIFI_Test 工程的路径下

② 在"Qt Creator"界面中，选中工程名为 WIFI_Test 的文件，右击，选择"添加现有文件"选项，弹出图 2-100 所示的"添加现有文件"对话框。

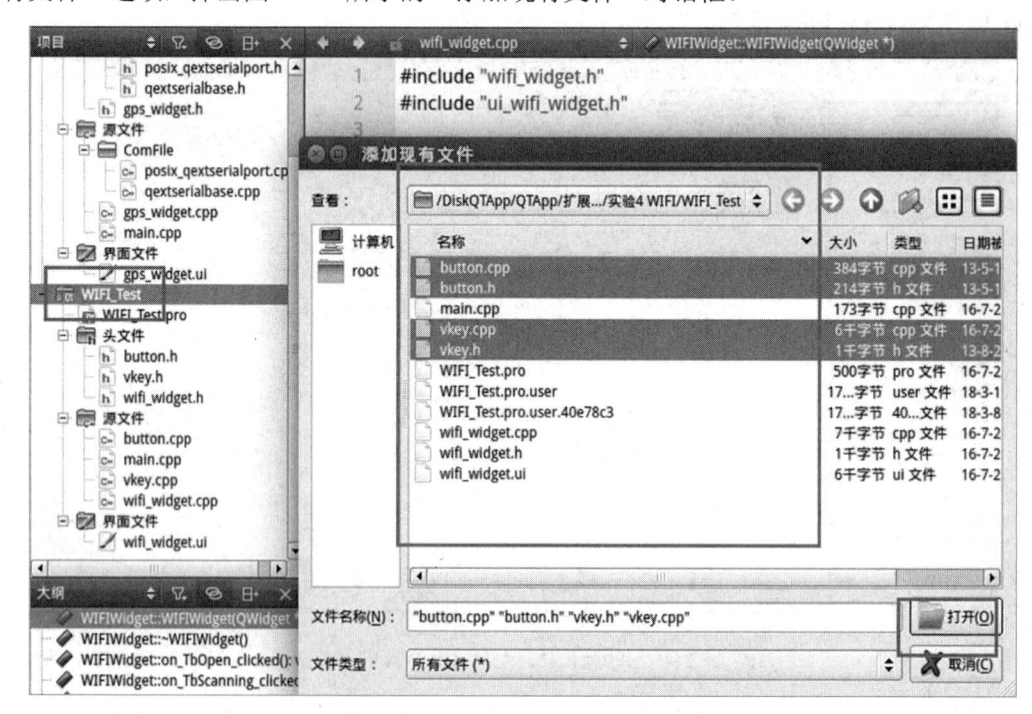

图 2-100 "添加现有文件"对话框

③ 单击"打开"按钮后就可将该文件添加到工程中,如图 2-101 所示。

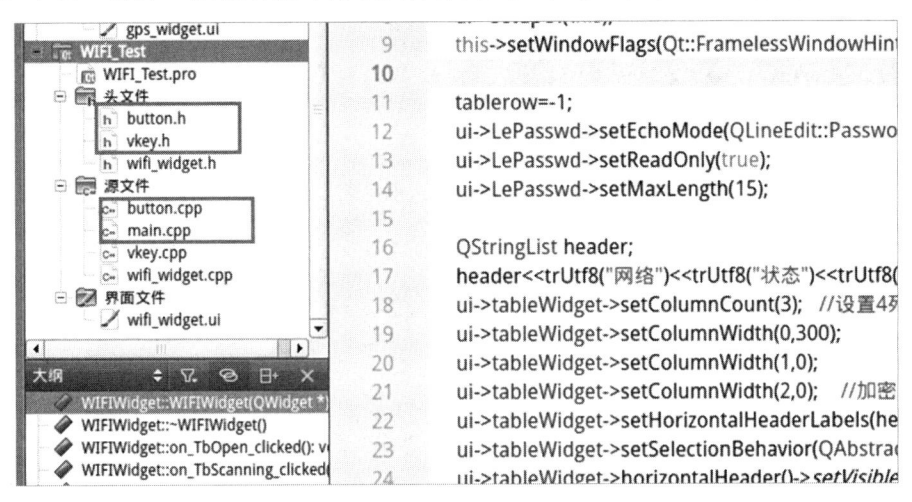

图 2-101 将文件添加到工程中

(4) 开启 Wi-Fi,即"WIFI-ON"按钮的功能函数。

备注:在打开 Wi-Fi 之前,要将有线网络功能关闭。

```
void WIFIWidget::on_TbOpen_clicked()
{
    ::system("ifconfig eth0 down");        // 关闭有线网络功能
    msleep(1000);

    ::system("ifconfig wlan0 up");         // 打开无线网 Wi-Fi
    QString info = "";
    QList<QNetworkInterface>list=QNetworkInterface::allInterfaces();
    foreach(QNetworkInterface interface,list)
    {
        if (interface.name().compare("wlan0")==0 )
        {
            info += "Device:" + interface.name()+"\n";
            info += "HardwareAddress:" + interface.hardwareAddress()+"\n";
            QList<QNetworkAddressEntry>entryList=interface.addressEntries();

            foreach(QNetworkAddressEntry entry,entryList)
            {
                info += entry.ip().toString()+"\n";
                info += entry.netmask().toString()+"\n";
                info += entry.broadcast().toString()+"\n";
            }
            info += "\n";
        }
```

```
        }
        ui->textEdit->setText(info);
        ui->TbOpen->setText("Wifi-OK");
        ui->messageLabel->setText(trUtf8("Wifi-ON 开启成功，请开始搜索网络"));
        return;
}
```

（5）搜索 Wi-Fi，即"搜索 Wi-Fi 网络"按钮的功能函数，搜索到的 Wi-Fi 网络名会在列表中显示出来。

```
void WIFIWidget::on_TbScanning_clicked()
{
    ::system("iwlist wlan0 scan > /tmp/tmp &");
    msleep(5000);

    for(int i=0;i<ui->tableWidget->rowCount();i++)
    {
        ui->tableWidget->removeRow(i);
    }
    QFile pp("/tmp/tmp");
    if(!pp.open(QFile::ReadOnly | QIODevice::Text))
    {
        qDebug()<<"can\'t open the file."<<endl;
    }
    ui->textEdit->clear();
    int Row=-1;
    while(!pp.atEnd())
    {
        QByteArray line = pp.readLine();
        ui->textEdit->insertPlainText(line);
        //处理这一行数据
        if( line.contains("Encryption ") )
        {
            Row++;
            qDebug()<<"sum = "<<Row+1;
            QByteArray name = pp.readLine();
            qDebug()<<"name:"<<name;
            ui->textEdit->insertPlainText(name);
            int count=0;
            int first=0;
            for(int i=0;i<name.size();i++)
            {
                if(first)
                    count++;
                if(name.at(i) == '\"')
                {
```

```
                    if(!first)
                        first = i+1;
                    else break;
                }
            }
            name = name.mid(first,count-1);
            qDebug()<<"first="<<first;
            qDebug()<<"count="<<count;
            qDebug()<<QString(name)<<endl;

            ui->tableWidget->setRowCount(Row+1);
            ui->tableWidget->setItem(Row, 0, new QTableWidgetItem(QString(name)));
            ui->tableWidget->setRowHeight(Row, 36);
        }
    }
    ui->TbScanning->setText(trUtf8("搜索成功"));
    ui->messageLabel->setText(trUtf8("搜索成功，请选择右边搜索到的Wi-Fi单击，并在最右边输入正确密码"));
}
```

（6）连接需要连接的 Wi-Fi 网络，这时就需要输入 Wi-Fi 密码。

选中 Wi-Fi 名称，在右边编辑框内输入 Wi-Fi 密码。这里还定义一个定时器，用来实时刷新提示网络连接消息。该定时器只在连接网络时打开，连接成功后关闭。

```
void WIFIWidget::on_TbConnect_clicked()
{
    if(tablerow<0)
    {
        QMessageBox::warning(0,trUtf8("提示"),trUtf8("您未选择网络！！"));
        return;
    }
    ui->TbConnect->setEnabled(false);
    myTimer_connect->start(1000);    //定时器打开
    ui->messageLabel->setText(trUtf8("连接网络中，请耐心等待，链接成功下面文本框中会出现成功提示"));
    QString name = ui->tableWidget->item(ui->tableWidget->currentRow(),0)->text();
    QString key = ui->LePasswd->text();
    qDebug()<<"name:"<<name<<"key:"<<key;
    ui->LePasswd->clear();
    if( key.count() == 0 )
    {
        qDebug()<<"key no";
        QString cmdStr = "iwconfig wlan0 essid "+name;
        const char * command = cmdStr.toAscii().data();
        ::system(command);
    }
```

```
    else
    {
        qDebug()<<"key yes"<<"name:"<<name<<"key:"<<key;
        QString cmdStr = "wlan.sh "+name+" "+key;
        const char * command = cmdStr.toAscii().data();
        ::system(command);
    }
    sleep(5);
    ::system("udhcpc -iwlan0");
    ui->TbConnect->setEnabled(true);
    ui->TbConnect->setText(trUtf8("链接成功"));
    ui->textEdit->setText(trUtf8(" 无线网络链接成功,可查看网络信息"));
    ui->messageLabel->setText(trUtf8("链接成功,可 ping 外网测试数据或查看网络连接信息"));
    myTimer_connect->stop();             //定时器关闭
    tablerow=-1;
}
```

(7) 若连接 Wi-Fi 网络成功则可以查看 Wi-Fi 网络信息。

```
void WIFIWidget::on_TbLockIntnet_clicked()
{
    ui->messageLabel->setText(trUtf8("查看无线网络链接文件中,请耐心等待数据返回信息..."));
    QFile pp("/etc/wpa_supplicant.conf");
    pp.open(QFile::ReadOnly);
    QString a = pp.readAll();
    ui->textEdit->setText(a);
    msleep(1000);
    ::system("wpa_supplicant -B -iwlan0 -c /etc/wpa_supplicant.conf > /tmp/tmp1 &");
    msleep(5000);
    ::system("iwconfig wlan0 > /tmp/tmp2 &");
    msleep(3000);
    QFile pp2("/tmp/tmp2");
    pp2.open(QFile::ReadOnly);
    QString a2 = pp2.readAll();
    ui->textEdit->setText(a2);
    ui->messageLabel->setText(trUtf8("无线网络链接信息返回成功"));
}
```

(8) Wi-Fi 连接成功后,还可以测试百度网页能不能 ping 通。

```
void WIFIWidget::on_Pb_Send_clicked()
{
    QString str1,str2;
    str1=ui->lineEdit->text();
    str2=str1+" > /tmp/tmp1 &";
    QByteArray byte = str2.toAscii();
    const char * command = byte.data();
```

```
    ::system(command);
    msleep(10000);
    QFile pp("/tmp/tmp1");
    pp.open(QFile::ReadOnly);
    QString a = pp.readAll();
    ui->textEdit->setText(a);
}
```

如果在连接 Wi-Fi 网络后，ping 通百度网页，就证明当前 Wi-Fi 网络连接成功。

（9）运行结果。做实验前先确保 A9 主机连接上 Wi-Fi 模块，确保当前环境内有可用的 Wi-Fi 网络，这时将 A9 上电，打开 WIFI_Test 工程后，显示如图 2-102 所示内容。

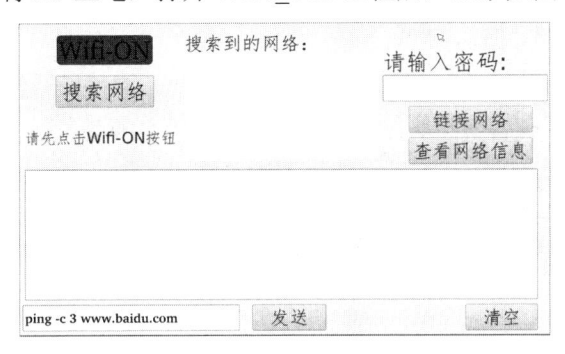

图 2-102　WIFI_Test 工程显示内容

① 单击"Wifi-ON"按钮，这时将打开 Wi-Fi 网络。

② 打开 Wi-Fi 网络后，单击"搜索网络"按钮，这时开始搜索附近区域内的 Wi-Fi 网络，若搜索到了，则自动把搜索到的 Wi-Fi 网络名显示在"搜索到的网络"列表内。

③ 这时选择要连接的 Wi-Fi 网络名，在编辑框内输入相应的 Wi-Fi 密码后，单击"链接网络"按钮，即可与 Wi-Fi 网络连接。这一步需要稍等一会儿。连接 Wi-Fi 网络的匹配验证过程需要时间。

④ 若提示 Wi-Fi 网络连接成功后，则可单击"查看网络信息"按钮，这时可以将连接的 Wi-Fi 网络信息输出显示出来。另外，也可单击"发送"按钮来验证百度首页是否能够 ping 通。若能 ping 通，则表示当前 A9 连接 Wi-Fi 网络成功。

任务八　计算器的设计与实现

【实验目的】

1．熟悉 Qt Creator 的简单操作。

2．了解 Qt 程序编写框架。

3．了解信号和槽机制，熟练掌握信号和槽在应用程序中的使用。

【实验设备】

装有 Linux 系统或装有 Linux 虚拟机的计算机一台。

【实验要求】

1. 学习简单的 Qt 类的使用，如 QLineEdit、QPushButton 等。

2. 用 Qt Creator 创建工程，用 Qt 编写计算器程序。

【实验原理】

1. Linux 下 Qt 编写的简易计算器特点

本实验是采用 Qt 编写的一个计算器程序，由于 Qt 是一个跨平台的 C++图形用户界面应用程序框架，因此它为应用程序开发者提供建立艺术级的图形用户界面所需的所用功能。Qt 作为面向对象的软件开发工具，它使用信号和槽机制来进行对象间的通信。信号和槽机制是 Qt 的一个核心特征，也是 Qt 与其他工具包不同的部分。Qt 的信号和槽机制可以保证如果把一个信号和一个槽连接起来，那么槽会在正确的时间使用信号的参数而被调用，信号和槽可以使用任何数量、任何类型的参数。Qt 运行速度快、执行效率高，再加上它提供了一组更容易理解的 GUI 类，信号和槽易使用，它所拥有的插入体系结构使得我们可以将代码加载到一个应用中而无须进行重新编译或重连接等，为我们本次的设计增色不少，能使图形界面看起来更加舒服，使用起来更加灵活。

2. 系统流程图

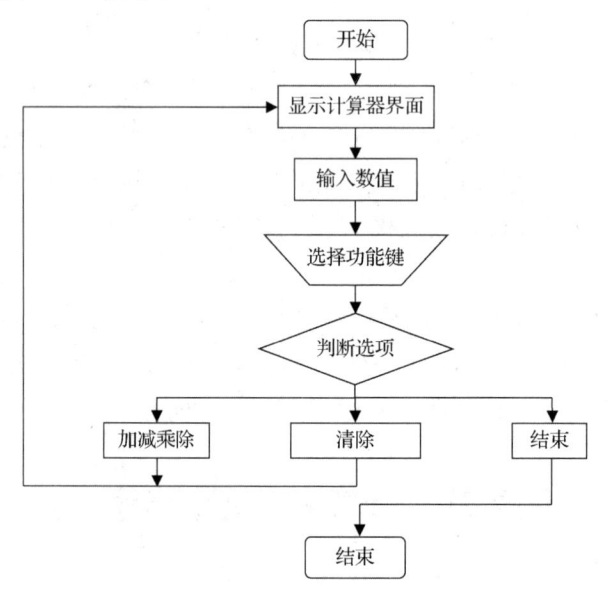

系统流程图如图 2-103 所示。

图 2-103　系统流程图

【实验步骤】

1. 创建工程

（1）打开 Qt Creator，如图 2-104 所示。

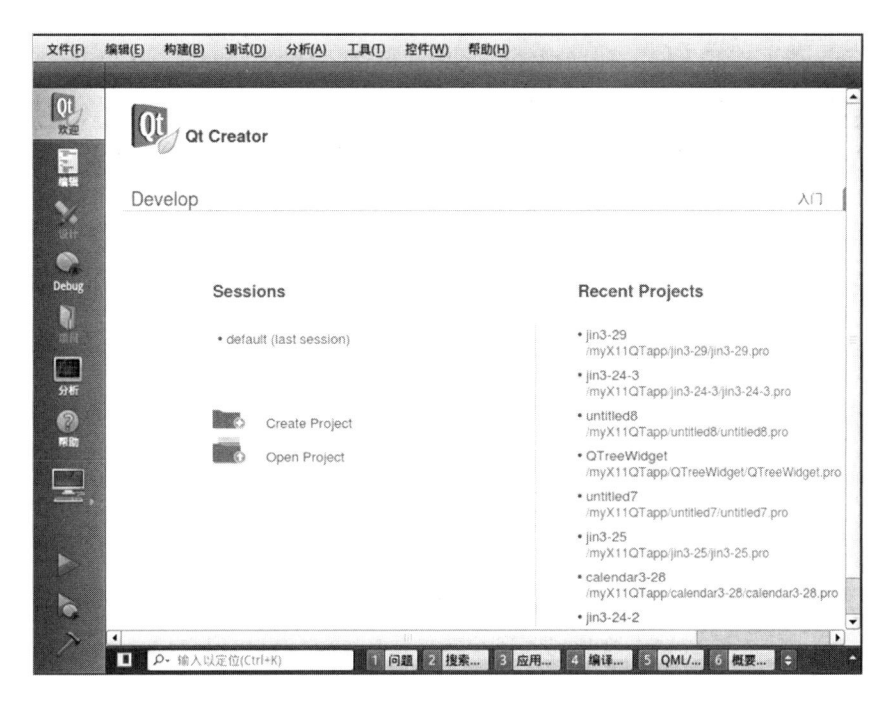

图 2-104　打开 Qt Creator

（2）先选择"文件"选项卡下的"新建文件或项目"选项，再在弹出的"新建"对话框中选择"应用程序"选项，选择"Qt Gui 应用"选项（见图 2-105），然后单击"选择"按钮。

图 2-105　选择"Qt Gui 应用"选项

(3) 定义新工程的工程名并选择保存路径（见图 2-106），单击"下一步"按钮。

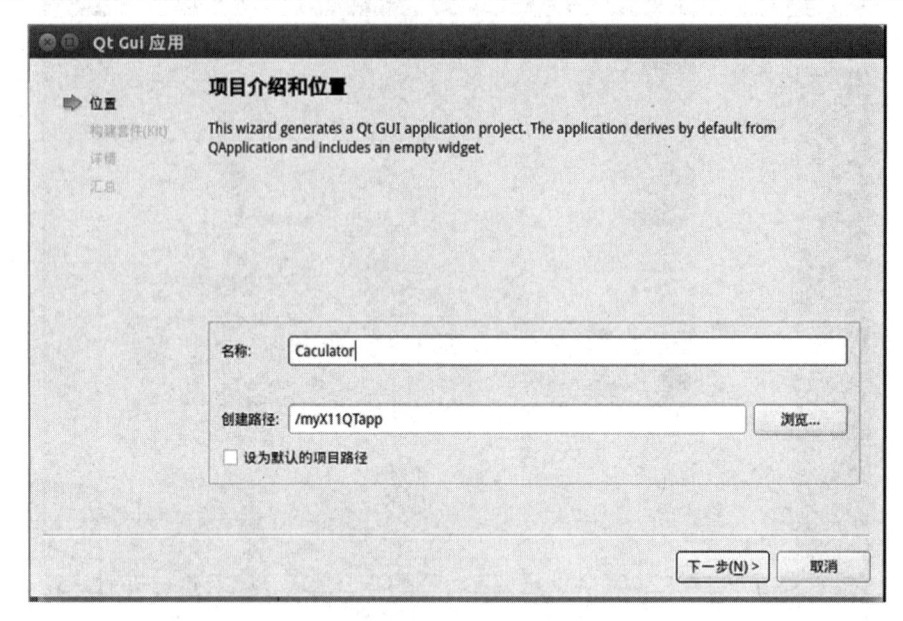

图 2-106　定义新工程的工程名并选择保存路径

(4) 选择构建套件，这里勾选"X11Qt-4.8.5"复选框，如图 2-107 所示，单击"下一步"按钮。

图 2-107　选择构建套件

(5) 选择基类，这里选择 QWidget，如图 2-108 所示，单击"下一步"按钮。

(6) 完成新工程的建立，如图 2-109 所示。

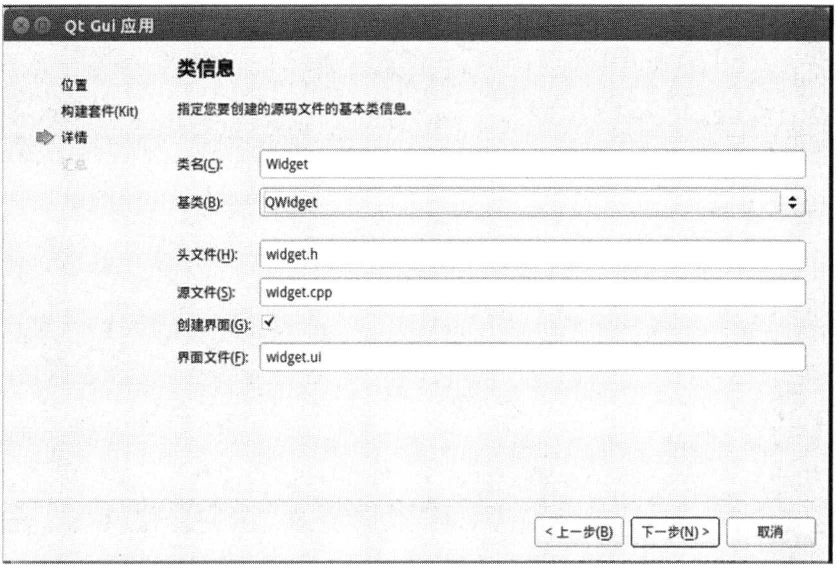

图 2-108 选择基类

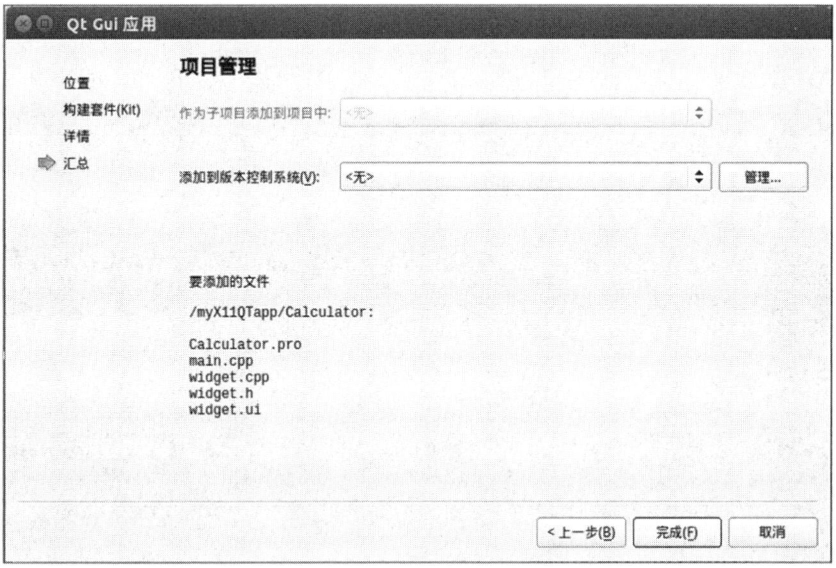

图 2-109 完成新工程的建立

2. 计算器程序的实现

计算器程序的实现主要分为以下两部分：一是实现计算器的图形界面；二是实现按键事件和该事件对应的功能绑定，即信号和对应处理槽函数的绑定。

（1）计算器图形界面的实现。

简单起见，本实验仅完成加法运算。通过分析计算器的功能可知，需要 13 个 Push Button、3 个 Line Edit 和 1 个 Label，同时考虑到整体的排布，还需要运用 QHBoxLayout 和 QVBoxLayout。通过组织这些类可以实现一个简单的带有数字 0～9，能进行加法运算且具有清屏功能的计算器。对于这些类的具体操作会在后面的代码中详细说明。

双击界面文件（见图 2-110）进入 Qt 设计器，如图 2-111 所示。

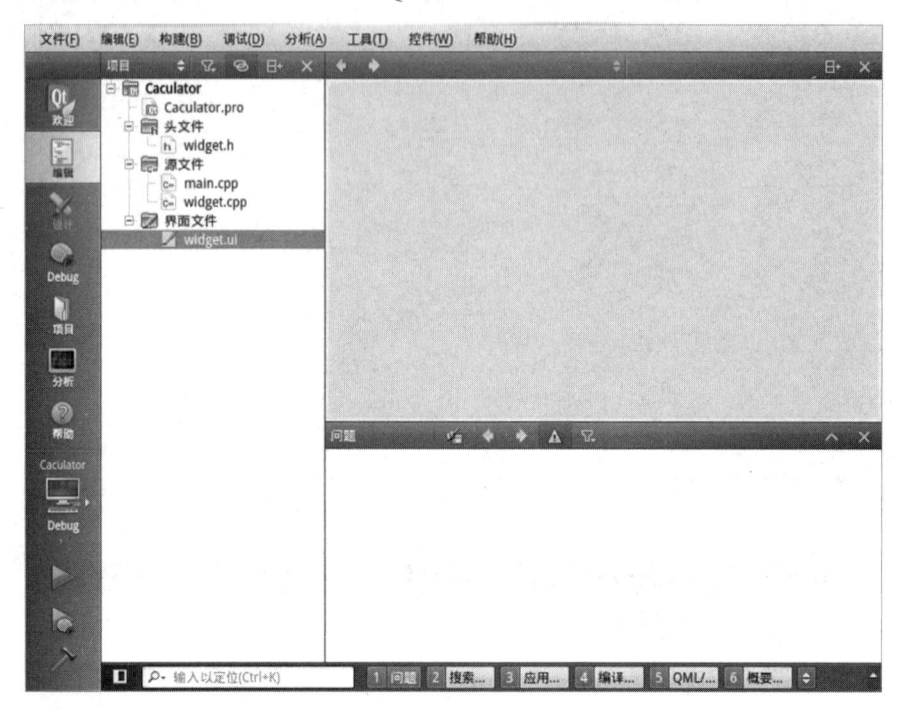

图 2-110　双击界面文件

图 2-111　Qt 设计器

在 Qt 设计器中，我们加入 3 个 LineEdit，分别用于存入加数、被加数和结果，并修改对象名，分别为 firstlineEdit、secondlineEdit 和 resultlineEdit；加入 13 个 Push Button，分别修改文本为"0~9""=""CLR"和"EXIT"，分别修改对象名为 pushButton_0~pushButton_9、pushButton_10、pushButton_11 和 pushButton_12；加入 1 个 Label，修改文本为"+"，并将以上对象进行水平布局和垂直布局得到计算器界面，如图 2-112 所示。

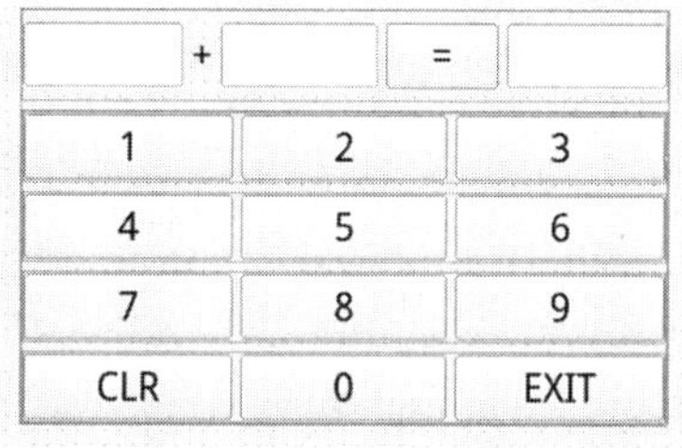

图 2-112 计算器界面

（2）信号和对应槽函数的绑定。

分析计算器的按键。我们可以把按键事件分为以下三类：一是简单的数字按键，主要进行数字的录入，这类按键包括按键"0"～"9"；二是运算操作键，进行数学运算和结果的显示，这类按键是"="；三是清屏和退出操作键，用于显示框显示信息的清除及计算器界面的退出，这类按键包括"CLR"和"EXIT"。

2. 计算器程序源码的分析说明

（1）对 Calculator.h 源码的简要说明如下。

```
#ifndef WIDGET_H
#define WIDGET_H

#include <QWidget>

namespace Ui {
class Widget;
}

class Widget : public QWidget
{
    Q_OBJECT

public:
    explicit Widget(QWidget *parent = 0);
    ~Widget();

private slots: //定义各个按键按下后对应操作处理的槽函数
    void on_pushButton_clicked();
```

```cpp
    void on_pushButton_1_clicked();
    void on_pushButton_2_clicked();
    void on_pushButton_3_clicked();
    void on_pushButton_4_clicked();
    void on_pushButton_5_clicked();
    void on_pushButton_6_clicked();
    void on_pushButton_7_clicked();
    void on_pushButton_8_clicked();
    void on_pushButton_9_clicked();
    void on_pushButton_0_clicked();
    void on_pushButton_11_clicked();
    void on_pushButton_12_clicked();
    void on_firstlineEdit_lostFocus();
    void on_secondlineEdit_lostFocus();

private:
    Ui::Widget *ui;
};

#endif // WIDGET_H
```

（2）Calculator.cpp 中的部分代码如下。

```cpp
#include "widget.h"
#include "ui_widget.h"
bool x_selected,y_selected;

Widget::Widget(QWidget *parent) :
    QWidget(parent),
    ui(new Ui::Widget)
{
    ui->setupUi(this);
}

Widget::~Widget()
{
    delete ui;
}

void Widget::on_pushButton_clicked()
{
    int first=ui->firstlineEdit->text().toInt();
    int second=ui->secondlineEdit->text().toInt();
    int result=first+second;
    ui->resultlineEdit->setText(QString::number(result));
}
```

```cpp
void Widget::on_firstlineEdit_lostFocus()
{
    x_selected=true;
    y_selected=false;
}

void Widget::on_secondlineEdit_lostFocus()
{
    x_selected=false;
    y_selected=true;
}

void Widget::on_pushButton_1_clicked()
{
    if(x_selected)
        ui->firstlineEdit->setText(ui->firstlineEdit->text()+"1");
    else
     if(y_selected)
        ui->secondlineEdit->setText(ui->secondlineEdit->text()+"1");
}

void Widget::on_pushButton_2_clicked()
{
    if(x_selected)
        ui->firstlineEdit->setText(ui->firstlineEdit->text()+"2");
    else
     if(y_selected)
        ui->secondlineEdit->setText(ui->secondlineEdit->text()+"2");
}

void Widget::on_pushButton_3_clicked()
{
    if(x_selected)
        ui->firstlineEdit->setText(ui->firstlineEdit->text()+"3");
    else
     if(y_selected)
        ui->secondlineEdit->setText(ui->secondlineEdit->text()+"3");
}

void Widget::on_pushButton_4_clicked()
{
    if(x_selected)
        ui->firstlineEdit->setText(ui->firstlineEdit->text()+"4");
    else
     if(y_selected)
        ui->secondlineEdit->setText(ui->secondlineEdit->text()+"4");
```

```cpp
}

void Widget::on_pushButton_5_clicked()
{
    if(x_selected)
        ui->firstlineEdit->setText(ui->firstlineEdit->text()+"5");
    else
    if(y_selected)
        ui->secondlineEdit->setText(ui->secondlineEdit->text()+"5");
}

void Widget::on_pushButton_6_clicked()
{
    if(x_selected)
        ui->firstlineEdit->setText(ui->firstlineEdit->text()+"6");
    else
    if(y_selected)
        ui->secondlineEdit->setText(ui->secondlineEdit->text()+"6");
}

void Widget::on_pushButton_7_clicked()
{
    if(x_selected)
        ui->firstlineEdit->setText(ui->firstlineEdit->text()+"7");
    else
    if(y_selected)
        ui->secondlineEdit->setText(ui->secondlineEdit->text()+"7");
}

void Widget::on_pushButton_8_clicked()
{
    if(x_selected)
        ui->firstlineEdit->setText(ui->firstlineEdit->text()+"8");
    else
    if(y_selected)
        ui->secondlineEdit->setText(ui->secondlineEdit->text()+"8");
}

void Widget::on_pushButton_9_clicked()
{
    if(x_selected)
        ui->firstlineEdit->setText(ui->firstlineEdit->text()+"9");
    else
    if(y_selected)
        ui->secondlineEdit->setText(ui->secondlineEdit->text()+"9");
}
```

```cpp
void Widget::on_pushButton_0_clicked()
{
    if(x_selected)
       ui->firstlineEdit->setText(ui->firstlineEdit->text()+"0");
    else
     if(y_selected)
       ui->secondlineEdit->setText(ui->secondlineEdit->text()+"0");
}

void Widget::on_pushButton_11_clicked()
{
    ui->firstlineEdit->setText("");
    ui->secondlineEdit->setText("");
    ui->resultlineEdit->setText("");
}

void Widget::on_pushButton_12_clicked()
{
    close();
}
```

3．运行结果

光标移至第一个输入框，单击键盘输入 14；光标移至第二个输入框，单击键盘输入 57；单击"="键，可以在第三个输入框中得到结果 71，如图 2-113 所示。

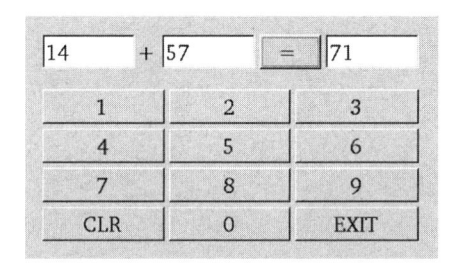

图 2-113　运行结果

单击"CLR"键可以清空三个输入框里的数据，单击"EXIT"键可以退出计算器。

思考与练习

一、判断题

1．在 QT 中 Qwidget 不可以作为应用程序的窗体。　　　　　　　　　　（　　）
2．在创建窗体部件的时候，窗体部件通常不会显示出来。　　　　　　　（　　）
3．布局管理器不是一个窗体部件。　　　　　　　　　　　　　　　　　（　　）

4．show()显示的对话框是模式对话框。用 exec()显示的对话框是无模式对话框。
（　　）

5．布局管理器派生自 QObject。（　　）

6．Q_OBJECT 是一个宏定义，如果类里面用到了 signal 或 slots，就必须要声明这个宏。（　　）

7．槽可以是虚函数，也可以是公有的、保护的，还可以是私有的。（　　）

8．show()显示的对话框是无模式对话框。用 exec()显示的对话框是模式对话框。
（　　）

二、简答题

1．简述一下信号和插槽机制。

2．简述布局管理器的功能，列举 3 个布局管理器。

3．简述使用 Qt 设计师创建对话框时的基本步骤。

4．对窗体上的控件进行布局管理一般有哪几种方式，简述其缺点。

5．简述主函数中创建 QApplication 对象的功能。

6．简述用 Qt 创建菜单和工具条需要的步骤。

项目三 基于 ZigBee 传输技术的无线 QQ 项目设计

ZigBee 传输技术是一种应用于短距离和低速率下的无线通信技术。本项目主要是基于 ZigBee 传输技术介绍无线点播、组播和 QQ 项目设计。通过本项目的学习，学生应达到以下目标。

知识目标

（1）了解无线通信的基础知识。
（2）熟悉无线发送和接收函数。
（3）了解利用协议栈建网的过程。
（4）掌握基于无线射频通信技术的点对点及点对多点通信开发。

技能目标

（1）学会搭建开发环境并使用仿真器进行下载调试。
（2）学会熟练操作串口进行数据通信。
（3）学会运用无线射频通信技术进行点对点通信的系统调试。
（4）学会进行点播项目设计。
（5）学会进行组播项目设计。
（6）学会进行 QQ 项目设计。

任务一 项目简介及实施要求

知识一 项目背景

ZigBee 是一种高可靠的无线数传网络，如图 3-1 所示。ZigBee 网络类似于 CDMA 网络和 GSM 网络，可由 65535 个无线数传模块组成一个无线数传网络平台，ZigBee 数传模块类似于移动网络基站。在整个网络范围内，每个 ZigBee 网络数传模块之间可以相互通信，通信距离从标准的 75 米到几百米甚至几千米，并且支持无限扩展。

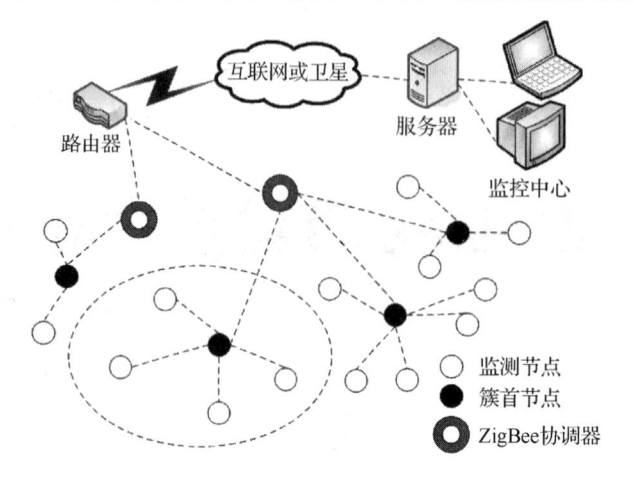

图 3-1 ZigBee 网络

与移动通信的 CDMA 网络或 GSM 网络不同的是，ZigBee 网络主要是为工业现场自动化控制数据传输而建立的，因此具有简单、使用方便、工作可靠及价格低的特点。每个 ZigBee "基站"的造价低廉，有的甚至不到 1000 元。

每个 ZigBee 网络节点不仅本身可以作为监控对象（如其所连接的传感器直接进行数据采集和监控），还可以自动中转别的网络节点传过来的数据资料。除此之外，每一个 ZigBee 网络节点还可以在自己信号覆盖范围内，和多个不承担网络信息中转任务的孤立的子节点无线连接。

知识二　实施要求

本项目以 ZigBee 组网为核心，采用芯片 CC2530 为主控芯片，项目具体实施要求如下。
（1）能搭建开发环境并使用仿真器进行下载调试。
（2）根据系统硬件电路，设计软件流程，撰写软件代码。
（3）调试系统，实现点对点、组播通信。
（4）编程实现简单 QQ 会话功能。

任务二　无线传感器网络

无线传感器网络是由大量部署在作用区域内的、具有无线通信与计算能力的传感器节点组成的，这些节点通过自组织方式构成传感器网络，其目的是协作感知、采集和处理网络覆盖地理区域中的感知对象信息并发布给观察者。

一、传感器网络起源与发展

传感网最早是由美国军方提出的,起源于1978年美国国防高级研究计划局资助卡内基-梅隆大学进行分布式传感器网络的研究项目。其主要经历了以下几个发展阶段。

1. 第1阶段:冷战时期的军事传感器网络

冷战时期,美国将广泛的声信号网络使用于潜艇监视,同时国家海洋和大气管理局也使用其中一部分传感器监测海洋的地震活动。

2. 第2阶段:国防高级研究计划局的倡议

20世纪80年代初,在美国国防高级研究计划局的推动下,传感器网络的研究取得了显著进步。

3. 第3阶段:20世纪八九十年代的军事应用开发和部署

以美国国防高级研究计划局的研究和测试平台的发展为基础,在军事领域采用传感器网络技术,使其成为网络中心战的关键组成部分。

4. 第4阶段:现今的传感器网络研究

21世纪,美国军方加大了对无线传感器网络的研究。目前,许多美国大学有专门的课题研究小组从事无线传感器网络的研究,同时许多大型企业投入巨资进行无线传感器网络的产业化开发。欧洲、澳洲和亚洲的一些工业化国家的高等院校、研究机构和企业也积极进行无线传感器网络的相关研究。加拿大、英国、德国、芬兰、日本和意大利等国家的研究机构也先后开始了无线传感器网络的研究。

我国对传感器网络的研究起步较晚,首次出现是在1999年中国科学院《知识创新工程点领域方向研究》的"信息与自动化领域研究报告"中。现在,国内有越来越多的企事业单位关注传感器网络技术的发展。

二、无线传感器网络的研究现状和前景

无线传感器网络是物联网中的主要构成部分,能收集各项活动运行中产生的信息,广泛应用于社会的多个领域。

1. 无线传感器网络发展现状

首先,在路由协议方面。路由协议主要用来对相应的传感器 sink 节点及传感器间进行路由的指导,从而保证网络中数据信息的有效传递,为相关决策的制定提供信息依据。在传感器网络实际运行时,传感器节点能耗较多,因此能耗是必须要考虑的因素,降低能耗才能保障传感器网络使用寿命。这也是当前传感器网络系统研究的一个重点,在实际建设网络系统时,不能只关注节点状态信息,容易造成路由协议过于复杂。

其次,在节能降耗方面。无线传感器网络内部节点分布较多,设置范围较广,要想保

证其系统长期稳定运行,不能依赖于定期更换电池来为网络运行提供能量的方法。此外,为了减少能量损耗,要尽可能减少冗余信息,避免能量过多消耗在无关信息上。

2. 无线传感器网络在不同领域的应用前景

无线传感器网络的应用领域非常广阔,如它能应用于军事、精准农业、环境监测和预报、健康护理、智能家居、建筑物状态监控、复杂机械监控、城市智能交通、空间探索、大型车间和仓库管理,以及机场和大型工业园区的安全监测等领域。随着无线传感器网络的深入研究和广泛应用,其将会逐渐深入人类生活的各个领域。

(1) 在军事应用领域的应用。

无线传感器网络具有可快速部署、可自组织、隐蔽性强和高容错性的特点,因此它非常适用于军事领域。无线传感器网络能实现对敌军兵力和装备的监控、战场的实时监视、目标的定位、战场评估、核攻击和生物化学攻击的监测和搜索等功能。通过飞机或炮弹直接将传感器节点播撒到敌方阵地内部,或者在公共隔离带部署传感器网络,能非常隐蔽且近距离准确地收集战场信息,迅速地获取有利于作战的信息。无线传感器网络由大量、随机分布的节点组成,即使一部分无线传感器节点被敌方破坏,剩下的节点依然能自组织地形成网络。利用生物传感器和化学传感器,可以准确探测生化武器的成分并及时提供信息,有利于正确防范和实施有效的反击。无线传感器网络已成为军事系统必不可少的部分,并且受到各国军方的普遍重视。

(2) 在环境监测和预报中的应用。

基于无线传感器网络,可以通过数种传感器来监测降雨量、河水水位和土壤水分,并依此预判山洪暴发;描述生态多样性,从而进行动物栖息地的生态监测。

(3) 在医疗系统和健康护理中的应用。

无线传感器网络在医疗系统和健康护理方面也有很多应用,如监测人体的各种生理数据、跟踪和监控医院中医生和患者的行动、医院的药物管理等。如果在住院患者身上安装特殊用途的传感器节点,如心率和血压监测设备,医生就可以随时了解被监护患者的病情,在发现异常情况时能够迅速抢救。

(4) 在信息家电设备中的应用。

在家电和家具中嵌入传感器节点,通过无线网络与互联网连接在一起,将为人们提供更加舒适、方便和人性化的智能家居环境。利用远程监控系统可实现对家电的远程遥控,也可以通过图像传感设备随时监控家庭安全情况。利用无线传感器网络可以建立智能幼儿园,监测儿童的早期教育环境,以及跟踪儿童的活动轨迹。

(5) 在建筑物状态监控中的应用。

建筑物状态监控是指利用无线传感器网络来监控建筑物的安全状态。由于建筑物不断进行修补,可能会存在一些安全隐患。虽然地壳偶尔的小震动可能不会带来看得见的损坏,但是会在建筑物的支柱上产生潜在的裂缝,这个裂缝可能会在下一次地震中导致建筑物倒塌。用传统方法检查往往需要将大楼关闭数月，而安装无线传感器网络的智能建筑可以告诉管理部门它们的状态信息，并自动按照优先级进行一系列自我修复工作。未来的各种摩天大楼可能都会装备这类装置，从而建筑物可自动告诉人们当前是否安全、稳固程度如何等信息。

（6）在空间探索中的应用。

用航天器在外星体上撒播一些传感器节点，可以对该星球表面进行长时间的监测。这种方式成本很低，而且节点体积小，相互之间可以通信，也可以和地面站通信。NASA 的 JPL 实验室研制的 Sensor Webs 项目就是为将来的火星探测进行技术准备。该系统在佛罗里达宇航中心周围的环境监测项目中进行测试和完善。

（7）在特殊环境中的应用。

另外，还有一些无线传感器网络的重要应用领域，如石油管道通常要经过大片荒无人烟的地区，对管道监控一直是个难题，传统的人力巡查几乎是不可能的事情，而现有的监控产品往往复杂且昂贵。将无线传感器网络布置在管道上可以实时监控管道情况，若有破损或恶意破坏都能在控制中心实时了解。加州大学伯克利分校的研究员认为，如果美国加州将这种技术应用于电力使用状况监控，那么电力调控中心每年将节省 7 亿～8 亿美元。

从 21 世纪开始，无线传感器网络引起学术、军事和工业界的极大关注，美国和欧洲相继启动很多有关无线传感器网络的研究计划。无线传感器网络涉及传感器技术、计算机网络技术、无线传输技术、嵌入式计算技术、分布式信息处理技术、微电子制造技术、软件编程技术等学科，它具有鲜明的跨学科研究的特点。

三、无线传感器网络的特点

无线传感器网络是一种无中心节点的全分布系统。通过随机投放的方式，众多传感器节点被密集部署于监控区域。这些传感器节点集成有传感器、数据处理单元和通信模块，它们通过无线通道相连，自组织地构成网络系统。无线传感器网络具有以下的特点。

1. 大规模网络

为了获取精确信息，在监测区域内通常部署大量传感器节点，传感器节点数量可达成千上万个，甚至更多。

2. 自组织网络

传感器节点具有自组织的能力，能够自动进行配置和管理，通过拓扑控制机制和网络协议自动形成转发监测数据的多跳无线网络系统。

3. 硬件资源有限

传感器节点由于受价格、功耗和体积等限制，其程序空间、计算能力及内存空间比普通的计算机功能要差很多。

4. 可靠的网络

传感器网络特别适合部署在恶劣环境或人类不易到达的区域，传感器节点可能工作在露天环境中，遭受太阳的暴晒或风吹雨淋，甚至遭到无关人员或动物的破坏。

5. 计算能力有限

无线传感器节点是一种微型嵌入式设备，要求它的价格低、功耗小，这些限制必然导致其携带的处理器能力比较弱、存储器容量比较小。为了完成各种任务，传感器节点需要完成监测数据的采集和转换、数据的管理和处理、应答汇聚节点的任务请求和节点控制等工作。

6. 应用相关的网络

无线传感器网络用来感知客观物理世界，获取物理世界的信息量。不同的无线传感器网络应用针对不同的物理量，因此对传感器的应用系统也有不同的要求，其硬件平台、软件系统和网络协议必然会有很大差别。所以，无线传感器网络不能像因特网一样，有统一的通信协议平台。

四、无线传感器网络的体系结构

无线传感器网络是一种大规模自组织网络。传感器节点分散在监测区域内，这些传感器节点能够采集、接收、分析数据，并且把数据路由到一个指定的汇聚节点。传感器节点之间通过自组织方式构成网络，可以根据需要智能地采用不同的网络拓扑结构。无线传感器网络的体系结构图如图3-2所示，传感器网络通常包括传感器节点、汇聚节点和任务管理节点。传感器节点任意地分布在某一监测区域内，节点以自组织的形式构成网络，通过多跳中继方式将监测数据传送到汇聚节点，最后通过 Internet 或其他网络的通信方式将监测信息传送到任务管理节点。同样地，用户可以通过任务管理节点进行命令的发布，告知传感器节点收集监测信息。

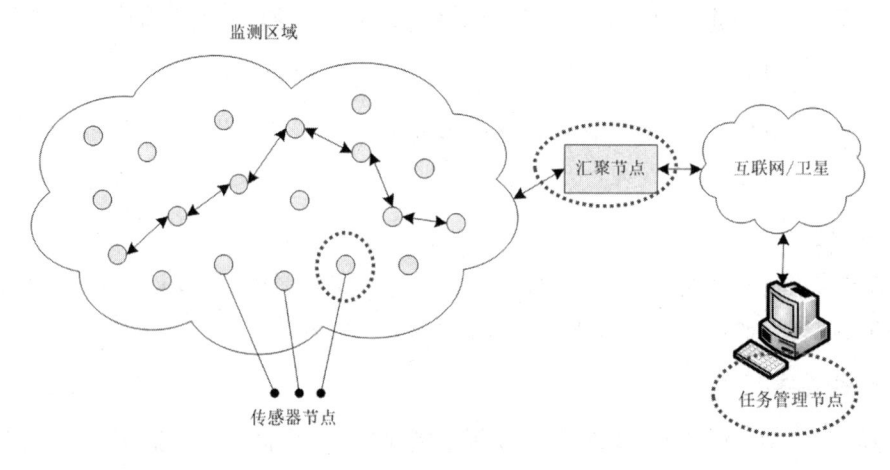

图 3-2 无线传感器网络的体系结构图

节点由感知单元、处理单元、通信单元、能量供给单元和其他相关单元组成。传感器只是节点的一部分。感知单元主要用来采集现实世界的各种信息，如温度、湿度、压力等物理信息，并将传感器采集到的模拟信息转换成数字信息，交给处理单元进行处理。处理单元负责整个传感器节点的数据处理和操作，存储本节点采集的数据和其他节点发来的数据。通信单元负责与其他传感器节点进行无线通信、交换控制消息和收发采集数据。能量供给单元提供传感器节点运行所需的能量，是传感器节点最重要的单元之一。此外，节点需要相应的应用支持单元，如位置查找单元和移动管理单元。无线传感器节点结构图如图 3-3 所示。

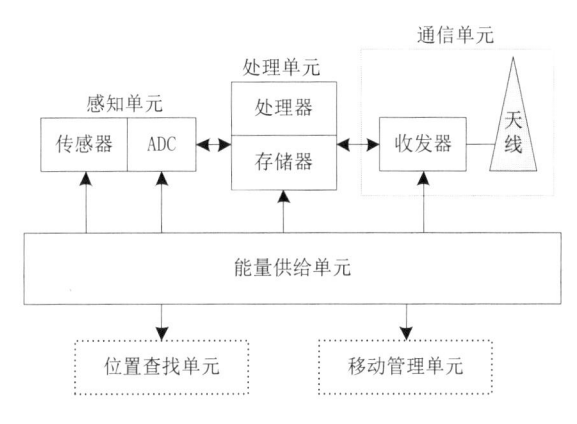

图 3-3 无线传感器节点结构图

六、无线传感器网络的应用

1. 军事应用

和其他技术一样，无线传感器网络最早是面向军事应用的。一开始用于战场侦察与监视、战场态势感知、战场目标追踪等，如美国陆军的"灵巧传感器网络通信"计划、美军的"无人值守地面传感器群"项目及美国海军的网状传感器系统 CEC 等。

2. 环境监测

无线传感器网络可用于监视农作物灌溉情况、土壤空气情况、家畜和家禽的环境和迁移状况等，也可用于行星探测、气象和地理研究、洪水监测等，还可通过跟踪鸟类和昆虫进行种群复杂度的研究等。

3. 医疗卫生

利用无线传感器网络，通过在患者身上安置体温采集、血压等测量传感器，医生可以远程了解患者的情况。

4. 智能家居

智能家居是以住宅为平台，利用综合布线技术、网络通信技术、安全防范技术、自动控制技术、音视频技术将家居生活有关的设施集成起来，构建高效的住宅设施与家庭日程事务的管理系统，提升家居安全性、便利性、舒适性、艺术性，并实现环保节能的居住环境。智能家居系统示意图如图 3-4 所示。

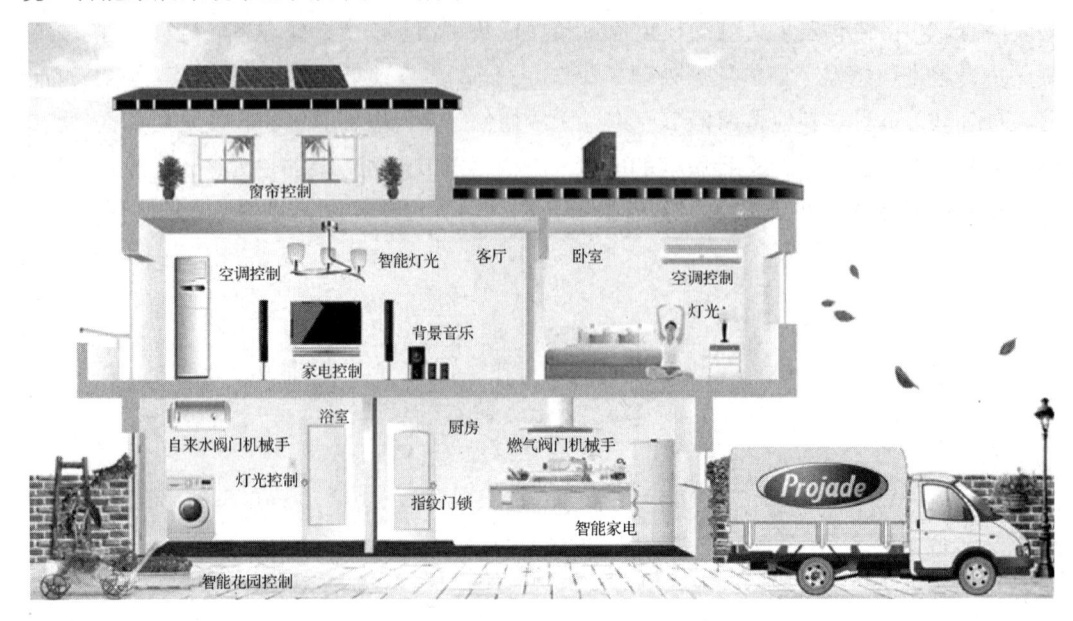

图 3-4　智能家居系统示意图

U-Home 智能家居系统结构简单，操作也非常方便，是用户最常使用的交互设备。用户可以在智能终端上直接操作，实现对整个智能家居系统所有设备的控制和设置。一般每户只需要一个智能终端，放置于客厅或门口。如果户型较大，还可以增加室内分机满足便捷操作的需求。另外，也可以在手机或平板电脑上通过 U-Home App 操作，此外，App 还支持远程控制家电。家庭网关作为整个智能家居网络唯一的对外数据出入口，将互联网的 TCP/IP 协议转换为智能家居设备能够识别的现场协议，如 ZigBee 或其他的无线协议。

5. 其他方面

无线传感器网络具有非常广泛的应用前景。比如，在空间探索中的应用、在特殊环境中的应用及对石油管道的实时监控等。

任务三　无线通信方式简介

无线通信指的是利用电磁波的辐射和传播，经过空间传送信息的通信方式，亦称为无线电通信。

一、常见的无线组网技术

1. 1G/2G/2.5G/3G/4G/5G

1G（First Generation）表示第一代移动通信技术，如现在已淘汰的模拟移动网。2G

（Second Generation）表示第二代移动通信技术，代表为 GSM，以数字语音传输技术为核心。GSM 为全球移动通信系统（Global System for Mobile Communications）的英文缩写。GSM 的数据传输速率为 9.6kbit/s。2.5G 是基于 2G 与 3G 之间的过渡类型，代表为 GPRS，与 2G 相比在传输速率、带宽上有所提高，可使现有 GSM 网络轻易地实现与高速数据分组的简便接入。GPRS 为通用分组无线业务（General Packet Radio Service）的英文缩写，是一种基于 GSM 系统的无线分组交换技术，是 2.5G 的主流技术。理论最高数据传输速率为 171.2kbit/s。3G（Third Generation）表示第三代移动通信技术，面向高速、宽带数据传输。国际电信联盟称其为 IMT-2000（International Mobile Telecommunication）。最高可提供 2Mbit/s 的数据传输速率。主流技术为 CDMA 技术，代表有 WCDMA（欧，日）、CDMA2000（美）和 TD-SCDMA（中）。4G（Fourth Generation）表示第四代移动通信技术。该技术包括 TD-LTE 和 FDD-LTE 两种制式（严格来讲，LTE 只是 3.9G，尽管被宣传为 4G 无线标准，但它其实并未被 3GPP 认可为国际电信联盟所描述的下一代无线通信标准 IMT-Advanced，因此在严格意义上其还未达到 4G 的标准。只有升级版的 LTE Advanced 才满足国际电信联盟对 4G 的要求）。4G 是集 3G 与 WLAN 于一身，并且能够快速传输高质量音频、视频和图像。4G 能够以 100Mbit/s 以上的速度下载，并能够满足几乎所有用户对无线服务的要求。此外，4G 可以先在 DSL 和有线电视调制解调器没有覆盖的地方部署，再扩展到整个地区。很明显，4G 有着不可比拟的优越性。5G（Fifth Generation）表示第五代移动通信技术。理论上传输 1GB 数据只需要 8s，比 4G 网络的传输速率快 10 倍以上。举例来说，一部 1GB 的电影可在 8s 之内下载完成。

2. Sub-GHz

Sub-GHz 指通信频率在 1GHz 以下，数据传输速率在几千比特每秒到几百千比特每秒范围内的无线通信技术。在低功耗、长距离通信或穿墙能力上，Sub-GHz 射频更有优势。Sub-GHz 收发器支持从 119MHz～1050MHz 的频率范围，最大 146dB 的链路预算，以及休眠模式下仅需要消耗 50nA 电流，终节点采用单电池可运行数年。

3. LoRa

LoRa 是 LPWAN 通信技术中的一种，是美国 Semtech 公司采用和推广的一种基于扩频技术的超远距离无线传输方案。这一方案改变了以往关于传输距离与功耗的折中考虑方式，为用户提供一种简单的能实现远距离、长电池寿命、大容量的系统，进而扩展传感网络。目前，LoRa 主要在全球免费频段运行，包括 433MHz、868MHz、915MHz 等。

4. ZigBee

ZigBee 是一种新兴的近距离（10～100m）、低速率（250kbit/s 的标称速率）、低功耗、较低成本的无线网络技术，具有抗干扰、保密性好、传输速率高的特点，主要适用于自动控制和远程控制等领域，也可以嵌入各种设备。

5. NB-IoT

NB-IoT 有个明显的优势是数据采集后可直接上传到云端，不需要通过网关，简化了现场部署。通常部署一个网关需要考虑位置、周围信号的影响，考虑因素较多。

6. Wi-Fi

Wi-Fi 是一种允许电子设备连接到 WLAN 的技术，通常使用 2.4G UHF 或 5G SHF ISM 射频频段。Wi-Fi 是一个无线网络通信技术的品牌，由 Wi-Fi 联盟所持有，目的是改善基于 IEEE 802.11 标准的无线网络产品之间的互通性。有人把使用 IEEE 802.11 系列协议的局域网称为无线保真，甚至把 Wi-Fi 等同于无线网际网络（Wi-Fi 是 WLAN 的重要组成部分）。Wi-Fi 技术由 IEEE 802.11b/g/n 定义，其工作频率为 2.4GHz，其中 2.4GHz 频谱被划分为 14 个重叠和错开的 20MHz 无线载波通道，其中心频率分别为 5MHz。802.11a/n 在 5GHz 的频谱中有更多的通道，802.11n 也使用通道焊接技术将两个 20MHz 的载波通道合并成一个 40MHz 的通道来增加吞吐量。Wi-Fi 最主要的优势在于不需要布线，可以不受布线条件的限制，因此非常适合移动办公用户的需要，并且由于发射信号功率低于 100mW，低于手机发射功率，所以 Wi-Fi 上网相对也是安全健康的。但是 Wi-Fi 信号也是由有线网络提供的，如家里的 ADSL、小区宽带等，只要接一个无线路由器，就可以把有线信号转换成 Wi-Fi 信号。国外很多发达国家的城市里到处覆盖着由政府或大公司提供的 Wi-Fi 信号供居民使用，我国也有许多地方实施"无线城市"工程，使这项技术得到推广。

7. 蓝牙

蓝牙技术是一种无线数据和语音通信开放的全球规范，它是基于低成本的近距离无线连接，为固定和移动设备建立通信环境的一种特殊的近距离无线技术连接。蓝牙使当前的一些便携移动设备和计算机设备不需要电缆就能连接到互联网，并且可以无线接入互联网。

二、常用的无线组网技术对比

不同的无线电传输系统都有其优缺点和适应范围，表 3-1 所示为几种无线电传输系统特性的对比，应根据系统的不同要求和实际条件，合理选择。

表 3-1 几种无线电传输系统特性的对比

特性	种类			
	ZigBee	蓝牙	Wi-Fi	移动通信
单点覆盖距离	50～300m	10m	50m	可达几千米
网络扩展性	自动扩展	无	无	依赖现有网络覆盖
电池寿命	数年	数天	数小时	数天
复杂性	简单	复杂	非常复杂	复杂
传输速率	250kbit/s	1Mbit/s	1～11Mbit/s	38.4kbit/s

续表

特　　性	种　　类			
	ZigBee	蓝　牙	Wi-Fi	移 动 通 信
频段	868MHz~2.4GHz	2.4GHz	2.4GHz	0.8 GHz~1GHz
网络节点数（个）	65000	8	32	
联网所需时间	仅 30ms	高达 10s	3s	数秒
终端设备费用	低	低	高	较高
有无网络使用费	无	无	无	有
安全性	AES-128	64bit、128bit	SSID	
集成度和可靠性	高	高	一般	一般
使用成本	低	低	一般	高
安装使用难易	非常简单	一般	难	一般

三、最新无线组网技术

1. UWB

超宽带（Ultra Wide Band，UWB）技术是一种使用 1GHz 以上频率带宽的无线载波通信技术，它不采用正弦载波，而是利用纳秒级的非正弦波窄脉冲传输数据，因此其所占的频谱范围很广。但其数据传输速率可以达到几百兆比特每秒以上。使用 UWB 技术可在非常宽的带宽上传输信号，美国联邦通信委员会（FCC）对 UWB 技术的规定为：在 3.1GHz~10.6GHz 频段中占用 500MHz 以上的带宽。其主要特点为：系统结构实现简单、数据传输速率高、功耗低、安全性高、多径分辨能力强、定位精准、工程简单及造价低。

2. Mesh

无线 Mesh 网络是一种新无线局域网类型。与传统 WLAN 不同的是，无线 Mesh 网络中的 AP 可以采用无线连接的方式进行互连，并且 AP 间可以建立多跳的无线链路。其由一组呈网状分布的无线 AP 构成，AP 均采用点对点方式通过无线中继链路互连，将传统 WLAN 中的无线"热点"扩展为真正大面积覆盖的无线"热区"。

3. NFC

近场通信（Near Field Communication，NFC），是一种新兴的技术，使用了 NFC 技术的设备（如移动电话）可以在彼此靠近的情况下进行数据交换，是由非接触式射频识别及互连互通技术整合演变而来的，通过在单一芯片上集成感应式读卡器、感应式卡片和点对点通信的功能，利用移动终端实现移动支付、电子票务、门禁、移动身份识别、防伪等应用。

NFC 是一种短距高频的无线电技术，NFCIP-1 标准规定 NFC 的通信距离为 10cm 以内，运行频率为 13.56MHz，传输速率有 106kbit/s、212kbit/s 或 424kbit/s 三种。NFCIP-1 标准详细规定 NFC 设备的传输速率、编解码方法、调制方案及射频接口的帧格式，此标准中还定义了 NFC 的传输协议，其中包括启动协议和数据交换方法等。

4. IrDA

IrDA 是红外数据组织（Infrared Data Association）的英文简称，目前广泛采用的 IrDA 红外连接技术就是由该组织提出的。到目前为止，全球采用 IrDA 技术的设备超过了 5000 万部。IrDA 已经制订出物理介质和协议层规格，以及 2 个支持 IrDA 标准的设备可以相互监测对方并交换数据。初始的 IrDA1.0 标准制订了一个串行、半双工的同步系统，传输速率为 2400～115200bit/s，传输范围为 0～1m，传输半角度为 15°～30°。最近 IrDA 扩展了其物理层规格使数据传输率提升到 4Mbit/s、16Mbit/s。PXA27x 就是使用了这种扩展的物理层规格。

四、ZigBee 传输技术

1. ZigBee 传输技术的由来

ZigBee 这个名字的灵感来源于蜂群的交流方式：蜜蜂在发现花丛后会通过一种特殊的肢体语言来告知同伴新发现的食物位置、距离和方向等信息，这种肢体语言被称为 ZigZag 舞蹈。借此意义用 ZigBee 来命名新一代无线通信技术。在此之前，ZigBee 也被称为"HomeRF Lite"、"RF-EasyLink"和"fireFly"无线电技术的统称。

2. ZigBee 协议栈

ZigBee 协议架构最突出的性能是低功耗及自组网功能。完整的 ZigBee 协议栈自上而下由应用层、应用支持子层、网络层、媒体访问控制层和物理层组成，ZigBee 协议栈架构如图 3-5 所示。

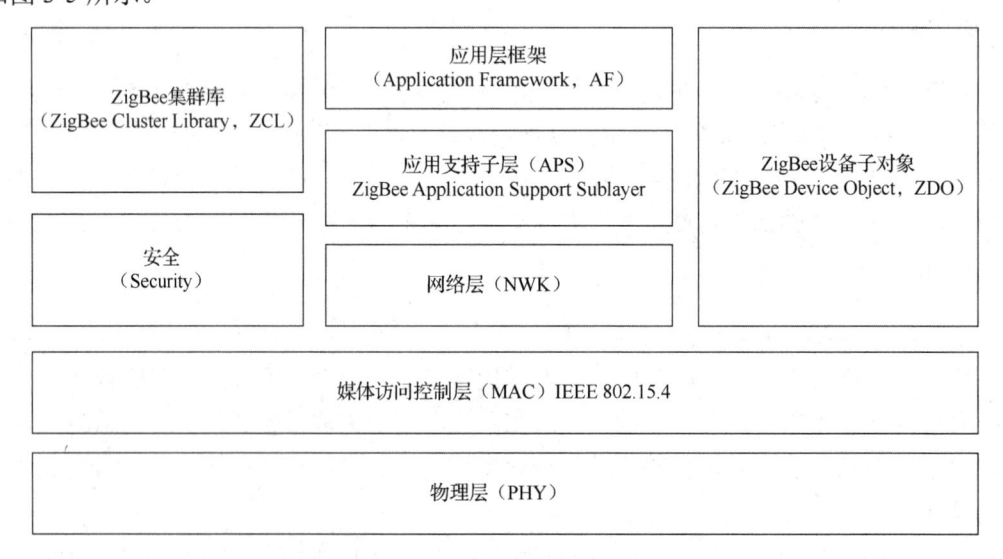

图 3-5 ZigBee 协议栈架构

物理层是 ZigBee 协议结构的底层，为上一层媒体访问控制层提供了服务，如数据的接口等，同时起到与现实（物理）世界交互的作用；媒体访问控制层负责不同设备之间无线数据链路的建立、维护、结束、确认的数据传送和接收；网络/安全层保证了数据的传输和完整性，同时可对数据进行加密；应用支持层是根据设计目的和需求使多个器件之间进行通信。

3. ZigBee 的特点

ZigBee 是一种无线连接，可工作在 2.4GHz（全球流行）、868MHz（欧洲流行）和 915MHz（美国流行）3 个频段上，分别具有最高 250kbit/s、20kbit/s 和 40kbit/s 的传输速率，它的传输距离在 10～75m 的范围内，仍可以继续增加。作为一种无线通信技术，ZigBee 具有以下特点。

1）低功耗

由于 ZigBee 的传输速率低，发射功率仅为 1MW，而且采用了休眠模式，功耗低，因此 ZigBee 设备非常省电。据估算，ZigBee 设备仅靠两节 5 号电池就可以维持 6 个月到 2 年左右的使用时间，这是其他无线设备望尘莫及的。

2）成本低

ZigBee 模块的初始成本在 6 美元左右，估计很快就能降到 1.5～2.5 美元，并且 ZigBee 协议是免专利费的。

3）时延短

通信时延和从休眠状态激活的时延都非常短，典型的搜索设备时延 30ms，休眠激活的时延是 15ms，活动设备信道接入的时延为 15ms。ZigBee 适用于对时延要求苛刻的无线控制场合（如工业控制场合等）。

4）网络容量大

一个星型结构的 ZigBee 网络最多可以容纳 254 个从设备和 1 个主设备，一个区域内可以同时存在最多 100 个 ZigBee 网络，而且网络组成灵活。

5）可靠

采取了碰撞避免策略，同时为需要固定带宽的通信业务预留了专用时隙，避开了发送数据的竞争和冲突。媒体访问控制层采用了完全确认的数据传输模式，每个发送的数据包都必须等待接收方的确认信息。如果传输过程中出现问题，那么可以进行重发。

6）安全

ZigBee 提供了基于循环冗余校验的数据包完整性检查功能，支持鉴权和认证，采用了 AES-128 的加密算法，各个应用可以灵活确定其安全属性。

4. ZigBee 标准

ZigBee 标准如图 3-6 所示。ZigBee 协议是一套完整的网络协议栈；使用了 IEEE 802.15.4 标准的物理层和媒体访问控制层作为通信基础；网络层主要支持两种路由算法，即树状路由和网状网路由；应用层包括了 APS、AF 和 ZDO 几部分，规定了一些和应用相关的功能，包括端点（Endpoint）的规定，以及绑定（Binding）、服务发现和设备发现。

```
┌─────────────────────────────────────────────────────┐
│  ZigBee 标准                                         │
│  ┌───────────────────────────────────────────────┐  │
│  │                  应用层                        │  │
│  │         ┌──────┐  ZDO公有接口 ┌────────┐      │  │
│  │         │应用对象│◄──────────►│ZigBee设备│      │  │
│  │         │      │            │  对象   │      │  │
│  │         └──┬───┘            └────┬───┘      │  │
│  │  ┌─────┐   │端点                 │端点      │  │
│  │  │安全 │◄─►┌─────────────────────┐◄─        │  │
│  │  │服务 │   │      应用支持层      │          │  │
│  │  └──┬──┘   └──────────┬──────────┘          │  │
│  │     │                 │                      │  │
│  │  ┌──▼─────────────────▼─────────────────┐◄─  │  │
│  │  │              网络层                   │    │  │
│  │  └──────────────────┬───────────────────┘    │  │
│  └─────────────────────┼────────────────────────┘  │
└────────────────────────┼───────────────────────────┘
┌────────────────────────┼───────────────────────────┐
│ IEEE 802.15.4          │                            │
│         ┌──────────────▼────────────┐              │
│         │      媒体访问控制层        │              │
│         └──────────────┬────────────┘              │
│         ┌──────────────▼────────────┐              │
│         │         物理层             │              │
│         └───────────────────────────┘              │
└────────────────────────────────────────────────────┘
```

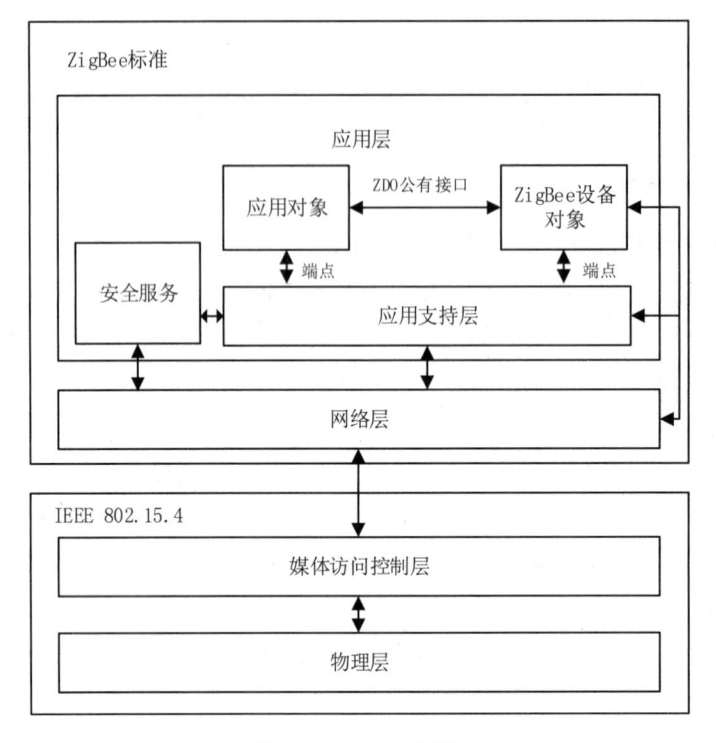

图 3-6　ZigBee 标准

5. ZigBee 自组网

举一个简单的例子说明 ZigBee 技术的自组织网功能，当一队伞兵每人持有一个 ZigBee 网络模块终端，降落到地面后，只要他们彼此间在网络模块的通信范围内，通过自动寻找，很快就可以形成一个互联互通的 ZigBee 网络。而且，由于人员的移动，彼此间的联络还会发生变化。因此，模块还可以通过重新寻找通信对象，确定彼此间的联络，对原有网络进行刷新。这就是自组网。

网状网通信实际上就是多通道通信，在实际工业现场，由于各种原因，往往并不能保证每一个无线通道都能够始终畅通，就像城市的街道一样，可能因为车祸、道路维修等，使得某条道路的交通出现暂时中断，此时由于我们有多个通道，车辆（相当于我们的控制数据）仍然可以通过其他道路到达目的地。而这一点对工业现场控制而言非常重要。

所谓动态路由是指网络中数据传输的路径并不是预先设定的，而是传输数据前，通过对网络当时可利用的所有路径进行搜索，分析它们的位置关系及远近，然后选择其中的一条路径进行数据传输。在网络管理软件中，路径的选择使用的是"梯度法"，即先选择路径最近的一条通道进行传输，如果传不通，那么使用另外一条稍远一点的通路进行传输，以此类推，直到数据送达目的地为止。

在实际工业现场，预先确定的传输路径随时都可能发生变化，或者因各种原因路径被中断了，又或者过于繁忙不能进行及时传送。动态路由结合网状拓扑结构，就可以很好地解决这个问题，从而保证数据的可靠传输。

6. ZigBee 物理信道

ZigBee 在 2.4GHz 的频段上具有 16 个信道，从 2.405GHz～2.480GHz 间分布，信道间隔是 5MHz，具有很强的信道抗串扰能力。ZigBee 物理信道分布如图 3-7 所示。

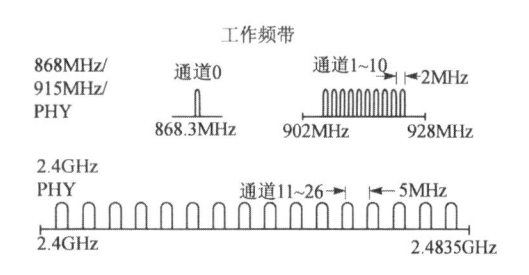

图 3-7 ZigBee 物理信道分布

7. ZigBee 网络设备类型

网络协调器包括所有的网络消息，是设备类型中最复杂的一种，具有存储容量大、计算能力强的特点。其主要功能是发送网络信标、建立一个网络、管理网络节点、存储网络节点信息、寻找一对节点间的路由消息、不断地接收信息。

全功能设备（Full Function Device，FFD），可以担任网络协调者，形成网络，让其他的 FFD 或是精简功能设备（Reduced Function Device，RFD）联结。FFD 具备控制器的功能，可提供信息双向传输。其特点如下。

（1）附带由标准指定的全部 802.15.4 功能和所有特征。

（2）更多的存储器、计算机能力可使其在空闲时起网络路由作用。

（3）也可做终端设备。

RFD 具有以下特点。

（1）RFD 只能传送信息给 FFD 或从 FFD 接收信息。

（2）附带有限的功能来控制成本和复杂性。

（3）在网络中通常用作终端设备。

（4）ZigBee 相对简单的实现自然节省了费用。RFD 由于省掉了内存和其他电路，降低了 ZigBee 部件成本，而且简单的 8 位处理器和小协议栈也有助于降低成本。

8. ZigBee 应用

ZigBee 组网模式如图 3-8 所示，它是一种物联网无线数据终端，采用高性能的工业级 ZigBee 方案，提供 SMT 与 DIP 接口，可直接连接 TTL 接口设备，实现数据透明传输功能；低功耗设计，最低功耗小于 1mA；提供 6 路 I/O，可实现数字量 I/O、脉冲输出；其中有 3 路 I/O 还可实现模拟量采集、脉冲计数等功能。它已广泛应用于物联网产业链中的 M2M 行业，如智能电网、智能交通、智能家居、金融、移动 POS 终端、供应链自动化、工业自动化、智能建筑、消防、公共安全、环境保护、气象、数字化医疗、遥感勘测、农业、林业、水务、煤矿、石化等领域。

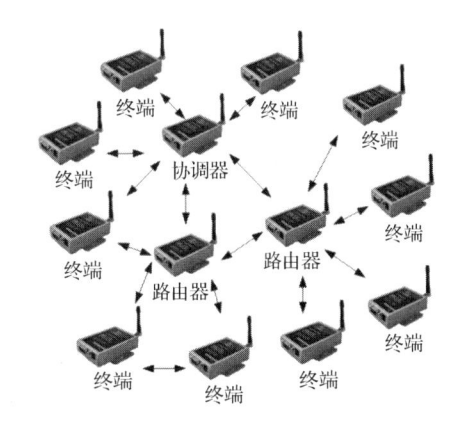

图 3-8 ZigBee 组网模式

1）应用设计

（1）采用高性能的工业级 ZigBee 芯片。

（2）低功耗设计，支持多级休眠和唤醒模式，最大限度地降低功耗。

（3）电源输入（DC 2.0~3.6V）。

2）稳定可靠

（1）WDT 看门狗设计，保证系统稳定。

（2）提供 TTL 串口，SPI 接口。

（3）天线接口防雷保护（可选）。

3）标准易用

（1）采用 2.0 的 SMA 接口与 DIP 接口，可满足不同用户的应用需求。

（2）提供 TTL 接口，可直接连接相同电压的 TTL 串口设备。

（3）智能型数据模块，上电即可进入数据传输状态。

（4）使用方便、灵活，多种工作模式可供选择。

（5）方便的系统配置和维护接口。

（6）支持串口软件升级和远程维护。

4）功能强大

（1）支持 ZigBee 无线短距离数据传输功能。

（2）具备中继路由和终端设备功能。

（3）支持点对点、点对多点、对等和 Mesh 网络。

（4）网络容量大：65535 个节点。

（5）节点类型灵活：中心节点、路由节点、终端节点可任意设置。

（6）发送模式灵活：广播发送或目标地址发送模式可选。

（7）通信距离大。

（8）提供 6 路 I/O，可实现 6 路数字量 I/O；兼容 6 路脉冲输出、3 路模拟量输入、3 路脉冲计数功能。

任务四　BasicRF

知识一　BasicRF 概述

TI 公司提供了基于 CC253X 芯片的 BasicRF 软件包，它包含了 IEEE 802.15.4 标准的数据包的收发功能，但并没有使用协议栈，它是无线点对点传输协议，仅仅让两个节点进行简单的通信，也就是说，BasicRF 仅包含 IEEE 802.15.4 标准的一小部分。其主要限制功能如下。

（1）不会自动加入协议，不具备"多跳""设备扫描"功能。

（2）不提供多种网络设备，没有协议栈里的协调器、路由器和终端的区分，节点的地位是相等的。所有节点设备同级，可以实现点对点数据传输。

（3）没有自动重发的功能。

（4）在传输时会等待信道空闲，但不按照 IEEE 802.15.4 CSMA-CA 的要求进行两次 CCA 检测。BasicRF Layer 为双向无线通信提供了一个简单的协议，通过这个协议能够进行数据的发送和接收。BasicRF 还提供了安全通信所使用的 CCM-64 身份验证和数据加密，它的安全性可以在工程文件里面进行，通过在 Project→Option 菜单项的预编译中添加定义 SECURITY_CCM。为保护数据安全，在预编译中定义了符号 SECURITY_CCM，此次实验代码并不是什么高度机密，所以在 SECURITY_CCM 前面加 x，如图 3-9 所示。

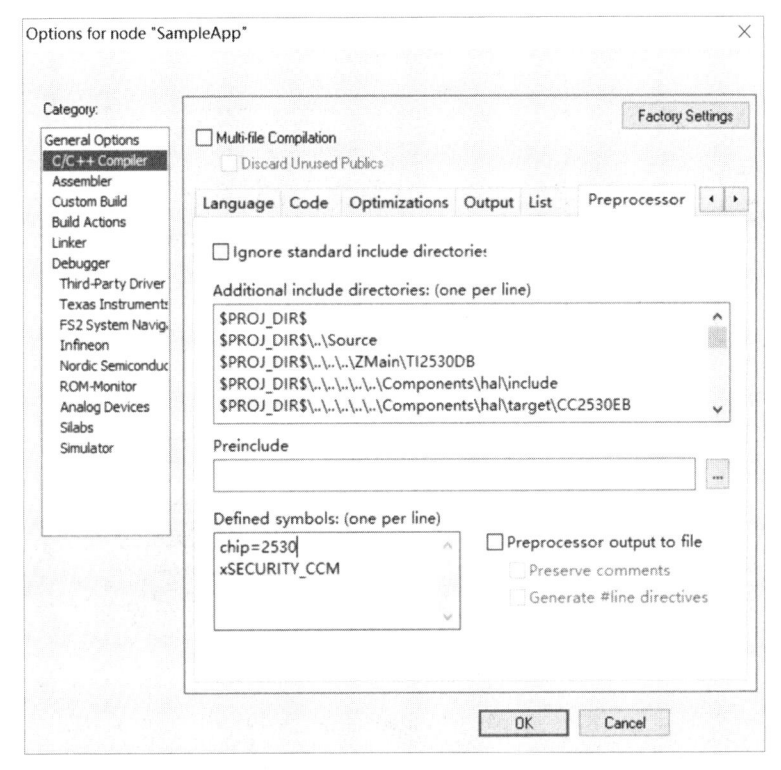

图 3-9　安全通信设置

BasicRF 软件例程的软件分层设计包括硬件层（Hardware Layer）、硬件抽象层（Hardware Abstraction Layer）、基本无线传输层（BasicRF Layer）和应用层（Application Layer），如图 3-10 所示。

硬件层放在底层，是实现数据传输的基础。硬件抽象层提供了一种接口来访问 TIMER、GPIO、UART、ADC 等。这些接口都通过相应的函数进行实现。基本无线传输层为双向无线传输提供一种简单的协议。

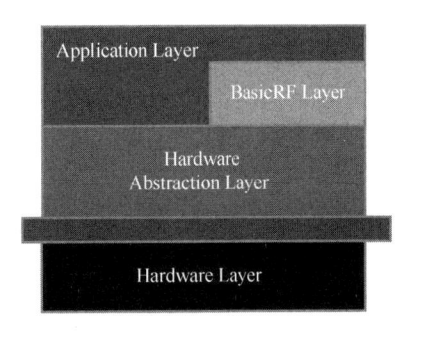

图 3-10　BasicRF 软件分层

应用层即用户应用层，它相当于用户使用 BasicRF 层和硬件抽象层的接口，也就是说我们通过在应用层就可以使用封装好的 BasicRF 和 HAL 的函数。

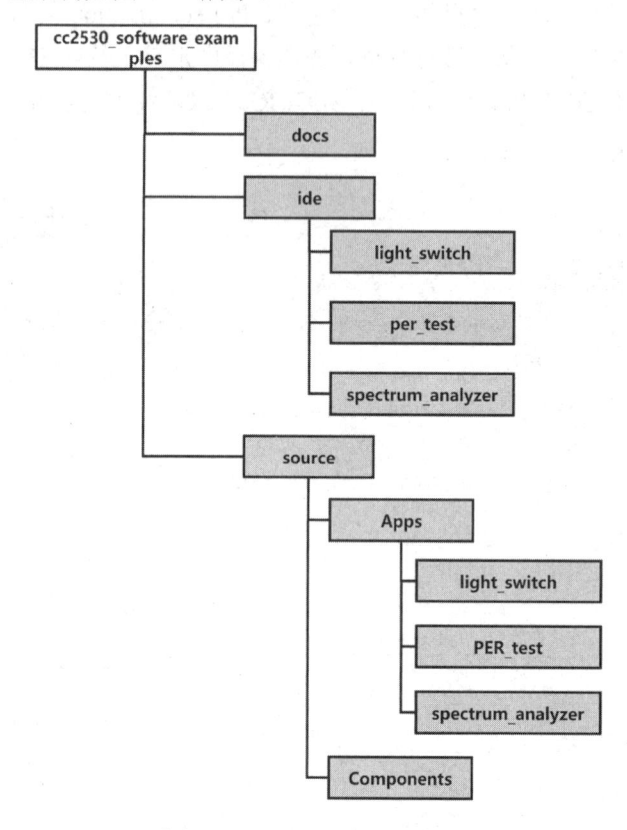

知识二　BasicRF 软件包

BasicRF 软件包架构如图 3-11 所示。

图 3-11　BasicRF 软件包架构

任务五　点播与建网

ZigBee 的通信方式主要有三种：点播、组播、广播。

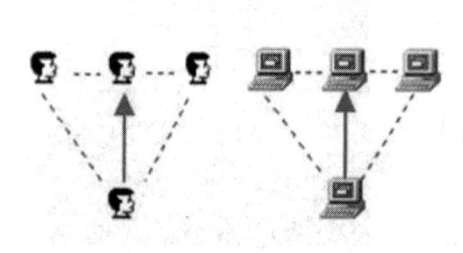

图 3-12　点播示意图

点播，顾名思义就是点对点通信，也就是两个设备之间的通信，不容许有第三个设备收到信息，点播示意图如图 3-12 所示。

组播，就是把网络中的节点分组，每一个组员发出的信息只有相同组号的组员才能收到。

广播，是最广泛的，也就是一个设备上发出的信息所有设备都能接收到。这也是 ZigBee 通信的基本方式。

在使用点对点通信前需要先进行 BasicRF 的初始化。在添加了 basic_rf.c 文件后，可以直接调用里面的初始化函数，以及发送和接收函数。所以在上电时，首先调用 RF 的初始化函数 basicRfInit(basicRfCfg_t* pRfConfig)，初始化的时候需要对结构体中的信息进行配置，主要配置 3 个，分别是通信的信道 RF_CHANNEL、通信的 PAN_ID、通信的地址，发送模块为 SEND_ADDR，接收模块就是 RECV_ADDR。

然后根据发送节点和接收节点的不同，使用不同的函数，进行点对点通信就可以了。发送信息的节点使用 basicRfSendPacket(***) 函数，接收信息的节点使用 basicRfReceive(***)函数。

知识一　建立网络和设备入网

建立网络和设备入网是协调器组网、终端设备和路由设备发现网络并加入网络需共同执行的部分。协调器组网流程图如图 3-13 所示。

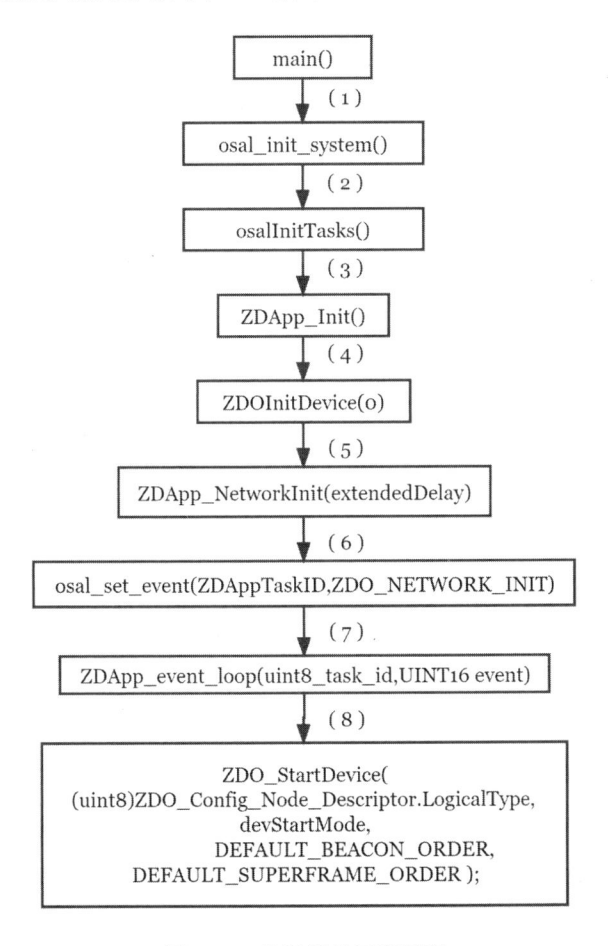

```
                    main()
                     ↓ (1)
              osal_init_system()
                     ↓ (2)
               osalInitTasks()
                     ↓ (3)
                ZDApp_Init()
                     ↓ (4)
              ZDOInitDevice(o)
                     ↓ (5)
         ZDApp_NetworkInit(extendedDelay)
                     ↓ (6)
       osal_set_event(ZDAppTaskID,ZDO_NETWORK_INIT)
                     ↓ (7)
      ZDApp_event_loop(uint8_task_id,UINT16 event)
                     ↓ (8)
                ZDO_StartDevice(
        (uint8)ZDO_Config_Node_Descriptor.LogicalType,
                   devStartMode,
               DEFAULT_BEACON_ORDER,
            DEFAULT_SUPERFRAME_ORDER );
```

图 3-13　协调器组网流程图

Z-Stack 由 main()函数开始执行，main()函数完成两个功能：一是系统初始化，二是开始执行轮转查询式操作系统。

```
int main(void)
{
  ......
//Initialize the operating system
osal_init_system();         //（1）操作系统初始化
......
osal_start_system();        //系统任务事件初始化结束后，正式开始执行操作系统
  ......
}
```

（1）osal_init_system()函数，初始化 ZigBee 协议栈。

```
uint8 osal_init_system(void)
{
// Initialize the Memory Allocation System
   osal_mem_init();
// Initialize the message queue
   osal_qHead = NULL;
// Initialize the timers
   osalTimerInit();
// Initialize the Power Management System
   osal_pwrmgr_init();
// Initialize the system tasks.
osalInitTasks();            //（2）
// Setup efficient search for the first free block of heap.
   osal_mem_kick();
   return (SUCCESS);
}
```

（2）osalInitTasks()函数，执行操作系统任务初始化。从函数名我们就可以知道它是用于初始化系统任务的。在 ZigBee 协议栈中，一个非常重要且贯穿协议栈生命周期的概念就是任务，协议栈的信息处理和数据传输等过程都是通过任务来实现的，即如果某个节点需要传输一个数据包，它会通过调用相关任务通知操作系统需要发送数据包。

```
void osalInitTasks( void )
{
 uint8 taskID = 0;

 tasksEvents = (uint16 *)osal_mem_alloc( sizeof( uint16 ) * tasksCnt);
 osal_memset( tasksEvents, 0, (sizeof( uint16 ) * tasksCnt));
 macTaskInit( taskID++ );
 nwk_init( taskID++ );
 Hal_Init( taskID++ );
#if defined( MT_TASK )
 MT_TaskInit( taskID++ );
```

```
#endif
  APS_Init( taskID++ );
#if defined ( ZIGBEE_FRAGMENTATION )
  APSF_Init( taskID++ );
#endif
  ZDApp_Init( taskID++ );  //(3)
#if defined ( ZIGBEE_FREQ_AGILITY ) || defined ( ZIGBEE_PANID_CONFLICT )
  ZDNwkMgr_Init( taskID++ );
#endif
  SampleApp_Init( taskID );
}
```

函数执行了协议栈各层的初始化操作,包括 mac 层、网络层、硬件层等各层初始化。使用 ZDApp_Init(taskID++) 函数,实现对 ZigBee 设备对象(ZDO)的初始化。应用层通过 ZDO 对网络层参数进行配置和访问。

(3) ZDApp_init()函数,执行 ZDApp 层初始化。

```
void ZDApp_Init( uint8 task_id )
{
// Save the task ID
  ZDAppTaskID = task_id;
// Initialize the ZDO global device short address storage    ZDAppNwkAddr.add
rMode = Addr16Bit;
  ZDAppNwkAddr.addr.shortAddr = INVALID_NODE_ADDR;
  (void)NLME_GetExtAddr(); //Load the saveExtAddr pointer
// Check for manual "Hold Auto Start"
  ZDAppCheckForHoldKey();
//Initialize ZDO items and setup the device-type of device to create.
  ZDO_Init();
//Register the endpoint description with the AF
//This task doesn't have a Simple description,but we still need
//to register the endpoint.
  afRegister( (endPointDesc_t *)&ZDApp_epDesc );
#if defined(ZDO_USERDESC_RESPONSE)
  ZDApp_InitUserDesc();
#endif //ZDO_USERDESC_RESPONSE
// Start the device?
  if (devState!=DEV_HOLD )           //devState 初值为 DEV_INIT,所以在初始化 ZDA 层时,就执
                                     //  行该条件语句
    {
ZDOInitDevice( 0 );                  //(4)接着转到 ZDOInitDevice()函数
    }
  else
{
// Blink LED to indicate HOLD_START
    HalLedBlink ( HAL_LED_4, 0, 50, 500 );
  }
```

```
    ZDApp_RegisterCBs();
}
```
执行 ZDApp_init 函数后,如果是协调器就建立网络,如果是终端设备就加入网络

(4) 执行 ZDOInitDevice()函数,执行设备初始化。
```
uint8 ZDOInitDevice( uint16 startDelay )
{
   .......
// Trigger the network start
ZDApp_NetworkInit(extendedDelay);  //(5)网络初始化,跳到相应的函数
   .......
}
```

(5) 执行 ZDApp_NetWorkInit()函数进行网络初始化。
```
void ZDApp_NetworkInit(uint16 delay)
{
  if ( delay )
  {
//Wait a while before starting the device
osal_start_timerEx(ZDAppTaskID,ZDO_NETWORK_INIT,delay);//发送 ZDO_NETWORK_INIT(网络
初始化)消息到 ZDApp 层,转到 ZDApp 层,(7)执行 ZDApp_event_loop()函数
  }
  else
  {
   osal_set_event( ZDAppTaskID, ZDO_NETWORK_INIT );(6)
  }
}
```

(6) 直接执行语句 osal_set_event(ZDAppTaskID, ZDO_NETWORK_INIT)触发 ZigBee 网络初始化,传递过来的参数是 ZDO_NETWORK_INIT。

(7) 转到 ZDApp_event_loop()函数。
```
UINT16 ZDApp_event_loop( uint8 task_id,UINT16 events )
{
if ( events & ZDO_NETWORK_INIT )                        //网络初始化事件处理
   {
// Initialize apps and start the network
  devState = DEV_INIT;
//设备逻辑类型,启动模式,信标时间,超帧长度,接着启动设备,执行 ZDO_StartDevice()
ZDO_StartDevice((uint8)ZDO_Config_Node_Descriptor.LogicalType,devStartMode,DEFAULT_
BEACON_ORDER,DEFAULT_SUPERFRAME_ORDER); (8)
//Return unprocessed events
   return (events^ZDO_NETWORK_INIT);
   }
}
```

(8) 执行 ZDO_StartDevice()函数,启动设备。
```
void ZDO_StartDevice(byte logicalType, devStartModes_t startMode,
byte beaconOrder,byte superframeOrder)
```

```
{
......
if(ZG_BUILD_COORDINATOR_TYPE&&logicalType==NODETYPE_COORDINATOR)   //当设备作为协调器时，
//执行这个条件语句
    {
      if (startMode == MODE_HARD)
      {
        devState = DEV_COORD_STARTING;
//调用 NLME_NetworkFormationRequest（）向网络层发送形成网络请求，由于函数源码没开源，是通过
//ZDO_NetworkFormationConfirmCB（）函数反馈结果的。如果协议栈同意协调器节点建网并且网络建立成功，
//则会点亮 LED 灯，同时函数最后还会触发事件:osal_set_event(ZDAppTaskID, ZDO_NETWORK_START)。
ret=NLME_NetworkFormationRequest(zgConfigPANID,zgApsUseExtendedPANID,zgDefaultChann
elList,zgDefaultStartingScanDuration, beaconOrder,superframeOrder, false);
      }
if (ZG_BUILD_JOINING_TYPE && (logicalType ==NODETYPE_ROUTER ||
logicalType==NODETYPE_DEVICE))  //当为终端设备或路时
 {
if((startMode==MODE_JOIN)||(startMode==MODE_REJOIN))
{
devState = DEV_NWK_DISC;
//zgDefaultChannelList 与协调器形成网络的通道号匹配。网络发现请求
//接着转到 ZDO_NetworkDiscoveryConfirmCB（）函数
   ret = NLME_NetworkDiscoveryRequest( zgDefaultChannelList, zgDefaultStartingScanD
uration );
    }
  }
......
}
```

知识二　实验环节

一、实验器材

三个节点，其中一个做协调器，另外两个做终端。

二、实验内容及步骤

实现现象：将程序分别下载到协调器、终端，连接串口。三个模块中，可将其中一个做路由器，上电可以看到只有协调器在一个周期内收到信息。也就是说，路由器和终端均与地址为 0x00（协调器）的设备通信，不与其他设备通信。确定通信对象的就是节点的短地址，实现点对点传输。

说明：ZigBee 模块的地址特点是，模块在加入网络的时候，父节点随机分配网络地址给子节点，但是协调器模块在网络中的地址永远都是 0x00。

我们先了解下面两个重要的结构。

1. 通信模式枚举类型

```
typedef enum
{
  afAddrNotPresent = AddrNotPresent,    //当前不确定
  afAddr16Bit      = Addr16Bit,         //点播方式（16 位短地址通信）
  afAddr64Bit      = Addr64Bit,         // MAC 通信模式
  afAddrGroup      = AddrGroup,         //组播通信方式
  afAddrBroadcast  = AddrBroadcast      //广播通信方式
} afAddrMode_t;
```

2. 网络地址结构体

```
typedef struct
{
  union
  {
    uint16       shortAddr;             //短地址
    ZLongAddr_t  extAddr;               //IEEE 地址
  } addr;
  afAddrMode_t addrMode;                //传送模式
  uint8 endPoint;                       //端点号
  uint16 panId;                         // used for the INTER_PAN feature
} afAddrType_t;
```

实验详解如下。

打开 SampleApp.eww 工程。

（1）在 afAddrType_t SampleApp_Periodic_DstAddr 下面增加 afAddrType_t SampleApp_P2P_DstAddr 结构体。点播结构体定义和函数声明如图 3-14 所示。

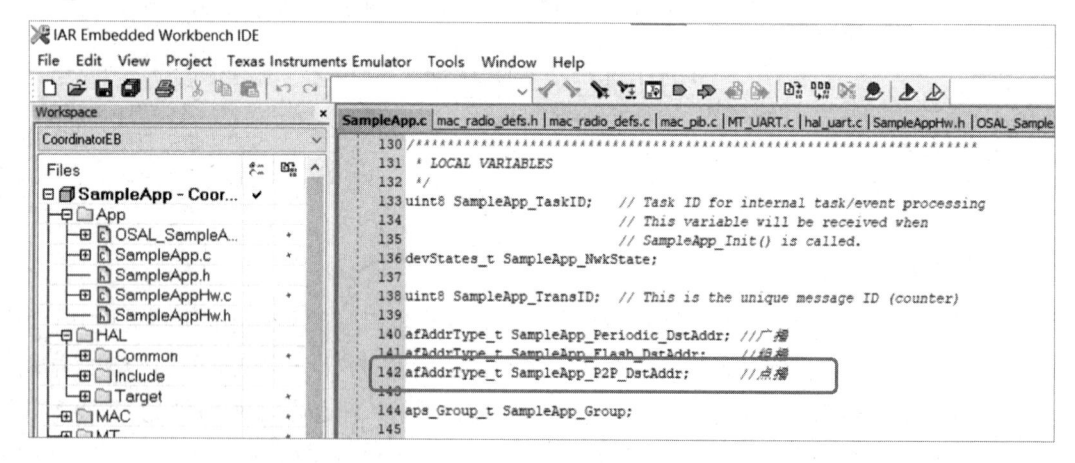

图 3-14　点播结构体定义和函数声明

（2）增加对 SampleApp_P2P_DstAddr 结构体成员变量的配置，增加后如图 3-15 所示。可通过复制广播的代码修改。其中，协调器的地址规定为 0x0000。

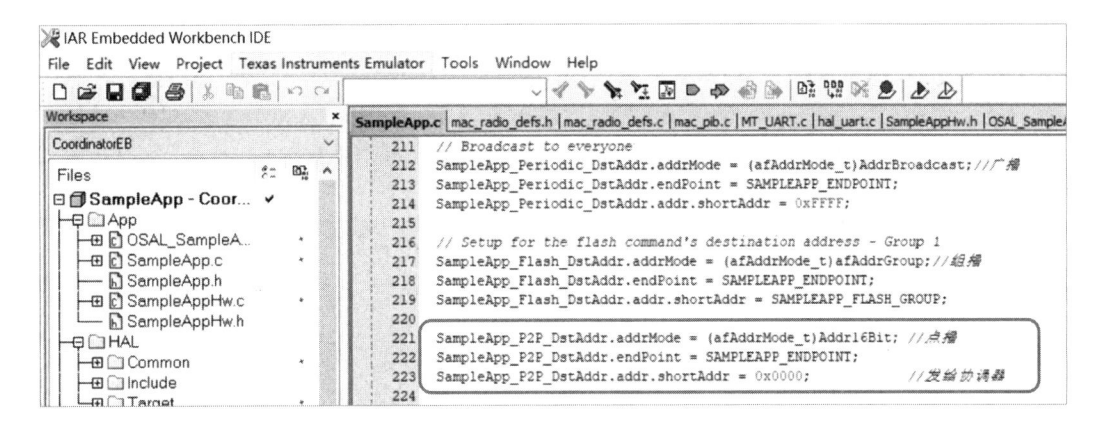

图 3-15　增加对 SampleApp_P2P_DstAddr 结构体成员变量的配置

（3）增加发送函数。

```
void SampleApp_Send_P2P_Message( void )
{
 uint8 data[11]="0123456789";
 if ( AF_DataRequest( &SampleApp_P2P_DstAddr, &SampleApp_epDesc,
            SAMPLEAPP_P2P_CLUSTERID,
            10,
            data,
            &SampleApp_TransID,
            AF_DISCV_ROUTE,
            AF_DEFAULT_RADIUS ) == afStatus_SUCCESS )
 {
 }
 else
 {
  // Error occurred in request to send.
 }
}
```

其中，SampleApp_P2P_DstAddr 是需要自行定义的，在 SampleApp.h 中增加。

```
#define SAMPLEAPP_MAX_CLUSTERS         3
#define SAMPLEAPP_PERIODIC_CLUSTERID   1
#define SAMPLEAPP_FLASH_CLUSTERID      2
#define SAMPLEAPP_P2P_CLUSTERID        3
```

（4）搜索 SampleApp_ProcessEvent，找到 if(events&SAMPLEAPP_SEND_PERIODIC_MSG_EVT)语句里的发送函数，换成点播的发送函数。

```
if ( events & SAMPLEAPP_SEND_PERIODIC_MSG_EVT )
 {
  // Send the periodic message
  //SampleApp_SendPeriodicMessage();
  SampleApp_Send_P2P_Message();
  // Setup to send message again in normal period (+ a little jitter)
```

```c
  osal_start_timerEx( SampleApp_TaskID, SAMPLEAPP_SEND_PERIODIC_MSG_EVT,
   (SAMPLEAPP_SEND_PERIODIC_MSG_TIMEOUT + (osal_rand() & 0x00FF)) );

  // return unprocessed events
  return (events ^ SAMPLEAPP_SEND_PERIODIC_MSG_EVT);
 }
```

（5）在接收方面，找到 SampleApp_MessageMSGCB，进行以下修改：

```c
void SampleApp_MessageMSGCB( afIncomingMSGPacket_t *pkt )
{
 uint16 flashTime;
 switch ( pkt->clusterId )
 {
  case SAMPLEAPP_P2P_CLUSTERID:
   HalUARTWrite(0, "Rx:", 3);           //提示接收到数据
   HalUARTWrite(0, pkt->cmd.Data, pkt->cmd.DataLength);
   HalUARTWrite(0, "\n", 1);            // 回车换行
   break;
  case SAMPLEAPP_PERIODIC_CLUSTERID:
    break;

  case SAMPLEAPP_FLASH_CLUSTERID:
    flashTime = BUILD_UINT16(pkt->cmd.Data[1], pkt->cmd.Data[2] );
    HalLedBlink( HAL_LED_4, 4, 50, (flashTime / 4) );
    break;
  }
}
```

（6）不需要周期性发数据，在此注释协调器的周期事件。

```c
SampleApp_NwkState == DEV_ZB_COORD。
 case ZDO_STATE_CHANGE:
  SampleApp_NwkState = (devStates_t)(MSGpkt->hdr.status);
  if ( //(SampleApp_NwkState == DEV_ZB_COORD) ||
      (SampleApp_NwkState == DEV_ROUTER)
     || (SampleApp_NwkState == DEV_END_DEVICE) )
  {
    // Start sending the periodic message in a regular interval.
    osal_start_timerEx( SampleApp_TaskID,
              SAMPLEAPP_SEND_PERIODIC_MSG_EVT,
             SAMPLEAPP_SEND_PERIODIC_MSG_TIMEOUT );
  }
  else
  {
    // Device is no longer in the network
  }
  break;
```

```
    (void) leds;
    (void) mode;
#endif  /* BLINK_LEDS && HAL_LED   */

  return ( HalLedState );
}
```

代码说明：

① 第一次先判断 LED_1 要不要操作，然后在循环中通过左移来判断其他 LED 灯。

② 如果不是反转模式，将 mode 传入到 sts 中保存。

③ LED 设置函数。

（3）由③进入到 HalLedOnOff(led,sts->mode)函数中，学习设置 LED 灯的方法，源码如下：

```
void HalLedOnOff (uint8 leds, uint8 mode)
{
    if (leds & HAL_LED_1)                   //判断是不是 LED_1
    {
        if (mode == HAL_LED_MODE_ON)        //如果是点亮模式，那么执行下面的函数
        {
            HAL_TURN_ON_LED1();
        }
        Else                                //如果是灭的模式，那么执行下面的函数
        {
            HAL_TURN_OFF_LED1();
        }
    }
    if (leds & HAL_LED_2)                   //同 LED1
    {
        if (mode == HAL_LED_MODE_ON)
        {
            HAL_TURN_ON_LED2();
        }
        else
        {
            HAL_TURN_OFF_LED2();
        }
    }
    …
//此处省略 LED3 和 LED4 程序段
    if (mode)                               //记住当前的状态
    {
        HalLedState |= leds;
    }
    else
```

```
    {
        HalLedState &= (leds^0xFF);
    }
}
```

（4）进入 HAL_TURN_ON_LED1()函数观察是如何点亮 LED_1 的，在 hal_board_cfg.h 中，我们可以找到以下代码。

```
#define HAL_TURN_OFF_LED1()    st(LED1_SBIT=LED1_POLARITY(0);)
#define HAL_TURN_OFF_LED2()    st(LED2_SBIT=LED2_POLARITY(0);)
#define HAL_TURN_OFF_LED3()    st(LED3_SBIT=LED3_POLARITY(0);)
#define HAL_TURN_OFF_LED4()    HAL_TURN_OFF_LED1()
#define HAL_TURN_ON_LED1()     st(LED1_SBIT=LED1_POLARITY(1);)
#define HAL_TURN_ON_LED2()     st(LED2_SBIT=LED2_POLARITY(1);)
#define HAL_TURN_ON_LED3()     st(LED3_SBIT=LED3_POLARITY(1);)
#define HAL_TURN_ON_LED4()     HAL_TURN_ON_LED1()
st(LED1_SBIT=LED1_POLARITY(1);)的意思，就是LED1_SBIT=LED1_POLARITY(1);执行一次。
#define LED1_SBIT    P1_0    LED_1 在电路板上就是接在 P1_0 口的
#define LED1_POLARITY    ACTIVE_HIGH
#define ACTIVE_HIGH      !!
```

那么，LED1_POLARITY(1)的值就是 1，即 P1_0=1，LED_1 点亮。

若板子是低电平亮，现在使用 HAL_LED_MODE_ON 是关闭灯，怎么修改才能让 HAL_LED_MODE_ON 变成开灯呢？发光二极管具有单向导电的特性，即只有在正向电压（二极管的正极接正，负极接负）下才能导通发光。

修改方法如下。

修改 "…\Components\hal\target\CC2530EB\hal_board_cfg.h" 下代码如下：

```
/*------- LED's -------*/
#if defined (HAL_BOARD_CC2530EB_REV17)&&!defined (HAL_PA_LNA)
&&!defined(HAL_PA_LNA_CC2590)
#define HAL_TURN_OFF_LED1()    st(LED1_SBIT=LED1_POLARITY(1);)
#define HAL_TURN_OFF_LED2()    st(LED2_SBIT=LED2_POLARITY(1);)
#define HAL_TURN_OFF_LED3()    st(LED3_SBIT=LED3_POLARITY(1);)
#define HAL_TURN_OFF_LED4()    HAL_TURN_OFF_LED1()
#define HAL_TURN_ON_LED1()     st(LED1_SBIT=LED1_POLARITY(0);)
#define HAL_TURN_ON_LED2()     st(LED2_SBIT=LED2_POLARITY(0);)
#define HAL_TURN_ON_LED3()     st(LED3_SBIT=LED3_POLARITY(0);)
#define HAL_TURN_ON_LED4()     HAL_TURN_ON_LED1()
```

修改…\Components\hal\include\hal_led.h 下代码如下：

```
/* Modes */
#define HAL_LED_MODE_OFF       0x01
#define HAL_LED_MODE_ON        0x00
#define HAL_LED_MODE_BLINK     0x02
#define HAL_LED_MODE_FLASH     0x04
#define HAL_LED_MODE_TOGGLE    0x08
```

知识二 组播实验

【实验目的】
1. 实现多终端通信。
2. 实现组播通信，协调器不响应其他组发来的数据。

【实验设备】
1. 计算机一台。
2. 三个节点。

【实验要求】
实现组播通信，即协调器不响应其他组发过来的数据；当按下终端 S1 键时，观察协调器和终端上 LED2 的状态变化，判断发送是否成功。

【实验步骤】
本实验在 SampleApp.eww 工程的基础上进行开发。工程是基于 TI 的 SampleApp 修改。

一、定义全局变量

在全局变量区定义一个全局变量，用来保存当前 LED 的状态。

```
/*********************************************************************
 * GLOBAL VARIABLES
 */
uint8 LedState = 0;    //记录保存当前 LED 的状态
```

二、代码修改

（1）在消息处理函数 SampleApp_ProcessEvent 中找到以下代码：

```
case ZDO_STATE_CHANGE:                              //①
SampleApp_NwkState = (devStates_t)(MSGpkt->hdr.status);
if ( (SampleApp_NwkState == DEV_ZB_COORD) ||
(SampleApp_NwkState == DEV_ROUTER)                  //路由器
|| (SampleApp_NwkState == DEV_END_DEVICE) )         //终端设备
{
// Start sending the periodic message in a regular interval.
//osal_start_timerEx( SampleApp_TaskID,
//SAMPLEAPP_SEND_PERIODIC_MSG_EVT,
//SAMPLEAPP_SEND_PERIODIC_MSG_TIMEOUT );  ③
}
```

代码说明：
① 当网络状态改变时，所有节点都会发生。
② 协议器不用发送，所以屏蔽此项。
③ 此实验没有周期性事件，注意 osal_start_timerEx 这行代码。

（2）按键处理函数 SampleApp_HandleKeys。

```
void SampleApp_HandleKeys( uint8 shift, uint8 keys )
{
```

```
   (void)shift;  // Intentionally unreferenced parameter
//开发板 I/O 中 HAL_KEY_SW_6 表示 S1 按键,使用 TI 原始宏定义,所以没做修改
if(keys&HAL_KEY_SW_6)
  {
    #if defined(ZDO_COORDINATOR)            //协调器只接收数据
#else                                       //路由器和终端才发送数据
    SampleApp_SendFlashMessage(0);          //以组播方式发数据
    #endif
  }
```

代码说明:

① 协调器只接收数据,故没有相应操作代码。

② 三个设备(协调器和两个终端)使用同一套代码,我们可以用 if-else-endif 结构的宏定义来区分设备,实现不同设备的功能。

```
typedef enum
{
  afAddrNotPresent = AddrNotPresent,
  afAddr16Bit      = Addr16Bit,              //短地址通信
  afAddr64Bit      = Addr64Bit,              //MAC 地址通信
  afAddrGroup      = AddrGroup,              //组播通信
  afAddrBroadcast  = AddrBroadcast           //广播通信
} afAddrMode_t;
```

(3) 接收数据函数 SampleApp_MessageMSGCB。

```
void SampleApp_MessageMSGCB( afIncomingMSGPacket_t *pkt ) //接收数据
{
  uint8 data;
  switch ( pkt->clusterId )
  {
    case SAMPLEAPP_PERIODIC_CLUSTERID:
      break;
    case SAMPLEAPP_FLASH_CLUSTERID:
      data = (uint8)pkt->cmd.Data[0]; ;                    // ①
      if(data == 0)
      HalLedSet(HAL_LED_2, HAL_LED_MODE_OFF);
      else
      HalLedSet(HAL_LED_2, HAL_LED_MODE_ON);
      break;
  }
}
```

代码说明:

① 根据接收到的数据改变 LED2 的亮灭。

(4) 组播发送数据函数 SampleApp_SendFlashMessage。

```
void SampleApp_SendFlashMessage( uint16 flashTime )
{
```

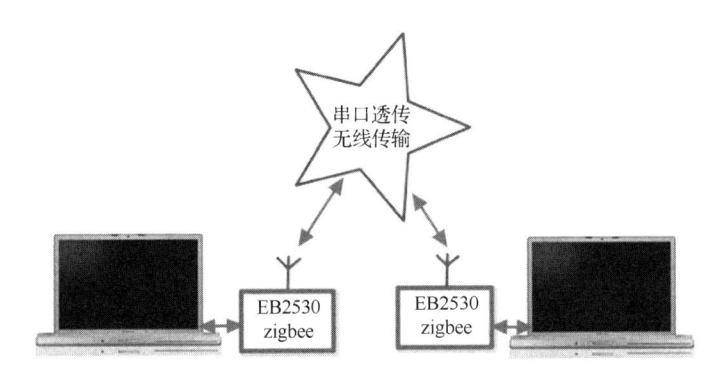

图 3-20 基于 ZigBee 模块的通信模型

打开 "..\ZStack-2.5.1a\Projects\zstack\Utilities\SerialApp\CC2530DB\SerialApp.eww" 工程。

（1）将命令添加到命令列表，增加协调器与终端握手的 ID，分别是请求与应答。

```
const cId_t SerialApp_ClusterList[SERIALAPP_MAX_CLUSTERS] =
{
  SERIALAPP_CLUSTERID1,
  SERIALAPP_CLUSTERID2,
  SERIALAPP_CONNECTREQ_CLUSTER,
  SERIALAPP_CONNECTRSP_CLUSTER
};
#define SERIALAPP_MAX_CLUSTERS 4
```

（2）SerialApp_Init 函数。

```
void SerialApp_Init( uint8 task_id )
{
  halUARTCfg_t uartConfig;                                      //串口配置结构体
  SerialApp_TaskID = task_id;                                   //任务 ID
  SerialApp_RxSeq = 0xC3;                                       //接收序列
  SampleApp_NwkState = DEV_INIT;
  afRegister( (endPointDesc_t *)&SerialApp_epDesc );            //注册端口描述符
  RegisterForKeys( task_id );                                   //注册按键事件
  uartConfig.configured = TRUE;      //2x30 don't care-see uart driver.
  uartConfig.baudRate = SERIAL_APP_BAUD;
uartConfig.flowControl = FALSE;
uartConfig.flowControlThreshold = SERIAL_APP_THRESH; //2x30 don't care-see uart driver.
uartConfig.rx.maxBufSize=SERIAL_APP_RX_SZ; //
uartConfig.tx.maxBufSize=SERIAL_APP_TX_SZ;//
uartConfig.idleTimeout=SERIAL_APP_IDLE;      //
uartConfig.intEnable= TRUE;         //
uartConfig.callBackFunc=SerialApp_CallBack;                     //接收回调函数
HalUARTOpen (SERIAL_APP_PORT, &uartConfig);                     //打开串口

#if defined ( LCD_SUPPORTED )
```

```
    HalLcdWriteString( "SerialApp", HAL_LCD_LINE_2 );
#endif

    ZDO_RegisterForZDOMsg(SerialApp_TaskID, End_Device_Bind_rsp );  //注册绑定
    ZDO_RegisterForZDOMsg( SerialApp_TaskID, Match_Desc_rsp );      //相关的事件
}
```

（3）SerialApp_ProcessEvent 函数。

```
UINT16 SerialApp_ProcessEvent( uint8 task_id, UINT16 events )
{
  (void)task_id;  // Intentionally unreferenced parameter
  if ( events & SYS_EVENT_MSG )
  {
    afIncomingMSGPacket_t *MSGpkt;
while((MSGpkt=(afIncomingMSGPacket_t*)osal_msg_receive( SerialApp_TaskID)))
    {
      switch ( MSGpkt->hdr.event )
      {
      case AF_INCOMING_MSG_CMD:
        SerialApp_ProcessMSGCmd( MSGpkt );
        break;
      case ZDO_STATE_CHANGE:
        SampleApp_NwkState = (devStates_t)(MSGpkt->hdr.status);
        if ( (SampleApp_NwkState == DEV_ZB_COORD)
            || (SampleApp_NwkState == DEV_ROUTER)
            || (SampleApp_NwkState == DEV_END_DEVICE) )
        {
          // Start sending the periodic message in a regular interval.
          HalLedSet(HAL_LED_1, HAL_LED_MODE_ON);
          if(SampleApp_NwkState != DEV_ZB_COORD)
            SerialApp_DeviceConnect();
        }
        else
        {
          // Device is no longer in the network
        }
        break;
      default:
        break;
      }
      osal_msg_deallocate( (uint8 *)MSGpkt );
    }
    return ( events ^ SYS_EVENT_MSG );
  }
  if ( events & SERIALAPP_SEND_EVT )
  {
```

```
    SerialApp_Send();                      //串口发送
    return ( events ^ SERIALAPP_SEND_EVT );
  }
  if ( events & SERIALAPP_RESP_EVT )
  {
    SerialApp_Resp();                      //串口响应
    return ( events ^ SERIALAPP_RESP_EVT );
  }
  return ( 0 );  // Discard unknown events.
}
```

（4）SerialApp_Send 函数。

```
static void SerialApp_Send(void)
{
#if SERIAL_APP_LOOPBACK                    //回路测试 不会执行
  if (SerialApp_TxLen < SERIAL_APP_TX_MAX)
  {
      SerialApp_TxLen += HalUARTRead(SERIAL_APP_PORT,
SerialApp_TxBuf+SerialApp_TxLen+1,
SERIAL_APP_TX_MAX-SerialApp_TxLen);
  }
  if (SerialApp_TxLen)
  {
    (void)SerialApp_TxAddr;
    if (HalUARTWrite(SERIAL_APP_PORT, SerialApp_TxBuf+1, SerialApp_TxLen))
    {
      SerialApp_TxLen = 0;
    }
    else
    {
      osal_set_event(SerialApp_TaskID, SERIALAPP_SEND_EVT);
    }
  }
#else
//当 SerialApp_TxLen 不为 0 时，代表有数据要发送或正在发送。SerialApp_TxLen 为 0 时，代表没有数据
//发送或已经发送完了。发送端接收到接收端的确认信息后，确定本次数据已经被接收到会将 SerialApp_TxLen
//置 0，为接收下次数据做准备
  if(!SerialApp_TxLen &&
      (SerialApp_TxLen = HalUARTRead(SERIAL_APP_PORT, SerialApp_TxBuf+1,
SERIAL_APP_TX_MAX)))
  {
    // Pre-pend sequence number to the Tx message.
    SerialApp_TxBuf[0] = ++SerialApp_TxSeq;
  }
  if (SerialApp_TxLen)                                  // 如果接收到内容
  {
```

```c
        if(afStatus_SUCCESS != AF_DataRequest(&SerialApp_TxAddr,
                              (endPointDesc_t *)&SerialApp_epDesc,
                              SERIALAPP_CLUSTERID1,
                              SerialApp_TxLen+1, SerialApp_TxBuf,
                              &SerialApp_MsgID, 0, AF_DEFAULT_RADIUS))
    {
    osal_set_event(SerialApp_TaskID,SERIALAPP_SEND_EVT);       //若发送失败,则重发
      }
  }
#endif
}
```

对发送端来说,若发送不成功,则数据重发;若得知接收端数据没有接收成功,同样进行数据重发。如果上次数据没有发完,即使串口有了新数据也不重新读取串口里的新数据,而是继续重发上次的数据。

(5)在收到空中的信号后,传递给相连的串口终端。

```c
void SerialApp_ProcessMSGCmd( afIncomingMSGPacket_t *pkt )
{
 uint8 stat;
 uint8 seqnb;
 uint8 delay;
 switch ( pkt->clusterId )
 {
//A message with a serial data block to be transmitted on the serial port.
 case SERIALAPP_CLUSTERID1:           //收到发送过来的数据通过串口输出到计算机进行显示
   // Store the address for sending and retrying.
   osal_memcpy(&SerialApp_RxAddr, &(pkt->srcAddr), sizeof( afAddrType_t ));
   seqnb = pkt->cmd.Data[0];
   // Keep message if not a repeat packet
   if ( (seqnb > SerialApp_RxSeq) ||                    // Normal
       ((seqnb < 0x80 ) && ( SerialApp_RxSeq > 0x80)) ) // Wrap-around
   {
       //Transmit the data on the serial port.        // 通过串口发送数据到计算机
       if(HalUARTWrite(SERIAL_APP_PORT,pkt->cmd.Data+1,(pkt->cmd.DataLength-1)))
       {
         // Save for next incoming message
         SerialApp_RxSeq = seqnb;
         stat = OTA_SUCCESS;
       }
       else
       {
         stat = OTA_SER_BUSY;
       }
   }
   else
```

```
      {
        stat = OTA_DUP_MSG;
      }
      // Select approproiate OTA flow-control delay.
      delay=(stat == OTA_SER_BUSY)? SERIALAPP_NAK_DELAY : SERIALAPP_ACK_DELAY;
      // Build & send OTA response message.
      SerialApp_RspBuf[0] = stat;
      SerialApp_RspBuf[1] = seqnb;
      SerialApp_RspBuf[2] = LO_UINT16( delay );
      SerialApp_RspBuf[3] = HI_UINT16( delay );
//收到数据后,发送一个响应事件
      osal_set_event( SerialApp_TaskID, SERIALAPP_RESP_EVT );
      osal_stop_timerEx(SerialApp_TaskID, SERIALAPP_RESP_EVT);
      break;
    // A response to a received serial data block.      // 接到响应消息
    case SERIALAPP_CLUSTERID2:
      if ((pkt->cmd.Data[1] == SerialApp_TxSeq) &&
         ((pkt->cmd.Data[0] == OTA_SUCCESS) || (pkt->cmd.Data[0] == OTA_DUP_MSG)))
      {
        SerialApp_TxLen = 0;
        osal_stop_timerEx(SerialApp_TaskID, SERIALAPP_SEND_EVT);
      }
      else
      {
        // Re-start timeout according to delay sent from other device.
        delay = BUILD_UINT16( pkt->cmd.Data[2], pkt->cmd.Data[3] );
        osal_start_timerEx( SerialApp_TaskID, SERIALAPP_SEND_EVT, delay );
      }
      break;
    case SERIALAPP_CONNECTREQ_CLUSTER:
      SerialApp_ConnectReqProcess((uint8*)pkt->cmd.Data);

    case SERIALAPP_CONNECTRSP_CLUSTER:
      SerialApp_DeviceConnectRsp((uint8*)pkt->cmd.Data);

    default:
      break;
  }
}
```

三、下载验证

分别编译并下载到协调器、终端,两个节点用 USB 与计算机相连,打开 XCOM 软件,设置串口参数,其中波特率为 115200,数据位为 8,停止位为 1,无校验位,即可发送消息。串口接收的消息如图 3-21 所示。

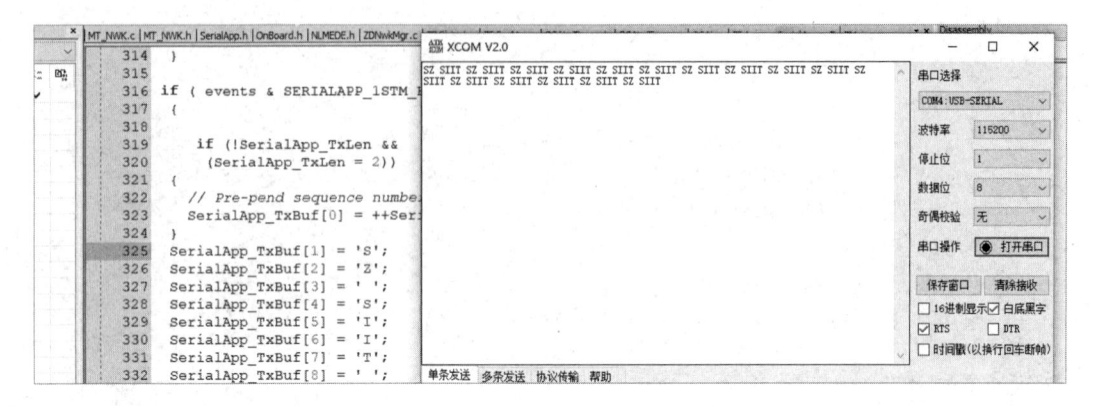

图 3-21 串口接收的消息

思考与练习

1. 简述无线传感器网络的特点。
2. 说出几种常用的无线组网技术。
3. 简述无线传感器网络在不同领域的应用前景。
4. 简述 ZigBee 协议栈架构。
5. 简述 BasicRF 软件包架构的组成。
6. 简述协议栈建网的过程。
7. 简述通信模式结构体成员变量的含义。
8. 简述透传的含义。

项目四

基于 STM32 的温湿度监测系统

温湿度监测在工业生产、冷链物流、农业等领域得到广泛应用。本项目基于 STM32 嵌入式芯片,搭配温湿度传感器、显示模块等,通过温湿度监测系统的开发,使大家对基于 STM32 的嵌入式开发有初步的认识。通过本项目的学习,学生应达到以下目标。

知识目标

(1) 了解 STM32 的特点。
(2) 理解 STM32 最小系统。
(3) 了解温湿度传感器的工作原理。
(4) 理解 STM32 的常用接口。
(5) 理解 STM32 系统的硬件原理和软件设计流程。
(6) 理解 STM32 的系统开发环境搭建流程和开发要点。

技能目标

(1) 会安装 STM32 开发环境。
(2) 会设计 STM32 系统硬件。
(3) 会设计 STM32 系统软件。
(4) 会进行 STM32 系统调试。

任务一 项目简介及实施要求

知识一 项目背景

温湿度监测在冷链运输、生产环境监控、机房环境监控等领域的应用越来越广泛。在国内大循环、新媒体助力农产品销售的背景下,水果在国内各地区之间的流通越来越频繁,由于很多水果具有保存条件苛刻、易变质等特点，因此给水果运输带来了困难，而冷链运输的发展为水果的流通提供了条件。一般水果在冷链运输过程中，要求温度控制在 0~4℃，湿度控制在 85%~90%，这就要求对运输过程中的温湿度进行实时监测。

设计一款能自动监测并显示温湿度的系统，对水果等物品的保存和冷链运输的开展具有重要意义。

知识二　实施要求

本项目以冷链运输为背景，选取主流嵌入式芯片，并基于该芯片进行温湿度采集和显示。项目具体实施要求如下。

（1）搭建系统框架。
（2）设计系统硬件电路。
（3）设计系统软件流程，撰写软件代码。
（4）调试系统，并实现以下功能：正确采集环境温度，并在液晶显示器（Liquid Crystal Display，LCD）上进行显示。

知识三　系统框架设计

根据上述实施要求，确定了本项目涉及的硬件模块包括嵌入式芯片、温湿度传感器、LCD 模块。

一、芯片选型

明确系统模块后，需要进行系统模块的选型。

1. 嵌入式芯片选型

STM32 作为目前主流的嵌入式芯片，由于其出色的性能，在各领域得到了广泛应用。本项目选取市面上最常见的 STM32F103 增强型系列，该系列使用高性能的 ARM Cortex-M3 32 位的 RISC 内核，工作频率为 72MHz，内置高速存储器（高达 128KB 的闪存和 20KB 的 SRAM），具有丰富的增强 I/O 端口和连接两条 APB 总线的外部设备。所有型号的器件都包含 2 个 12 位的 ADC、3 个通用 16 位定时器和 1 个 PWM 定时器，还包含标准和先进的通信接口：多达 2 个 I^2C 和 SPI、3 个 USART、1 个 USB 及 1 个 CAN。STM32F103 增强型系列工作于-40~105℃的温度范围，供电电压为 2~3.6V，一系列的省电模式保证满足低功耗应用的要求。完整的 STM32F103 增强型系列产品包括从 36 引脚至 100 引脚的五种不同封装形式；根据不同的封装形式，器件中的外部设备配置不尽相同。

2. 温湿度传感器选型

市面上的温湿度传感器很多，常见的用于嵌入式开发模块的有 DHT 系列、SHT 系列等。

（1）DHT 系列

DHT 系列数字温湿度传感器是一款含有已校准数字信号输出的温湿度复合传感器，它采用专用的数字模块采集技术和温湿度传感技术，确保产品具有极高的可靠性和卓越的长期稳定性。该系列数字温湿度传感器包括一个电阻式感湿元件和一个 NTC 测温元件，并与一个高性能的 8 位单片机相连接。因此，该产品具有性能优异、响应快、抗干扰能力强、性价比高等优点。每个 DHT 数字温湿度传感器都在极为精确的湿度校验室中进行校准，校准系数以程序的形式保存在 OTP 内存中，传感器内部在对检测信号的处理过程中需要调用这些校准系数。该模块采用单线制数据传输，以 DHT11 为例，产品为 4 针单排引脚封装，正面图中从左到右依次为 VCC、信号线、空和 GND，如图 4-1（a）所示。

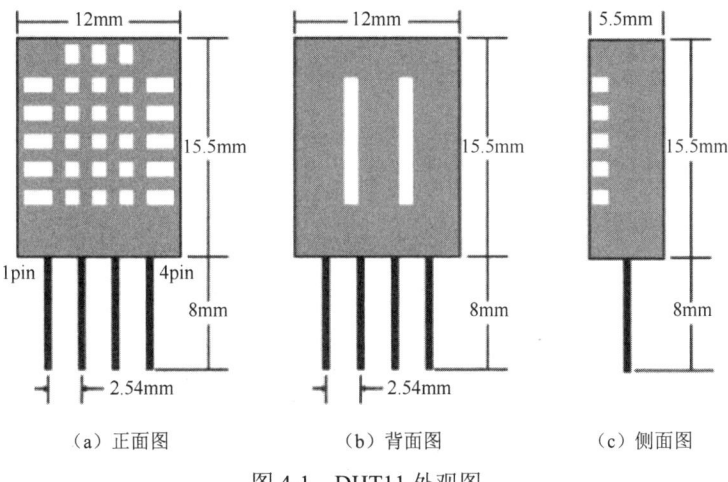

（a）正面图　　（b）背面图　　（c）侧面图

图 4-1　DHT11 外观图

（2）SHT 系列

SHT 系列温湿度传感器集成度较高，将温度感测、湿度感测、信号变换、A/D 转换和加热等功能集成到一个芯片上，以 SHT20 为例，其结构如图 4-2 所示。

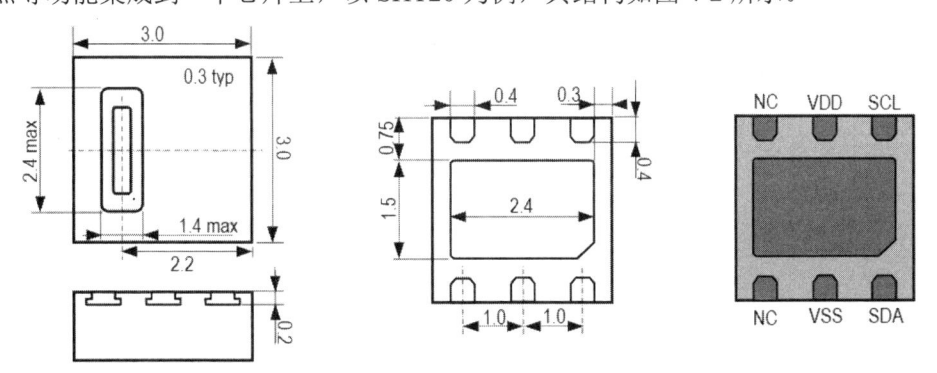

图 4-2　SHT20 的结构

该芯片包括一个电容性聚合体湿度敏感元件和一个用能隙材料制成的温度敏感元件。这两个敏感元件分别将湿度和温度转换成电信号，该微弱电信号首先经放大器进行放大，然后进入一个 14 位的 A/D 转换器，最后经过二线串行数字接口输出数字信号。模块在出厂前，都会在恒湿或恒温环境中进行校准，校准系数存储在校准寄存器中；在测量过程中，校准系数会自动校准来自温湿度传感器的信号。此外，模块内部还集成了一个加热元件，该加热元件接通后可以将模块温度升高 5℃，同时功耗会有所增加。在高湿（≥95%RH）环境中，加热温湿度传感器可预防温湿度传感器结露，同时缩短响应时间，提高精度。加热后模块温度升高、相对湿度降低，较加热前，测量值会略有差异。微处理器是通过 I²C 串行数字接口与模块进行通信的，但是通信协议与通用的 I²C 总线协议是不兼容的。

3. 显示模块

LCD1602 是广泛使用的一种字符型液晶显示模块，也是嵌入式开发过程中的基本入门显示模块。它是由字符型液晶显示器 LCD、控制驱动主电路 HD44780 和其扩展驱动电路 HD44100，以及少量电阻、电容元件和结构件等装配在 PCB 上而组成的。LCD1602 的外观如图 4-3 所示。

图 4-3　LCD1602 的外观

LCD1602 的内部控制器大部分为 HD44780，主要用于显示英文字母、阿拉伯数字和一般性符号。常见的点阵式 LCD 显示容量为 16×1、16×2、20×2 和 40×2 等。例如，LCD1602 可显示 16×2，即 32 个字符。该模块最佳工作电压为 5V，工作电流为 2.0mA，分为带背光和不带背光两种。

二、系统框架设计

系统框架如图 4-4 所示。

温湿度传感器 SHT20 → STM32 → LCD 显示

图 4-4　系统框架

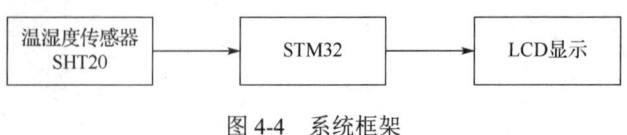

系统包含 STM32 嵌入式芯片、SHT20 温湿度传感器、LCD1602 模块。STM32 嵌入式芯片作为核心模块，控制温湿度传感器 SHT20 采集外部温湿度，控制 LCD 显示采集到的温湿度信息。

任务二　认识 STM32

知识一　STM32 概述

一、STM32 简介

STM 系列产品是意法半导体（STMicroelectronics）的核心产品，是专为要求高性能、低成本、低功耗的嵌入式应用而设计的。STM32 主要基于 ARM Cortex-M0/M0+/M3/M4/M7 内核。根据性能不同，分为主流产品、低功耗产品、高性能产品。图 4-5 所示为 STM32 各系列对比图。

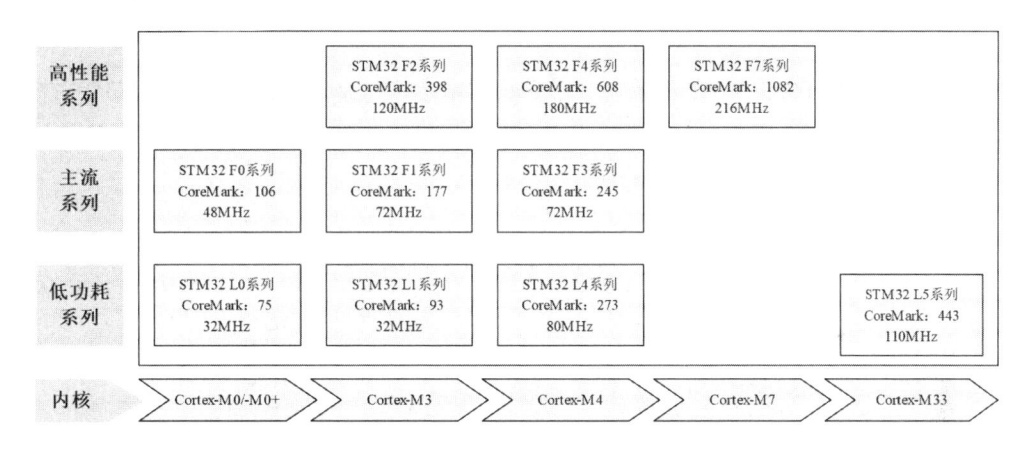

图 4-5　STM32 各系列对比图

如图 4-5 所示，F0 和 L0 系列产品基于超低功耗的 ARM Cortex-M0 内核，L1、F1、F2 系列主要基于 ARM Cortex-M3 内核，L4、F3、F4 系列产品基于超低功耗的 ARM Cortex-M4 内核，F7 和 H7 系列产品则基于高性能的 Cortex-M7 内核。L 系列为低功耗系列，F0、F1、F3 系列为主流产品，F2、F4、F7 和 H7 系列为高性能产品。

每个系列的芯片包含了很多型号，以 STM32F1 为例，可以分为 STM32F101、STM32F103、STM32F105 等系列，每个系列根据封装、Flash 容量等又分为多种型号，在设计前，首先要选定具体型号及参数。

二、STM32 具体型号的命名规则

STM32 具体型号命名中，包含了芯片的大部分参数信息。以 STM32F103RET6 型号为例，该型号的组成可以分为 7 个部分，其命名规则如表 4-1 所示。

表 4-1　STM32F103RET6 命名规则

序　号	符　号	具 体 含 义
1	STM32	STM32 代表 ARM Cortex-M 内核的 32 位微控制器
2	F	F 代表芯片子系列。除了 F 系列以外，还有 L 系列、H 系列。主流产品包含 F0、F1、F3，超低功耗产品包含 L0、L1、L4、L4+系列，高性能产品包含 F2、F4、F7、H7 系列

续表

序 号	符 号	具 体 含 义
3	103	103 代表增强型系列。除了 103，还有 101、105、107。101 代表基本型，105 和 107 代表互连型
4	R	R 这一项代表引脚数，其中 T 代表 36 引脚，C 代表 48 引脚，R 代表 64 引脚，V 代表 100 引脚，Z 代表 144 引脚，I 代表 176 引脚
5	E	E 这一项代表内嵌 Flash 容量，其中 6 代表 32KB Flash，8 代表 64KB Flash，B 代表 128KB Flash，C 代表 256KB Flash，D 代表 384KB Flash，E 代表 512KB Flash，G 代表 1MB Flash
6	T	T 这一项代表封装，其中 H 代表 BGA 封装，T 代表 LQFP 封装，U 代表 VFQFPN 封装
7	6	6 这一项代表工作温度范围，其中 6 代表-40~85℃，7 代表-40~105℃

三、STM32F103RET6 简介

STM32F103RET6 是 STM32 增强型系列的常用芯片，基于 ARM Cortex-M3™内核，工作时钟频率可达到 72MHz，内嵌 512KB 的 Flash 和 64KB 的 RAM，包含 64 个引脚。STM32F103RET6 引脚图如图 4-6 所示。

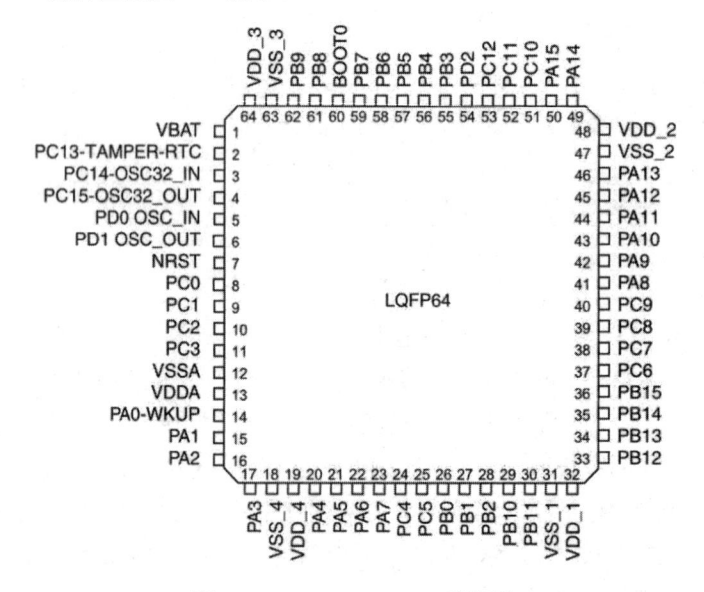

图 4-6 STM32F103RET 引脚图

知识二 STM32 最小系统设计

通常情况下，STM32 微控制器芯片不能独立工作，必须提供外围相关电路,构成 STM32 最小系统，通常包括晶振电路、复位电路、电源电路和启动模式电路。

一、晶振电路设计

晶振电路的设计为 STM32 微控制器芯片在工作中提供基准频率的稳定性及抗干扰能力，通过基准频率来保证微控制器在系统电路中的频率准确性。本项目采用了无源晶振，

结合微控制器内部电路和时钟电路使其产生振荡信号。晶振电路如图 4-7 所示。

图 4-7 晶振电路

图 4-7 中包含低频和高频两个晶振电路。低频晶振电路采用 32.768kHz 的晶振 Y3，两个引脚与微控制器的 PC14 及 PC15 引脚相连接，并与微控制器内部构建电路，可以满足一些低速外部设备的需求。高频晶振电路采用频率为 8MHz 的晶振 Y2，可以满足微控制器系统时钟频率稳定性和一些高速外部设备的需求，晶振引脚接在微控制器的 OSCIN 引脚和 OSCOUT 引脚上。为了优化稳定晶振电路，在电路中串联两个 20pF 的电容。晶振的选择取决于 STM32 微控制器的参数要求。

二、复位电路设计

复位电路用于提供微控制器瞬间的供电，如图 4-8 所示。电容 C2 与 R2 构成串联电路，当复位按键 SW1 按下时，电容 C2 被按键短路，使其两端的电压为低电压；按键松开后，电源为电容 C2 充电，逐渐使其电压值等于电源电压值，此时电路处于工作状态。

三、电源电路设计

电源电路的作用主要是将外部 5V 供电转换成适合 STM32 工作的 3.3V 电压。本项目采用 ME6211-3.3 低压三端稳压芯片，电源电路如图 4-9 所示。当外部接入 5V 电源时，其幅值从 0 开始增至 5V，考虑到在此过程中产生的脉冲波动较大，利用电容 C7、C5 的充放电效应来稳定电压波动；输入电压经过稳压芯片转换成 3.3V 电压；输出端通过并联电容进行滤波，以此来保证输出电压的稳定性。

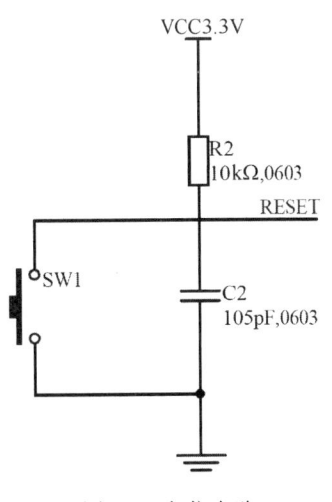

图 4-8 复位电路

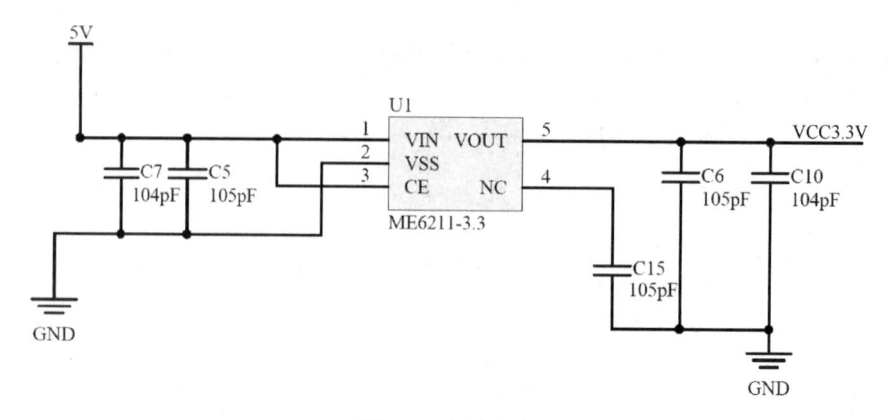

图 4-9　电源电路

四、启动模式电路设计

STM32 具有三种启动模式，通过设置 BOOT1 和 BOOT2 引脚的电平状态选择不同的模式。不同模式对应的启动区域不同，分别为内置 Flash、系统存储器和内置 SRAM。启动模式的引脚功能如表 4-2 所示。

表 4-2　启动模式的引脚功能

BOOT1（电平状态）	BOOT2（电平状态）	启动模式	说　明
X	0	主闪存存储器	启动区域为主闪存存储器
0	1	系统存储器	启动区域为系统存储器 ROM
1	1	内部 SRAM	启动区域为芯片内置 SRAM

例如，当 BOOT1 设为低电平，BOOT2 设为高电平时，系统从系统存储器启动。这种模式启动的程序功能是由厂家设置的。STM32 在出厂时，由 ST 在这个区域内部预置了一段 Boot Loader，也就是我们常说的 ISP 程序，由于这部分为 ROM，因此出厂后无法修改。一般来说，选用这种启动模式主要为了从串口下载程序，因为在厂家提供的 Boot Loader 中，提供了串口下载程序的固件，可以通过这个 Boot Loader 将程序下载到系统的 Flash 中。

当 BOOT2 设为低电平时，无论 BOOT1 为何种电平，均从 STM32 内置的 Flash 启动，一般用 JTAG 或 SWD 模式下载程序时，采用该模式。

实验一　开发环境搭建

【实验目的】

（1）掌握 MDK5 软件的使用方式。

（2）掌握程序代码的编译和下载方式。

（3）掌握 STLink 的连线方法。

【实验设备】

（1）计算机一台。

（2）Keil MDK-ARM 软件。

项目四　基于 STM32 的温湿度监测系统

【实验要求】

正确使用 Keil MDK-ARM 软件，学会对现有程序进行编译。通过 STLink 进行程序下载。

【实验步骤】

一、熟悉开发软件

进行 STM 系列单片机开发，ST 公司的网站上列出的软件多达 19 个。其中，MDK-ARM-STM32 和 IAR-EWARM 是较常使用的两款软件，本项目采用前者。MDK-ARM-STM32 软件又被称为 Keil。Keil 最早是为开发 51 系列单片机而推出的 C 语言软件开发系统，当时名为 Keil C51。Keil C51 编译器自 1988 年引入市场以来成为事实上的行业标准，并支持超过 500 种 8051 变种。

Keil 公司由两家私人公司联合运营，分别是德国慕尼黑的 Keil Elektronik GmbH 和美国得克萨斯的 Keil Software Inc。2005 年被 ARM 公司收购，2006 年推出可对 ARM 架构处理器进行开发的 Keil ARM。STM32 单片机隶属于 ARM 架构的单片机，故所使用的软件为 Keil for ARM。Keil for ARM 为基于 Cortex-M、Cortex-R4、ARM7、ARM9 处理器设备提供了一个完整的开发环境。Keil for ARM 软件界面如图 4-10 所示。目前，该软件已发布了 uVision 5.0 版本。在本项目中，请至少将版本更新至 4.60。

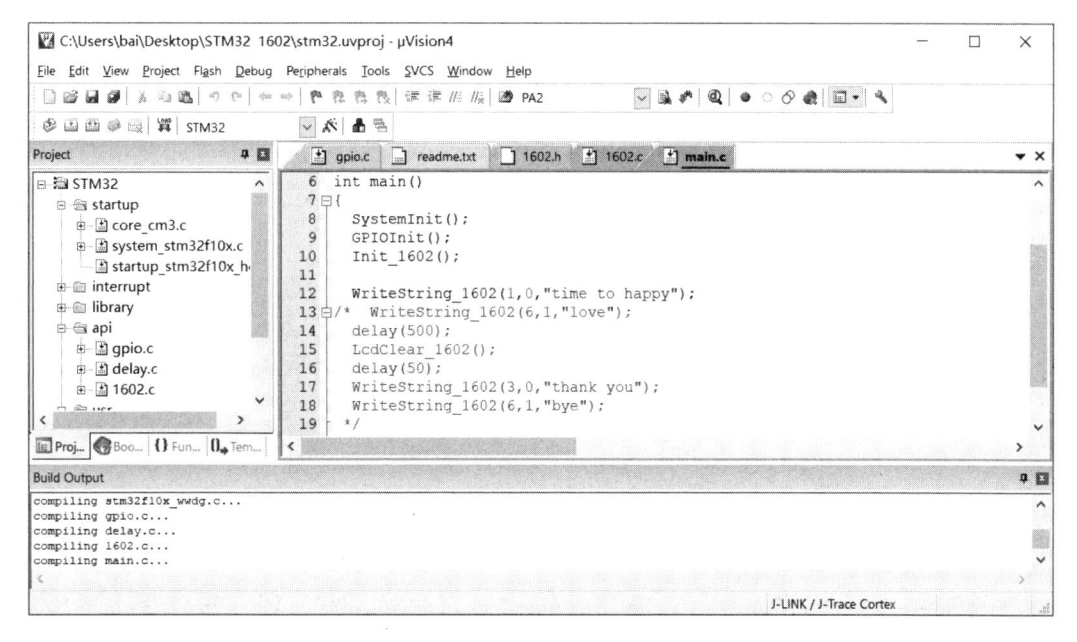

图 4-10　Keil for ARM 软件界面

Keil for ARM 软件的主界面包括标题栏、菜单栏、工具栏、工程窗口、编辑窗口、信息窗口和状态栏等。各部分作用如下。

（1）软件标题栏上一般显示项目的名称。根据软件的设置，其可简单显示项目的名称，也可包含完整的路径。

（2）菜单栏包括 File、Edit、View、Project、Flash、Debug、Peripherals、Tools、SVCS、Windows 和 Help 菜单项。常用的有 File、Edit、Project、Debug 和 Toold 等。

（3）工具栏将菜单栏中一些常用的功能图标化，与菜单栏中对应的菜单项功能相同。

（4）工程窗口用于展示打开的工程项目及其结构，便于工程管理。

（5）编辑窗口为进行程序编辑的窗口，也是程序员主要的操作区。

（6）信息栏用于显示编译、连接、查询等信息的结果。当编译时，需要关注此窗口，从而得到一些有用的错误提示，从而更好地完成项目。

（7）状态栏显示当前的工作状态，如当前是插入方式还是改写方式。

二、程序编译

1. 打开案例

打开现有案例 LED001。

2. 参数设置

（1）进入编译编制界面。

选择 project 菜单项中的"Options for target 'Target 1'"选项或直接单击快捷键的对应图标，进入"Options for target 'Target 1'"对话框，如图 4-11 所示。

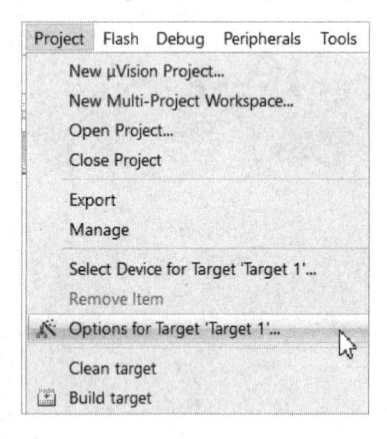

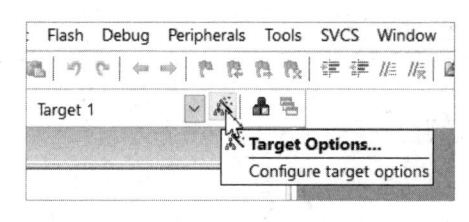

(a) 方式一　　　　　　　　　　(b) 方式二

图 4-11　进入"Options for target 'Target 1'"对话框的方式

（2）设置 CPU。

"Device"选项卡如图 4-12 示。在"Device"选项卡中主要是设置 CPU 型号，一般在工程建立时已经选定了目标 CPU，但如果选择失误或要移植至其他目标板，那么可对 CPU 型号进行更改。

本实验选择型号为 STM32F103RE 的 CPU。如果不需要做其他设定，可直接单击"OK"按钮退出界面，若需要更改其他选项卡内容，则可单击相应的选项卡。

（3）编译文件相关设置。

单击"Output"选项卡，如图 4-13 所示。

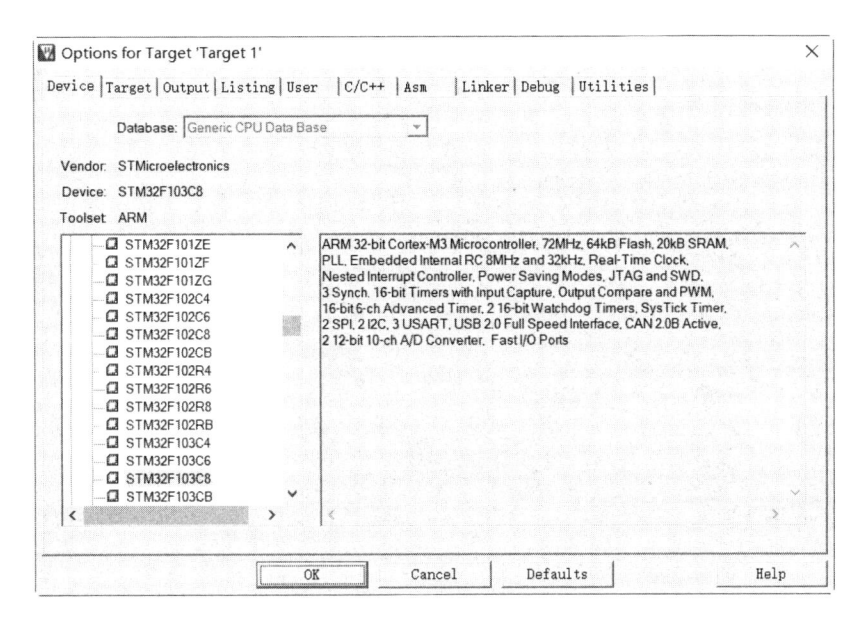

图 4-12 "Device"选项卡

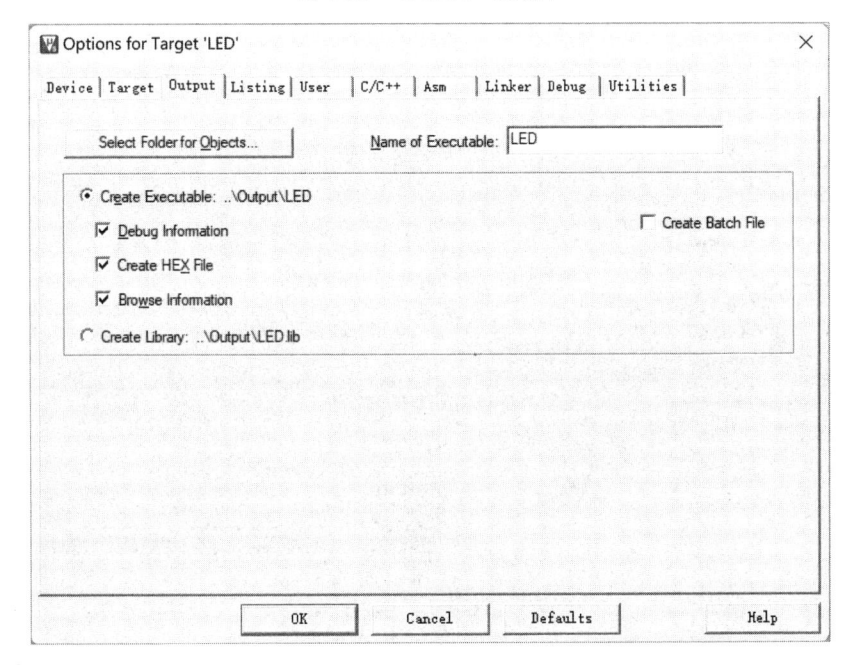

图 4-13 Output 标签

先勾选 "Create HEX File" 复选框（即需要生成可执行的 Hex 文件），再单击 "Select Folder for Objects" 按钮。该按钮的作用是为生成的可执行文件及相关信息选择保存的文件夹。不选择的情况下在软件默认位置对上述文件进行保存。为了方便管理，可新建一个 output 文件夹，选择该文件夹后单击 "OK" 按钮。

（4）设置下载方法。

单击 "Debug" 选项卡，先按照图 4-14 所示操作进行设置，然后在弹出的 "Cortex-M

Target Driver Setup"对话框中选择"Flash Download"选项卡,按图 4-15 所示操作进行选择和设置,如图 4-15 所示。

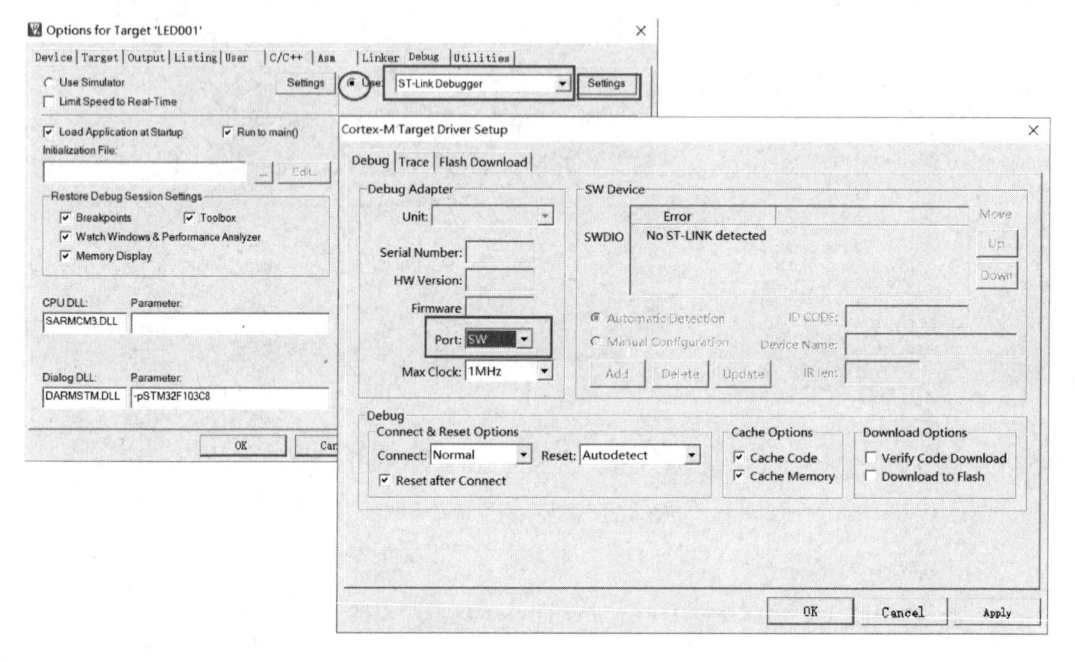

图 4-14 "Debug"选项卡

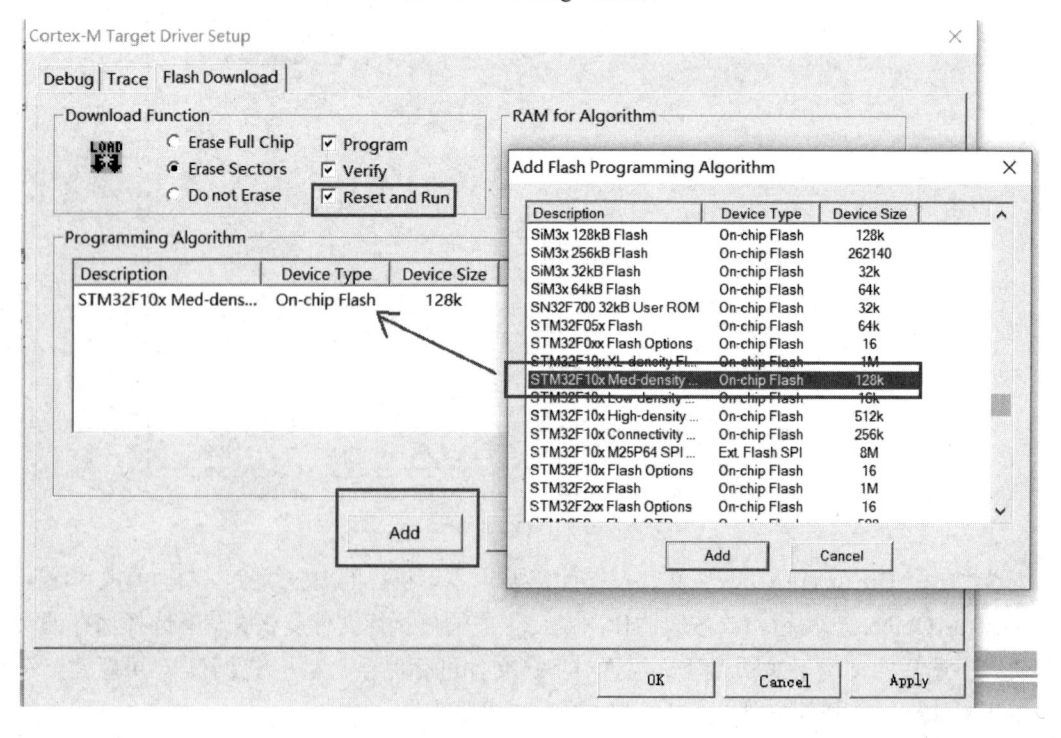

图 4-15 "Flash Download"选项卡

3. 编译

编译主要对语法错误进行检查，并将高级语言翻译成目标语言。图 4-16 所示为常见的编译快捷方式。

图 4-16　编译快捷方式

- Translate：编译当前改动的源文件，在这个过程中检查语法错误。但并不生成可执行文件。
- Build：只编译工程中上次修改的文件及其他依赖于这些修改过的文件的模块，同时重新链接生成可执行文件。如果工程之前没编译链接过，它就会直接调用 Rebuild All。另外，在技术文档中，Build 实际上是指 Increase Build，即增量编译。
- Rebuild：无论工程的文件是否编译过，都会对工程中所有文件重新进行编译，生成可执行文件，因此时间较长。项目首次完成通常采用该项。
- Batch Build：批量编译。

图 4-17 所示为编译结果，如果有错误，就会有对应的提示，程序员需根据提示进行修改。

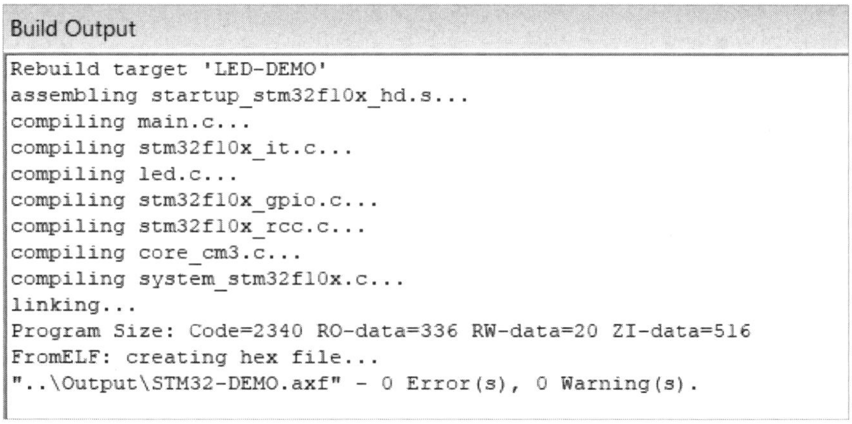

```
Build Output
Rebuild target 'LED-DEMO'
assembling startup_stm32f10x_hd.s...
compiling main.c...
compiling stm32f10x_it.c...
compiling led.c...
compiling stm32f10x_gpio.c...
compiling stm32f10x_rcc.c...
compiling core_cm3.c...
compiling system_stm32f10x.c...
linking...
Program Size: Code=2340 RO-data=336 RW-data=20 ZI-data=516
FromELF: creating hex file...
"..\Output\STM32-DEMO.axf" - 0 Error(s), 0 Warning(s).
```

图 4-17　编译结果

此时，在 Output 文件夹或编译设置中的文件夹下，将生成可执行的 Hex 文件。

4. 下载

首先将下载器的 SWCLK、SWDIO、GND 和 3.3V 引脚与单片机核心板上的引脚用杜邦线对应连接。连接规则如下：

- VCC——VCC
- GND——GND

- SWCLK——SWCLK
- SWDIO——SWDIO

单击图 4-18 所示软件中的下载图标，将生成的 Hex 文件下载至目标板中。

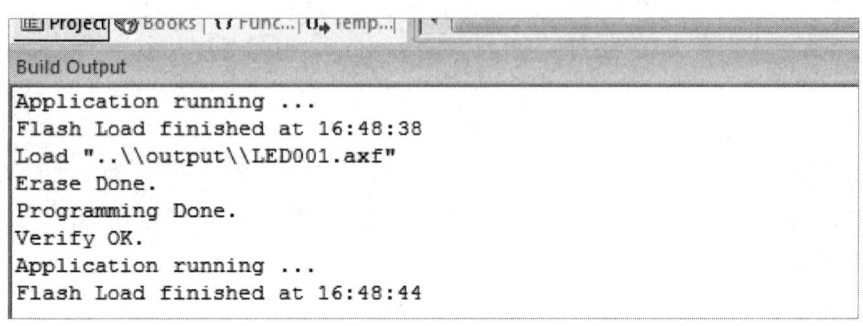

图 4-18　单击下载图标

单击下载按钮，看看是否出现正常的下载进度条，最后提示下载成功。

实验二　LED 控制系统设计

【实验目的】

（1）掌握固件库的组成和使用方式。

（2）掌握 LED 控制的软硬件设计。

（3）掌握库文件的封装方式。

（4）掌握系统的调试方法。

【实验设备】

（1）计算机一台。

（2）Keil MDK-ARM 软件。

（3）STM32 开发板。

（4）LED 灯、1kΩ 电阻。

【实验要求】

使用 STM32 的 PA0 接口控制 LED 点亮，完成硬件电路设计、软件代码编写、功能调试。

【实验步骤】

一、LED 控制硬件电路

本实验点亮一个 LED，以 PA0 端口为例，将其连接在该端口上，采用共阳极接线方式，即 LED 的阳极通过电阻连接 VCC，阴极接 STM32 的 GPIO 端口，通过 GPIO 端口电压控制 LED 的状态，当 PA0 端口为低电平时，形成电压差和电流，点亮 LED，电流从电源流进 CPU 内部。LED 连接原理图如图 4-19 所示。

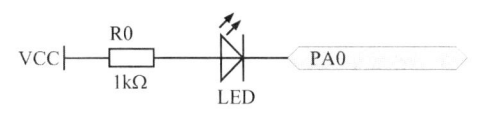

图 4-19　LED 连接原理图

这种接法可减少 CPU 的电力消耗。当控制多个 LED 时，也按照此种接法连接，称之为共阳极接法。

二、熟悉 Keil 固件库

由于嵌入式系统编程需要搭配硬件完成，编写程序前，首先要熟悉库文件。STM32 的固件库包含了内核支持文件、芯片支持文件、外部设备等。固件库提供芯片正常工作的底层支持，通过引用固件库的部分或全部文件，可以实现寄存器操作、控制外部设备等。每个系列的芯片都有相应的固件库，以本项目所选的 STM32F103 为例，其固件库为 stm32f10x_stdperiph_lib35，固件库可以从官网上下载。固件库主要包括以下几部分。

- ARM Cortex-M 内核的支持文件：Core_cm3。
- 芯片系列 STM32F10x 的支持文件：stm32f10x，system_stm32f10x。
- 启动文件：startup_stm32f10x_xx.s。
- 外部设备：STM32F10x_StdPeriph_Driver 文件夹内。

支持文件类型包含.c、.h、.s 文件。根据代码撰写习惯，可在新建项目内，添加文件夹，将支持文件复制到对应的文件夹内。

三、程序设计

1. 新建文件夹

新建文件夹 LED，在 LED 文件夹内新建子文件夹 CMSIS、FWlib、Startup、USER、Hardware，并存放相应的文件。

- CMSIS：包含固件库中的 core_cm3.system_stm32f10x。
- FWlib：主要用于存放寄存器定义、底层驱动。
- Startup：拷入以 startup_stm32f10x 开头的.s 启动文件。

同时创建新的 hardware 文件夹，在文件夹内分别创建 inc、src 两个文件夹，这三个文件夹的命名也可以自定义，用于存放自定义的库函数，inc 存放.h 头文件、src 存放.c 文件。

2. 新建项目

单击 "Project" 菜单项，选择 "New μVision Project" 选项，如图 4-20 所示。输入项目名称 LED_test，保存至新建文件夹 LED 内。

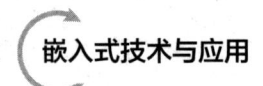

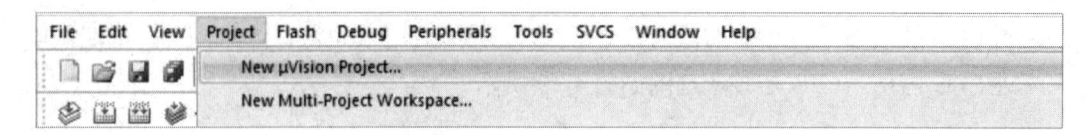

图 4-20 选择"New μVision Project"选项

3. 芯片选型

如图 4-21，选择芯片型号为 STM32F103RE。

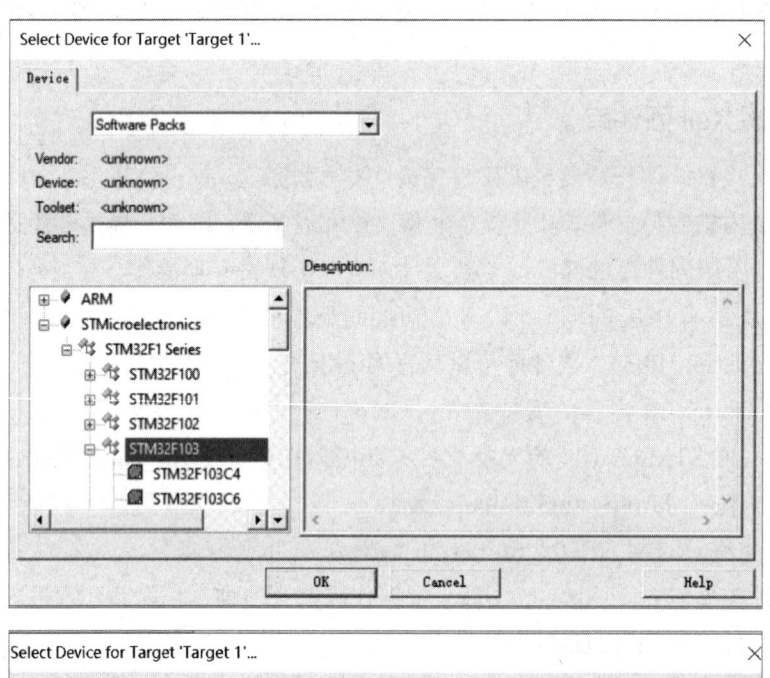

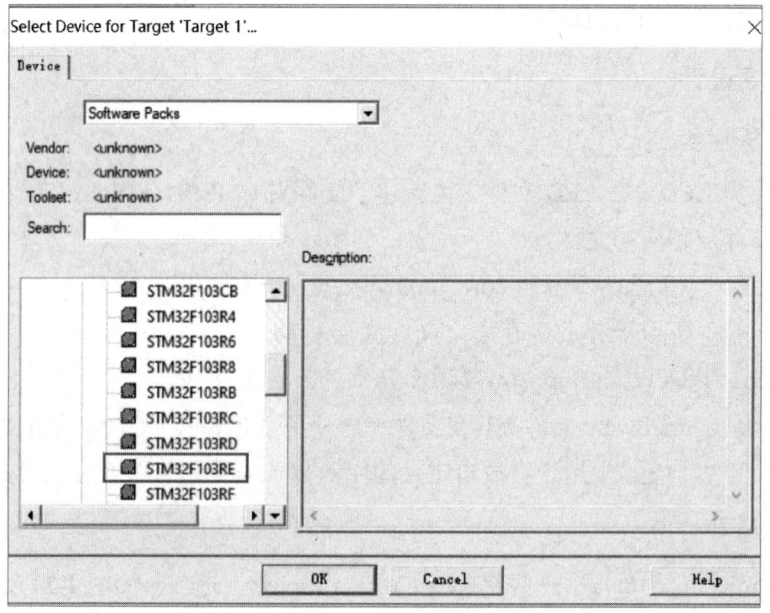

图 4-21 选择芯片型号

4. 关联子文件夹

如图 4-22，单击 ♣ 图标（Manage Project item），在 Groups 内删除系统自建文件夹，添加与步骤 1 相同的文件夹，单击 "OK" 按钮。

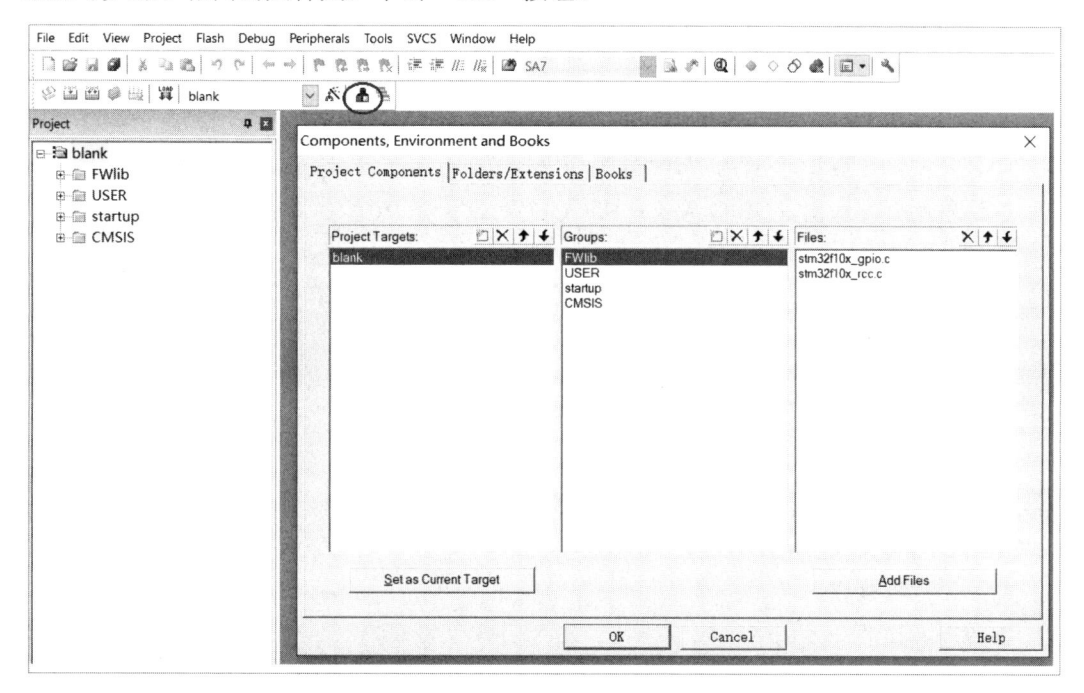

图 4-22 关联子文件夹

CMSIS：添加文件 core_cm3.system_stm32f10x.c。

FWlib：添加文件 stm32f10x_gpio.c、stm32f10x_rcc.c。

本实验用到 RCC 和 GPIO 两个片上外部设备，前者用于配置系统时钟，后者用于操作 GPIO，在编程时，需要将这两个外部设备的库文件加载到项目文件中。两个外部设备的程序文件分别为 stm32f10x_rcc.c 和 stm32f10x_gpio.c。因此，这两个文件需要加载到 FWlib 目录树下，由于前文的空文件已经添加，故不需要重复添加。

Startup：添加文件 startup_stm32f10x_md.s。

USER：存放新建的用户文件。

Hardware：自定义库函数。

5. 封装 LED 库函数

GPIO 是微控制器中最常使用的设备之一，可被设置为输入或输出方向。

当作为输入口时，可选择是否使用内部的上拉或下拉电阻等。

当作为输出口时，可以选择推挽输出方式或开漏输出方式等。输出的最大反转频率可分别设置为 2MHz、10MHz 和 50MHz，这可根据实际需求设置。STM32 的 GPIO 具有以下四种输出模式。

（1）普通推挽输出（GPIO_Mode_Out_PP）：这种方式一般用在 0V 和 3.3V 的场合。输出的低电平是 0V，高电平是 3.3V。

（2）普通开漏输出（GPIO_Mode_Out_OD）：一般用在电平不匹配的场合，如需要输出 5V 的高电平。该方法需要在外部接一个上拉电阻，电源为 5V，把 GPIO 设置为开漏模式，当输出高组态时，由上拉电阻和电源向外输出 5V 的电压。

（3）复用推挽输出（GPIO_Mode_AF_PP）：常用作串口的输出。

（4）复用开漏输出（GPIO_Mode_AF_OD）：常用在 I^{2}C。

对 GPIO 进行位操作方法有以下四种。

（1）地址控制。

地址控制的形式如下：

```
*(unsigned int *)0x40021018 | =((1)<<(3));        //作用：使能 RCC_APB2ENR
```

（2）位带操作。

位带操作的形式如下：

```
#define PortIO bitnum *(unsigned int *)((addr&0xF0000000)+ 0x02000000 +((addr&
0x00FFFFFF)<< 5)+(bitnum << 2))                    //定义带参宏
```

（3）寄存器操作。

寄存器操作的形式如下：

```
RCC-> APB2ENR | =((1)<<(3));                       //作用：使能 RCC_APB2ENR
```

（4）库函数控制。

库函数控制的形式如下：

```
RCC_APB2PeriphClockCmd(RCC_APB2Periph_GPIOB, ENABLE);   //作用：配置 RCC_APB2ENR
```

上述四种方法中，地址控制直接对地址进行操作，位带操作通过带参数将地址转为宏定义方式来使用，寄存器操作是对系统定义好的寄存器进行操作，库函数控制采用函数调用的方式对端口或其他外部设备进行控制。

地址控制方式最直接，效率最高，但较难记忆，使用较少；位带操作与 51 单片机中的使用方法类似；寄存器操作需要记忆较多的寄存器名称，效率较高，但记忆困难；库函数是一个固件函数包，它由程序、数据结构和宏组成，通过库函数操作相对简单，但效率较寄存器的低。本实验采用最后一种方法。

一般库函数包含.h、.c 两个文件，在主程序中调用封装好的库函数中定义的函数。.h 头文件一般声明用得到的函数、变量。.c 文件定义函数功能。主函数调用库函数内的文件，做好文件管理、参数配置、导入头文件。如图 4-23 所示，在左侧"Project"对话框内，右击 Hardware 文件夹，选择"Add New Item to Group 'Hardware'"选项，在弹出的"Add New Item to Group 'Hardware'"对话框中分别新建.c 和.h 文件，并选择存放位置，.h 存放在 hardware/inc，.c 存放在 hardware/src。

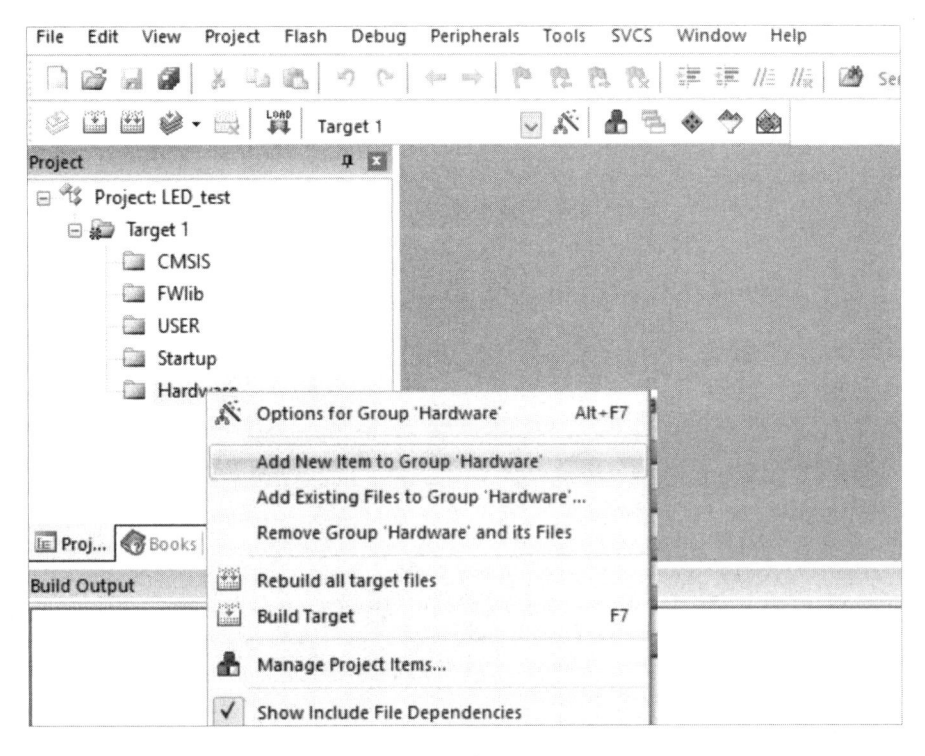

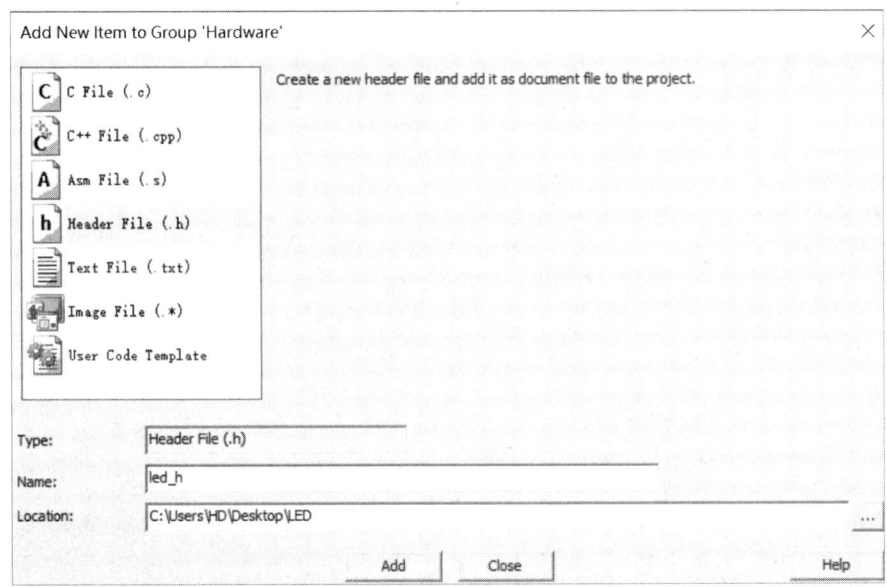

图 4-23 新建.c 和.h 文件

（1）.h 文件。

头文件格式一般如下：
```
#ifndef x
    #define x
```

```
...
#endif
```

在定义时，需要注意以下几点：

- 函数名需要大写。
- 变量声明用#define。
- 结尾无标点。
- 函数声明 void LED_GPIO_Config(void)。

示例：
```
#ifndef __LED_H_
#define __LED_H_
#include "stm32f10x.h"
#define ON  0                           //当为 0 时 ON，共阳极接法当
#define OFF 1                           //为 1 时 ON，共阴极接法
#define LED(a)    if (a)    \
                    GPIO_SetBits(GPIOA,GPIO_Pin_0);\
                    else      \
                    GPIO_ResetBits(GPIOA,GPIO_Pin_0)
void LED_GPIO_Config(void);             //.c 文件中定义函数具体内容
#endif /*  __LED_H_ */
```

(2) .c 文件。

示例：
```
#include "led_h.h"
/**********************************************
* 函数名：LED_GPIO_Config
* 描述  ：配置 LED 用到的 I/O 口
* 输入  ：无
* 输出  ：无
**********************************************/
void LED_GPIO_Config(void)              //定义函数具体内容，配置 GPIO
{
GPIO_InitTypeDef GPIO_InitStructure;
RCC_APB2PeriphClockCmd( RCC_APB2Periph_GPIOA, ENABLE);
GPIO_InitStructure.GPIO_Pin = GPIO_Pin_0;
GPIO_InitStructure.GPIO_Mode = GPIO_Mode_Out_PP;
GPIO_InitStructure.GPIO_Speed = GPIO_Speed_50MHz;
GPIO_Init(GPIOA, &GPIO_InitStructure);
GPIO_SetBits(GPIOA, GPIO_Pin_0);      // 端口电平置1，LED 熄灭
}
```

6. 添加函数

如图 4-24 所示，在"Project"对话框内，右击 USER 添加主函数 main.c 文件。

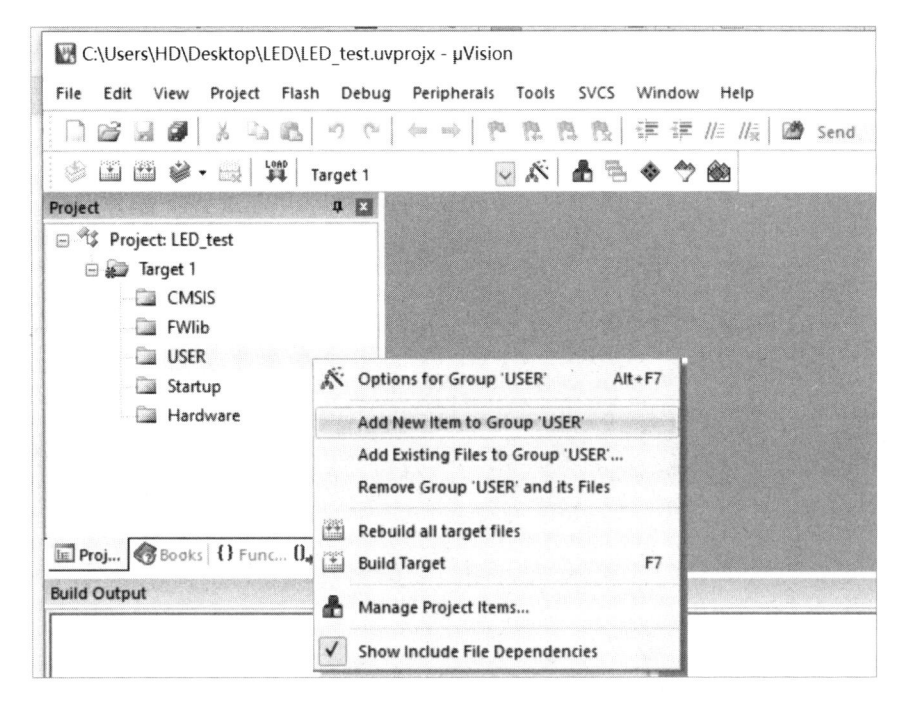

图 4-24 添加主函数文件

示例：
```c
#include "stm32f10x.h"
#include "led_h.h"
extern void RCC_Configuration(void);
void Delay(__IO uint32_t nCount);
/************************************************************
* 名    称: int main(void)
* 功    能: 主函数
* 入口参数: 无
* 出口参数: 无
* 说    明:
* 调用方法: 无
************************************************************/
int main(void)
{
RCC_Configuration();            //系统时钟配置
LED_GPIO_Config();              //LED 控制配置
while (1)
{
LED(ON);                        //V1 亮
Delay(0x4FFFFF);                //延时
LED(OFF);                       //V1 灭
Delay(0x4FFFFF);                //延时
```

```
}
}
/************************************************************
* 名    称: void Delay(__IO uint32_t nCount)
* 功    能: 延时函数
* 入口参数: 无
* 出口参数: 无
* 说    明:
* 调用方法: 无
************************************************************/
void Delay(__IO uint32_t nCount)
{
   for(; nCount != 0; nCount--);
}
```

7. 管理项目文件

增加自定义 Hardware 文件夹及自定义 led.c 文件。

8. 参数配置

在 C/C++ Include Paths 中增加所有含有.h 的文件夹目录。

Define: USE_STDPERIPH_DRIVER, STM32F10X_HD

9. 编译文件

单击 Build 编译文件。

10. 下载文件至开发板，LED 闪烁。

任务三　温湿度监测单元的设计与实现

知识一　认识温湿度传感器 SHT20

本实验采用 SHT20 温湿度传感器，该传感器包含 6 个引脚，俯视图如图 4-25 所示，各引脚功能说明如表 4-3 所示。

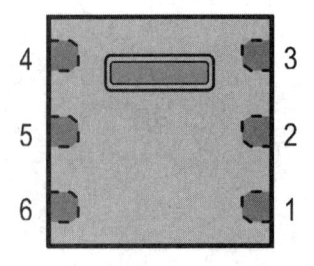

图 4-25　SHT20 温湿度传感器引脚的俯视图

表 4-3 SHT20 引脚功能表

编 号	符 号	引 脚 说 明
1	SDA	串行数据
2	VSS	地
3	NC	悬空
4	NC	悬空
5	VDD	供电电压，2.1～3.6V
6	SCL	串行时钟

SHT20 典型应用电路如图 4-26 所示。SHT20 的供电范围为 2.1～3.6V，推荐电压为 3.0V。电源（VDD）和接地（GND）之间须连接一个 100nF 的去耦电容，且电容的位置应尽可能靠近传感器。SCL 用于微处理器与传感器之间的通信同步。SDA 引脚用于传感器的数据输入和输出。当向传感器发送命令时，SDA 在串行时钟（SCL）的上升沿有效，且当 SCL 为高电平时，SDA 必须保持稳定。在 SCL 下降沿之后，SDA 值可被改变。为避免信号冲突，微处理器（MCU）必须只能驱动 SDA 和 SCL 在低电平。需要一个外部的上拉电阻（如 10kΩ）将信号提拉至高电平。上拉电阻通常可能已包含在微处理器的 I/O 电路中。

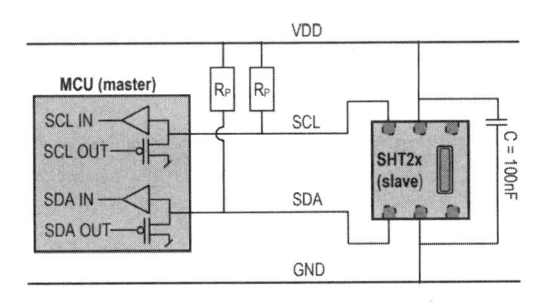

图 4-26 SHT20 典型应用电路

知识二 SHT20 硬件原理图

图 4-27 所示为 SHT20 的硬件原理图。VDD 引脚接 3.3V 电源，与地之间接 0.1μF 去耦电容。I²C 接口 SCL、SDA 分别接 STM32 芯片的 I²C 接口（图 4-6 中的 29 和 30 引脚）、PB10 和 PB11。

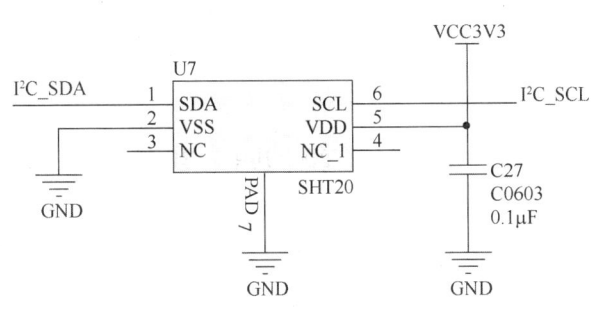

图 4-27 SHT20 硬件原理图

实验一 设计温湿度监测单元

【实验目的】

（1）掌握 SHT20 库文件的方式。

（2）掌握 SHT20 的软件和硬件设计。

（3）掌握系统的调试方法。

【实验设备】

（1）计算机一台。

（2）Keil MDK-ARM 软件。

（3）STM32 开发板。

（4）SHT20，0.1μF 电容。

【实验要求】

使用 STM32 控制 SHT20 采集温湿度，完成硬件电路设计、软件代码编写、功能调试。

【实验步骤】

1. 新建文件夹

新建文件夹 SHT20，在 SHT20 文件夹内新建子文件夹 CMSIS、FWlib、Startup、USER、Hardware，并存放相应的固件库文件。

2. 新建项目

单击"Project"菜单项，选择"New μVision Project"选项，输入项目名称 SHT20_test，保存至新建文件夹 SHT20 内。

3. 芯片选型

选择芯片型号 STM32F103RE。

4. 关联文件夹

单击"Manage Project item"按钮，在 Groups 内删除系统自建文件夹、添加与步骤 1 相同的文件夹（CMSIS、FWlib、Startup、USER、Hardware），单击"OK"按钮。

5. 封装文件

本实验涉及的库函数包括 I^{2}C 和 SHT20。其中，SHT20 的代码编写主要依据 SHT20 工作手册给出的波形。

在"Project"对话框内，右击 Hardware 文件夹，选择"Add New Item to Group 'Hardware'"选项，在弹出的"Add New Item to Group 'Hardware'"对话框中分别新建.c 和.h 文件，并选择存放位置，.h 存放在 hardware/inc，.c 存放在 hardware/src。

1) SHT20 .h 文件

SHT20 的头文件需要定义设备操作相关的宏定义,具体参照 SHT20 的手册。SHT20 常用命令见表 4-4。

表 4-4 SHT20 常用命令

命 令	释 义	代 码
触发 T 测量	保持主机	1110'0011
触发 RH 测量	保持主机	1110'0101
触发 T 测量	非保持主机	1111'0011
触发 RH 测量	非保持主机	1111'0101
写用户寄存器		1110'0110
读用户寄存器		1110'0111
软复位		1111'1110

示例:

```
#define SHT20_ADDRESS 0X40
#define SHT20_Measurement_RH_HM 0XE5
#define SHT20_Measurement_T_HM 0XE3
#define SHT20_Measurement_RH_NHM 0XF5
#define SHT20_Measurement_T_NHM 0XF3
#define SHT20_READ_REG 0XE7
#define SHT20_WRITE_REG 0XE6
#define SHT20_SOFT_RESET 0XFE
```

同时需要申明获取温湿度的函数。示例:

```
void SHT20_GetValue(void);
```

2) SHT20 .c 文件

在.c 文件中,需要对获取温湿度的函数进行具体定义。示例:

```
/*******************************************
*   函数名称:SHT20_GetValue
*   函数功能:获取温湿度数据
*   入口参数:无
*   返回参数:无
*   说明:      温湿度结果保存在 SHT20 结构体里
********************************************/
void SHT20_GetValue(void)
{
    unsigned char val = 0;
    IIC_SpeedCtl(5);
    SHT20_read_user_reg();
    DelayUs(100);
    sht20_info.tempreture = SHT2x_MeasureHM(SHT20_Measurement_T_HM, (void *)0);
    DelayXms(70);
    sht20_info.humidity = SHT2x_MeasureHM(SHT20_Measurement_RH_HM, (void *)0);
    DelayXms(25);
```

```
    SHT20_read_user_reg();
    DelayXms(25);
    I2C_WriteByte(SHT20_ADDRESS, SHT20_WRITE_REG, &val);
    DelayUs(100);
    SHT20_read_user_reg();
    DelayUs(100);
    SHT20_reset();
    DelayUs(100);
}
```

函数中涉及 SHT20 的测试程序，测试过程依据 SHT20 的测试波形而定，采用 I^{2}C 协议进行通信。传感器上电后，需要 15ms 达到空闲状态，此时 SCL 为高电平，做好接收主机命令的准备。在 I^{2}C 启动后，传输 I^{2}C 首字节包括 7 位的 I^{2}C 设备地址（范例地址 0X40：100 0000）和 1 位 SDA 方向位（读 R：1，写 W：0）。

```
addr = SHT20_ADDRESS << 1;
IIC_Start();
IIC_SendByte(addr);
```

在第 8 个 SCL 时钟下降沿之后，通过拉低 SDA 引脚（ACK 位），指示传感器数据接收正常。发出测量命令 cmd，1110 0011 表示温度测量，1110 0101 表示相对湿度测量。

```
if(IIC_WaitAck(50000))  //等待应答
    return 0.0;
IIC_SendByte(cmd);
```

MCU 与传感器之间的通信有两种不同的工作模式：主机模式或非主机模式。①主机模式：在测量的过程中，SCL 线被封锁（由传感器进行控制）。②非主机模式：当传感器在执行测量任务时，SCL 线仍然保持开放状态，可进行其他通信。非主机模式允许传感器进行测量时在总线上处理其他 I^{2}C 总线通信任务。两种模式的通信时序如图 4-28 所示。

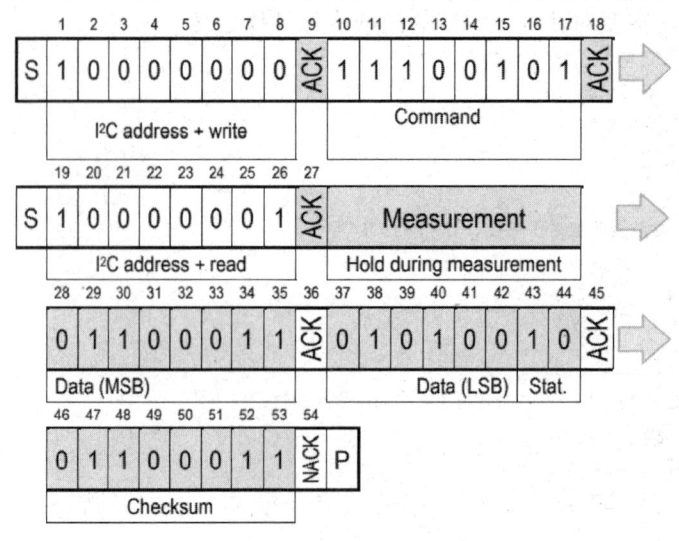

（a）主机模式

图 4-28　两种模式的通信时序

（b）非主机模式

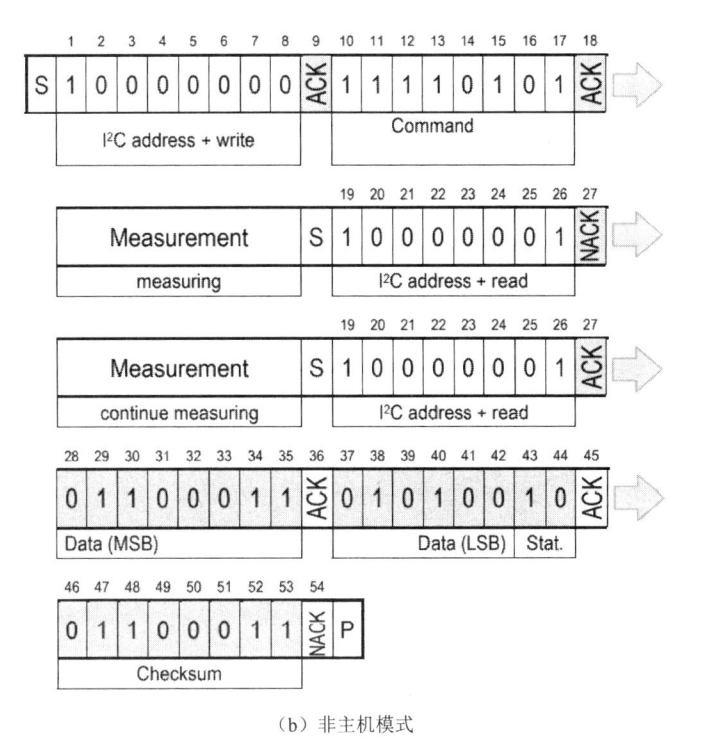

图 4-28 两种模式的通信时序（续）

读取程序如下：

```
IIC_Start();
IIC_SendByte(addr + 1);
while(IIC_WaitAck(50000)) //等待应答
{
    IIC_Start();
    IIC_SendByte(addr + 1);
}
DelayXms(70);
data[0] = IIC_RecvByte();
IIC_Ack();
data[1] = IIC_RecvByte();
IIC_Ack();
checksum = IIC_RecvByte();
IIC_NAck();
IIC_Stop();
```

在图 4-28 中，传感器输出值为 S_{RH}=0110 0011 0101 0000。传感器内部设置的默认分辨率为相对湿度 12 位和温度 14 位。SDA 的输出数据被转换成两个字节的数据包，高字节 MSB 在前（左对齐）。每个字节后面都跟随一个应答位。两个状态位，即 LSB 的后两位在进行物理计算前须置 0。在图 4-28 中，所传输的 16 位相对湿度数据经过换算 S_{RH}=25424。

相对湿度 RH 可以根据 SDA 输出的相对湿度信号 S_{RH} 通过以下公式计算获得（结果

以%RH 表示）。

$$RH=-6+125\times S_{RH}/2^{16}$$

在图 4-28 中，相对湿度的计算结果为 42.5%RH。

类似地，温度 T 可以通过将采集到的温度输出信号 S_T 代入到下面的公式计算得到（结果以温度℃表示）。

$$T=-46.85+175.72\times S_T/2^{16}$$

3）I^2C .h 文件

I^2C 库函数中，需要定义 I^2C 涉及到的 GPIO 口，需要与硬件原理图一致。

当传感器 SDA 接 PB11、SCL 接 PB10 时，代码示例：

```
#define SDA_H    GPIO_SetBits(GPIOB, GPIO_Pin_11)
#define SDA_L    GPIO_ResetBits(GPIOB, GPIO_Pin_11)
#define SDA_R    GPIO_ReadInputDataBit(GPIOB, GPIO_Pin_11)
#define SCL_H    GPIO_SetBits(GPIOB, GPIO_Pin_10)
#define SCL_L    GPIO_ResetBits(GPIOB, GPIO_Pin_10)
```

4）I^2C .c 文件

I^2C 包含初始化、启动、停止、等待响应、产生应答、发送字节、接收字节、写入数据、读取数据等操作。

每个传输序列以启动状态开始，以停止状态结束。

图 4-29 所示为 SHT20 启动时序，当 SCL 为高电平时，SDA 则由高电平转换为低电平并开始传输。对应的代码如下：

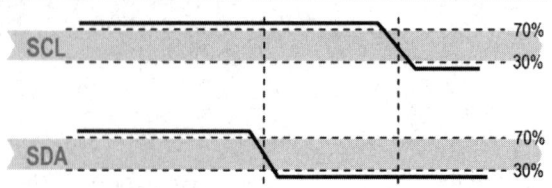

```
void IIC_Start(void)
{
    SDA_H;                       //拉高 SDA 线
    SCL_H;                       //拉高 SCL 线
    DelayUs(iic_info.speed);     //延时，速度控制
    SDA_L;                       //当 SCL 线为高时，SDA 线一个下降沿代表开始信号
    DelayUs(iic_info.speed);     //延时，速度控制
    SCL_L;                       //钳住 SCL 线，以便发送数据
}
```

图 4-29　SHT20 启动时序

图 4-30 所示为 SHT20 停止时序，当 SCL 为高电平时，SDA 从低电平转换为高电平则结束传输。对应的代码如下：

```
void IIC_Stop(void)
{
```

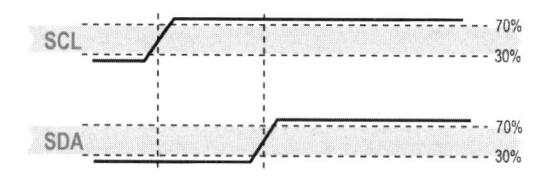

```
    SDA_L;                          //拉低 SDA 线
    SCL_L;                          //拉低 SCL 线
    DelayUs(iic_info.speed);        //延时,速度控制
    SCL_H;                          //拉高 SCL 线
    SDA_H;                          //拉高 SDA 线,当 SCL 为高时,SDA 上升沿代表停止信号
    DelayUs(iic_info.speed);
}
```

图 4-30　SHT20 停止时序

6. 添加主函数

如图 4-31 所示,在"Project"对话框内右击"USER"文件夹,添加主函数 main.c 文件。

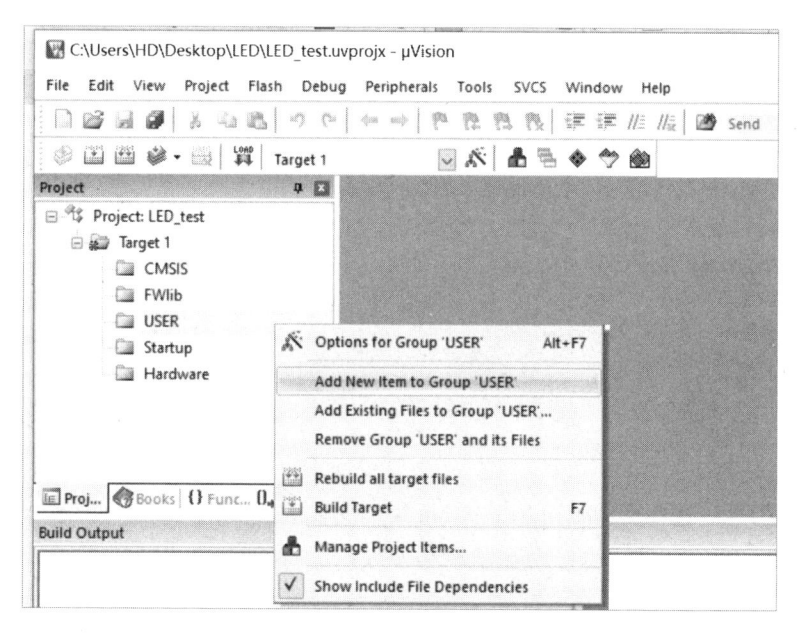

图 4-31　添加主函数文件

示例:
```
//单片机头文件
#include "stm32f10x.h"
//硬件驱动
#include "delay.h"
#include "i2c.h"
#include "sht20.h"
```

```c
float t, h;
/*****************************************
*   函数名称：Hardware_Init
*   函数功能：硬件初始化
*   入口参数：无
*   返回参数：无
*   说    明：初始化单片机功能及外接设备
******************************************/
void Hardware_Init(void)
{
    NVIC_PriorityGroupConfig(NVIC_PriorityGroup_2);  //中断控制器分组设置
    Delay_Init();                                    //Systick 初始化，用于普通的延时
    IIC_Init();                                      //I²C 总线初始化
}
/********************************************************
*   函数名称：main
*   函数功能：SHT20 温湿度
*   入口参数：无
*   返回参数：0
*********************************************************/
int main(void)
{
    Hardware_Init();                                 //硬件初始化
    while(1)
    {
        SHT20_GetValue();
        t=sht20_info.tempreture;
        h=sht20_info.humidity;
        DelayMs(200);
    }
}
```

7. 调试

调试程序 ，选中变量 t 和 h，右击将两个变量放入监视器， 单步调试，当运行至对 t 和 h 赋值处时，可以看到温度和湿度的实时结果，如图 4-32 所示。

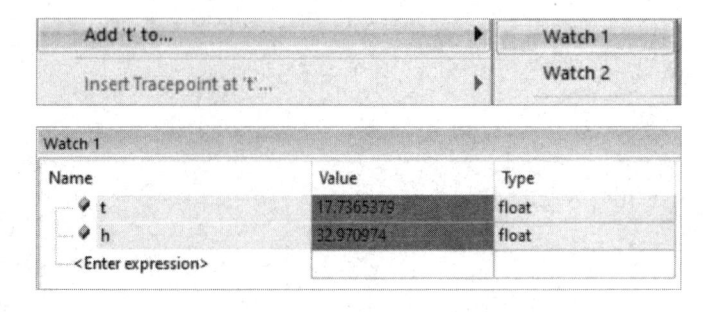

图 4-32　温湿度采集实时结果

任务四 温湿度显示单元的设计与实现

信息采集后,用户无法每次连接软件进行调试,因此使用显示模块进行信息显示,可以让使用者直观地观察到当前信息。LCD1602是常用的模块之一。

知识一 LCD1602硬件设计

LCD1602采用标准的14引脚(无背光)或16引脚(带背光)接口,各引脚接口说明如表4-5所示。

表4-5 LCD引脚功能表

编 号	符 号	引脚说明	标 号	符 号	引脚说明
1	VSS	电源地	9	D2	数据
2	VDD	电源正极	10	D3	数据
3	VL	液晶显示偏压	11	D4	数据
4	RS	数据/命令选择	12	D5	数据
5	R/W	读/写选择	13	D6	数据
6	E	使能信号	14	D7	数据
7	D0	数据	15	BLA	背光源正极
8	D1	数据	16	BLK	背光源负极

各引脚的功能介绍如下。

- 1引脚:VSS为地。
- 2引脚:VDD接5V正电源。
- 3引脚:VL为LCD对比度调整端,接正电源时对比度最弱,接地时对比度最高,使用时可以通过一个10KΩ的电位器调整其对比度。
- 4引脚:RS为寄存器选择脚,高电平时选择数据寄存器、低电平时选择指令寄存器。
- 5引脚:R/W为读/写信号线,高电平时进行读操作,低电平时进行写操作。当RS和R/W共同为低电平时可以写入指令或显示地址;当RS为低电平,R/W为高电平时,可以读忙信号;当RS为高电平,R/W为低电平时,可以写入数据。
- 6引脚:E端为使能端,当E端由高电平跳变为低电平时,液晶模块执行命令。
- 7~14引脚:D0~D7为8位双向数据线。
- 15引脚:背光源正极。
- 16引脚:背光源负极。

知识二 LCD1602硬件原理图

图4-33所示为LCD1602的硬件原理图。VSS接地,VCC接电源,与地之间接0.1μF

去耦电容。对比度调节端通过电阻接地，使对比度最大。寄存器选择脚、读写信号线、使能端分别接 PC6、PA11、PB4（图 4-6 中的 37、44、56 引脚），DB0～DB4 接 PB5～PB9（图 4-6 中的 57、58、59、61、62 引脚），DB5～DB7 接 PC0～PC2（图 4-6 中的 8、9、10 号引脚）。VLK 和 BLK 分别接电源和地。

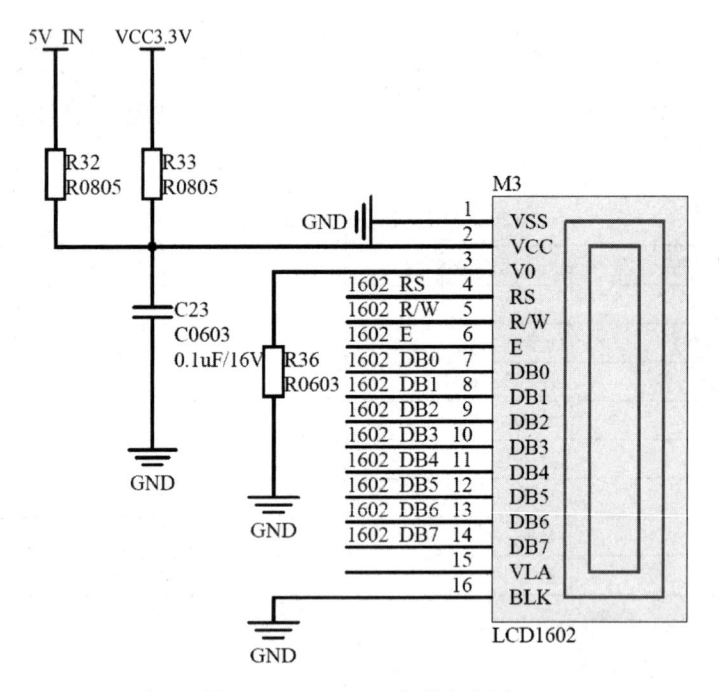

图 4-33 LCD1602 硬件电路图

实验一 设计温湿度显示单元

【实验目的】

（1）掌握 LCD1602 库文件的方式。

（2）掌握 LCD1602 的软件和硬件设计。

（3）掌握系统的调试方法。

【实验设备】

（1）计算机一台。

（2）Keil MDK-ARM 软件。

（3）STM32 开发板。

（4）LCD1602。

【实验要求】

在采集温湿度的前提下，在 LCD1602 上显示温湿度，完成硬件电路设计、软件代码编写、功能调试。

【实验步骤】

1. 新建文件夹

在上一个项目的基础上,新建文件夹 LCD1602,在 LCD1602 文件夹内新建子文件夹 CMSIS、FWlib、Startup、USER、Hardware,并存放相应的固件库文件。

2. 新建项目

单击"Project"菜单项,选择"New μVision Project"选项。输入项目名称 LCD1602_test,保存至新建文件夹 LCD1602 内。

3. 芯片选型

选择芯片型号 STM32F103RE。

4. 关联文件夹

单击"Manage Project item"按钮,在 Groups 内删除系统自建文件夹、添加与步骤 1 相同的文件夹(CMSIS、FWlib、Startup、USER、Hardware),单击"OK"按钮。

5. 封装文件

本实验涉及的库函数包括 LCD1602。在"Project"对话框内,右击 Hardware 文件夹,选择"Add New Item to Group 'Hardware'"选项,在弹出的"Add New Item to Group 'Hardware'"对话框中分别新建.c 和.h 文件,并选择存放位置,.h 存放在 hardware/inc,.c 存放在 hardware/src 中。

1) LCD1602 .h 文件

LCD1602 的头文件定义参照 LCD1602 的工作手册,需要申明模块初始化、读、写等函数。示例:

```
void Lcd1602_Init(void);
void Lcd1602_WriteData(unsigned char byte);
void Lcd1602_WriteCom_Busy(unsigned char byte);
void Lcd1602_Clear(unsigned char pos);
void Lcd1602_DisString(unsigned char pos, char *fmt,...);
```

2) LCD1602 .c 文件

在.c 文件中,需要对函数进行具体定义。

(1) 初始化 LCD1602。

初始化需要对硬件连接的 GPIO 口进行定义并进行初始化。初始化过程按照工作手册按以下步骤开展。

延时 15ms。

写指令 38H(不检测忙信号)。

延时 5ms。

写指令 38H(不检测忙信号)。

延时 5ms。

写指令 38H（不检测忙信号，每次写指令、读写书记前均需要检测忙信号）。

写指令 38H：显示模式设置。

写指令 08H：显示关闭。

写指令 01H：显示清屏。

写指令 06H：显示光标移动设置。

写指令 0CH：显示开及光标设置。

程序示例：

```
/*********************************************
*   函数名称：Lcd1602_Init
*   函数功能：LCD1602 初始化
*   入口参数：无
*   返回参数：无
*   说明：       RW-PA11      RS-PC6       EN-PB4
*               DATA0~4-PB5~9    DATA5~7-PC0~2
*********************************************/
void Lcd1602_Init(void)
{
    GPIO_InitTypeDef gpio_initstruct;
    //配置GPIO，涉及PA、PB、PC
    RCC_APB2PeriphClockCmd(RCC_APB2Periph_GPIOA | RCC_APB2Periph_GPIOB | RCC_APB2Periph_GPIOC, ENABLE);
    RCC_APB2PeriphClockCmd(RCC_APB2Periph_AFIO, ENABLE);
    GPIO_PinRemapConfig(GPIO_Remap_SWJ_JTAGDisable, ENABLE);        //禁止JTAG功能
    //配置PB4-PB9
    gpio_initstruct.GPIO_Mode = GPIO_Mode_Out_PP;
    gpio_initstruct.GPIO_Pin = GPIO_Pin_4 | GPIO_Pin_5 | GPIO_Pin_6 | GPIO_Pin_7 | GPIO_Pin_8 | GPIO_Pin_9;
    gpio_initstruct.GPIO_Speed = GPIO_Speed_50MHz;
    GPIO_Init(GPIOB, &gpio_initstruct);
    //配置PC0-2
    gpio_initstruct.GPIO_Pin = GPIO_Pin_0 | GPIO_Pin_1 | GPIO_Pin_2 | GPIO_Pin_6;
    GPIO_Init(GPIOC, &gpio_initstruct);
    //配置PA11
    gpio_initstruct.GPIO_Pin = GPIO_Pin_11;
    GPIO_Init(GPIOA, &gpio_initstruct);
    //初始化
    DelayXms(15);
    Lcd1602_WriteCom(0x38);
    DelayXms(5);
    Lcd1602_WriteCom(0x38);
    DelayXms(5);
```

```
    Lcd1602_WriteCom(0x38);
    Lcd1602_WriteCom_Busy(0x38);
    Lcd1602_WriteCom_Busy(0x08);
    Lcd1602_WriteCom_Busy(0x01);
    Lcd1602_WriteCom_Busy(0x06);
    Lcd1602_WriteCom_Busy(0x0c);
    EN_L;                          //使能低
}
```

(2) 读写操作。

读写操作包括读状态、写指令、读数据、写数据四类。读写的基本操作时序如下：

读状态：输入 RS=L、RW=H、EN=H。

写指令：输入 RS=L、RW=L、D0-D7=指令码，EN=高脉冲。

读数据：输入 RS=H、RW=H、EN=H。

写数据：输入 RS=H、RW=L、D0-D7=数据，EN=高脉冲。

以写数据为例，程序示例：

```
/***********************************************
*   函数名称：Lcd1602_WriteData
*   函数功能：向 LCD1602 写一个数据
*   入口参数：byte：需要写入的数据
*   返回参数：无
***********************************************/
void Lcd1602_WriteData(unsigned char byte)
{
    RS_H;                          //RS 拉高，数据模式
    RW_L;                          //RW 拉低，写模式
    Lcd1602_SendByte(byte);        //发送一个字节
    EN_H;
    DelayUs(20);
    EN_L;
    DelayUs(5);
}
```

其中，RS、RW、EN 定义如下：

```
//数据、命令控制
#define RS_H GPIO_SetBits(GPIOC, GPIO_Pin_6)
#define RS_L GPIO_ResetBits(GPIOC, GPIO_Pin_6)
//读写控制
#define RW_H GPIO_SetBits(GPIOA, GPIO_Pin_11)
#define RW_L GPIO_ResetBits(GPIOA, GPIO_Pin_11)
//使能控制
#define EN_H GPIO_SetBits(GPIOB, GPIO_Pin_4)
#define EN_L GPIO_ResetBits(GPIOB, GPIO_Pin_4)
```

Lcd1602_SendByte()函数定义如下：

```c
void Lcd1602_SendByte(unsigned char byte)
{
    unsigned short value = 0;
    value = GPIO_ReadOutputData(GPIOB);                  //读取 GPIOB 的数据
    value &= ~(0x001F << 5);                             //清除 bit5~8
    value |= ((unsigned short)byte & 0x001F) << 5;       //将要写入的数据取低 5 位并左移 5 位
    GPIO_Write(GPIOB, value);                            //写入 GPIOB
    value = GPIO_ReadOutputData(GPIOC);                  //读取 GPIOC 的数据
    value &= ~(0x0007 << 0);                             //清除 bit0~2
    value |= ((unsigned short)byte & 0x00E0) >> 5;       //将要写入的数据取高 3 位并右移 5 位
    GPIO_Write(GPIOC, value);                            //写入 GPIOC
    DelayUs(10);
}
```

（3）清屏。

程序示例：

```
/*************************************************************
*   函数名称：Lcd1602_Clear
*   函数功能：LCD1602 清除指定行
*   入口参数：pos: 指定的行
*   返回参数：无
*   说明：        0x80-第一行        0xC0-第二行        0xFF-两行
*************************************************************/
void Lcd1602_Clear(unsigned char pos)
{
    switch(pos)
    {
        case 0x80:
            Lcd1602_DisString(0x80, "                ");
            break;
        case 0xC0:
            Lcd1602_DisString(0xC0, "                ");
            break;
        case 0xFF:
            Lcd1602_WriteCom_Busy(0x01);
            break;
    }
}
```

其中，Lcd1602_DisString 为设置 LCD1602 显示的内容，输入参数分别为显示的行，显示的内容。

6. 添加主函数

在左侧"Project"对话框内，右击 USER 文件夹，单击"Add New Item to Group 'Hardware'"选项，如图 4-34 所示，添加主函数 main.c 文件。

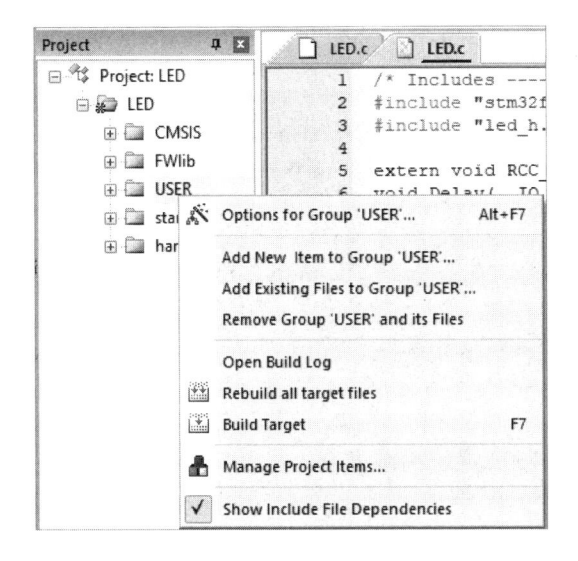

图 4-34　添加主函数文件

程序示例：

```c
//单片机头文件
#include "stm32f10x.h"
//硬件驱动
#include "delay.h"
#include "lcd1602.h"
#include "i2c.h"
#include "sht20.h"
/****************************************************
*    函数名称：Hardware_Init
*    函数功能：硬件初始化
*    入口参数：无
*    返回参数：无
*    说明：           初始化单片机功能以及外接设备
****************************************************/
void Hardware_Init(void)
{
    NVIC_PriorityGroupConfig(NVIC_PriorityGroup_2);  //中断控制器分组设置
    Delay_Init();                                    //Systick初始化，用于普通的延时
    IIC_Init();                                      //I²C总线初始化
    Lcd1602_Init();                                  //LCD1602初始化
}
/****************************************************
*    函数名称：main
*    函数功能：显示SHT20温湿度
*    入口参数：无
*    返回参数：0
****************************************************/
int main(void)
```

```
{
    Hardware_Init();                                    //硬件初始化
    while(1)
    {
        SHT20_GetValue();
        Lcd1602_DisString(0xC0, "%0.1fC,%0.1f%%", sht20_info.tempreture,
sht20_info.humidity);
        DelayMs(200);
    }
}
```

7. 调试

烧录程序后,LCD1602 显示温湿度值。

思考与练习

1. 简述 STM32 各型号的命名规则。
2. 具体分析 STM32F407ZGT6 型号芯片的具体参数。
3. 使用 STM32 控制三色 LED,实现三色 LED 轮流闪烁,间隔 1s。
4. 使用 SPI 接口的 LCD 模块,显示 SHT20 采集的温湿度值。
5. 采用 DHT11 模块进行温湿度采集,并在 LCD1602 上进行显示。

项目五

基于 NB-IoT 技术的智慧消防系统设计（课程实践部分）

知识目标

（1）了解 NB-IoT 基本知识。
（2）掌握在华为云平台上创建项目并进行数据的显示。
（3）了解 NB-IoT 硬件电路的设计。
（4）修改 NB-IoT 程序，实现数据的采集。
（5）使用 Altium Designer 软件完成 4 路模拟量输入板原理图的绘制。
（6）完成 4 路模拟量输入板的焊接。
（7）编程完成 4 路模拟量的采集。
（8）了解电压表硬件电路的设计，编程完成电压表的显示。
（9）系统联调，完成技术设计文档。

技能目标

（1）学会编程实现数据的采集。
（2）学会编程实现 NB-IoT 网络的数据传输。
（3）学会在物联网平台上创建项目，并且能够实现数据的显示。

任务一 项目简介及实施要求

知识一 项目简介

本项目来源于某轨道交通公司的实际项目，该公司早期建设的消防设施如图 5-1 所示。消防设施有两大功能区组成，一是消防保护区（如调度机房室、通信设备室、信号设备室等），二是消防瓶放置区，两个区域间是通过消防专用管道进行布线的。由此可见，消防瓶的气压对整个消防安全起着决定性的作用。一方面，消防瓶的压力不够容易喷不出灭火气体；另一方面，消防瓶的压力太大会给其安全带来隐患。于是，轨道交通公司每个站点都有专职人员每隔几个小时对消防瓶的气压进行巡逻和抄表，如发现异常，立即处理。另外，当前消防系统还存在着压力表显示不直观、消防瓶异常提醒不及时和火警处理不实时等问题。

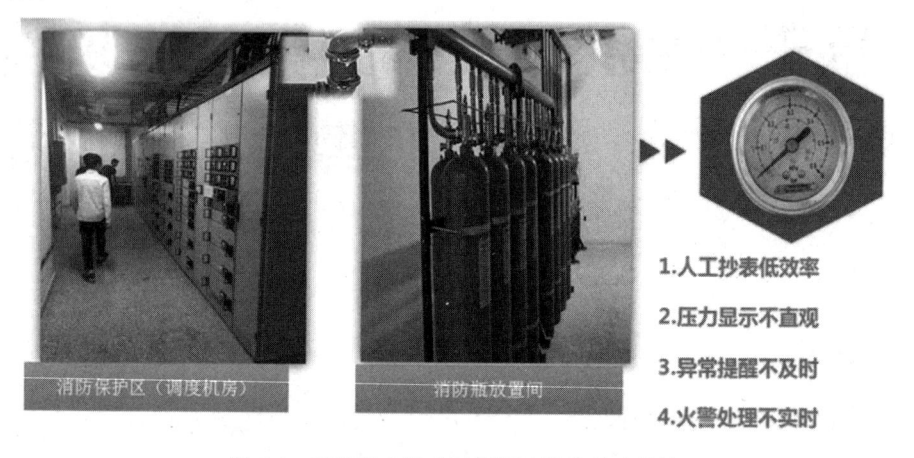

图 5-1　某轨道交通公司早期建设的消防设施

为了解决原消防系统运维的几大难题，本项目有针对性地对原消防系统进行了智慧化改造，实现了对多个消防瓶气压 ADC 采集，通过 485 总线将数据进行传输汇总，并将采集到的数据利用 NB-IoT 技术桥接于华为云端。同时，设计了 PC 端上位机软件，该软件可以从华为云获取消防瓶气压数据，实现消防瓶气压远程监控及实时异常处理。系统设计框图如图 5-2 所示。

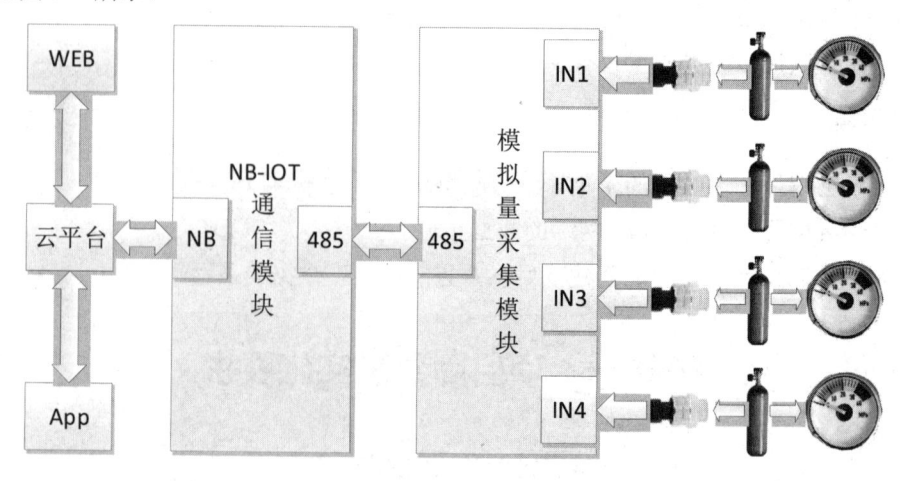

图 5-2　系统设计框图

知识二 实施要求

根据项目设计要求，自主开发了物联网综合实训平台，如图 5-3 所示，硬件主要涉及以下几个部分。

（1）IN1-IN4 为 4 个电位器，用于模拟传感器的输出信号。

（2）4 个 3 位数码管为电压表，用于显示输入信号的电压。

（3）模拟量采集模块为 4 路模拟量采集，用于采集输入端的模拟信号。

（4）NB-IoT 通信模块将采集的信号发送至云端。

（5）USART 为串口输入端口，与计算机进行连接。

（6）DC 5V 为电源接口（供电电压不得超过 5V，电流不小于 1A，推荐使用 5V、2A）。

（7）SWD 为 NB 模块的调试接口。

（8）SW1～SW7 为拨码开关，用于串口的切换。

（9）按键 KEY 为常闭按键，按下按键，连接断开；松开按键，导通。通过按下此按键，给电压表与 4 路模拟量输入模块烧录程序。

图 5-3 物联网综合实训平台

任务二 消防瓶气压数显表头电路设计

知识一 原理图设计

数字电压表头原理图如图 5-4 所示。数控芯片使用 STC15W404AS 单片机，VIN 为被测输入电压，通过电阻分压后接入单片机 ADC 接口，然后通过数码管显示被测电压值。

7533 为 DC-DC 芯片，将输入电压 VCC 转换 3.3V 电压提供给单片机。

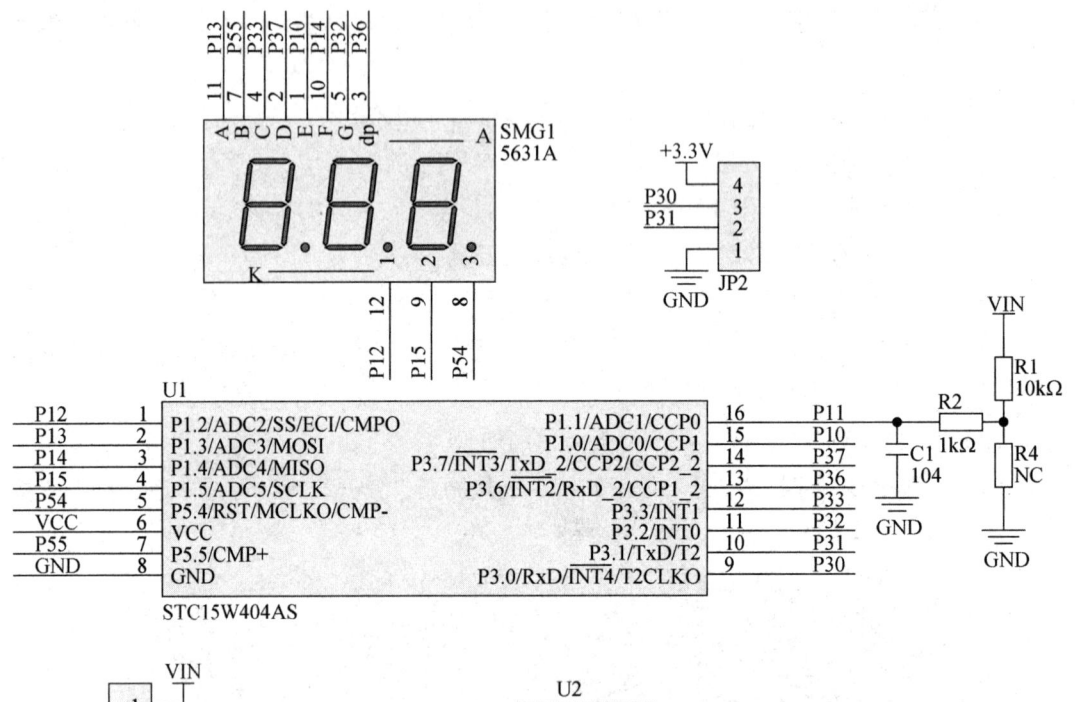

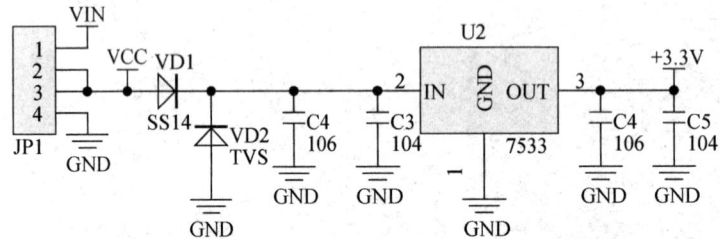

图 5-4 数字电压表头原理图

知识二 程序设计

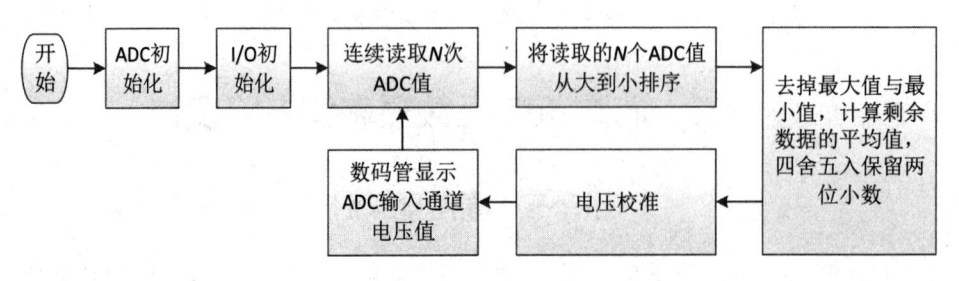

1. 数字电压表头程序设计

数字电压表头程序流程图如图 5-5 所示。

图 5-5 数字电压表头程序流程图

系统上电后,首先要对 ADC 与 I/O 进行初始化。因为 ADC 接口使用的是 P1.1,所以 ADC 初始化需要将 P1.1 配置为高阻输入,即 P1ASF = 0x02。ADC 初始化代码如下:

```
void InitADC()                      //初始化 ADC
{
    P1ASF = 0x02;                   //设置 P1.1 口为 AD 口
    ADC_RES = 0;                    //清除结果寄存器
    ADC_CONTR = ADC_POWER | ADC_SPEEDHH;
    Delay2ms();                     //延时待稳定
}
```

因为数码管为共阴连接,并且使用单片机 I/O 直接驱动,所以要将数码管阴极所使用的 I/O 接口配置为推挽输出。代码如下:

```
//共阴数码管 I/O 口工作方式  P1.1 高阻输入 A、B、C、D、E、F、G、dp 配置为推挽输出
#define P1M0SET        0x19
#define P1M1SET        0x02
#define P3M0SET        0xCC
#define P3M1SET        0x00
#define P5M0SET        0x20
#define P5M1SET        0x00
```

打开电压表头程序模板工程文件,打开 STC15ADC.C 文件,将代码补齐。具体如下:

```
//硬件:STC15W404AS+3 位共阴数码管,显示电压 0~9.99V
//晶振 22.1184M
//测量口 P1.1
#include <STC15W.h>
#include <intrins.h>
#include <3LED_gongyin.h>          //数码管驱动显示程序
#include <BandGap.h>               //包含读单片机内部 BandGap 基准电压值
#define N 10                        //ADC 采样次数 10~20
int filter(unsigned char x)         //中位值平均滤波算法
{
  unsigned char count,i,j;
  unsigned int temp,value_buf[N],sum=0;

  for (count=0;count<N;count++)    //连续采样 N 个 ADC 值
  {
    value_buf[count] = get_ad(x);
  }
  for (j=0;j<N;j++)                //将采样的 N 个 ADC 值从小到大排序
  {
    for (i=0;i<N-j-1;i++)
    {
      if ( value_buf[i]>value_buf[i+1] )
```

```c
        {
            temp = value_buf[i];
            value_buf[i] = value_buf[i+1];
            value_buf[i+1] = temp;
        }
    }
    for(count=1;count<N-1;count++)      //去掉最小值与最大值
        sum += value_buf[count];        //将剩余的数求和,注意求和后的sum值是否超出int变量的最
//大值65535
    return (int)(sum/(N-2));            //求平均值
}
/************主程序**************/
void main (void)
{
    unsigned int a,b;
    unsigned int ADC_value;             //定义测量电压变量
            InitADC();                  //初始化ADC
                init();                 //I/O初始化
while (1)
{
    ADC_value=filter(1);                //读取通道P1.1的测量值、单位为mV
    a=ADC_value%10;                     //将个位数取出
    b=ADC_value/10;
    if(a>4)                             //计算四舍五入后的ADC值
    ADC_value=b*10+10;
  else
    ADC_value=b*10;
        ADC_value*=0.995;               //电压校准:如果显示数值比实际电压大则减小此数值,显示数
//值比实际电压小则增大此数值
    disp(ADC_value);                    //数码管显示电压值
}
}
```

代码全部补充完整后,编译代码。编译无错误后,将程序下载到芯片内。

2. *程序下载与调试*

使用 USB 线连接计算机与目标板,打开 STC-ISP 软件,界面如图 5-6 所示。

按图 5-6 所示,设置单片机型号、串口号等参数。打开 Hex 文件,程序运行频率选择 22.1184MHz,勾选"在程序区的结束处添加重要测试参数"复选框。打开电路板上对应表头的拨码开关,单击软件上的"下载/编程"按钮,按下电路板上的 KEY 按键或将开关先断电再上电,等待程序下载完成。

项目五　基于 NB-IoT 技术的智慧消防系统设计（课程实践部分）

图 5-6　STC-ISP 软件界面

程序下载完成之后，使用万用表测量对应表头旁的电位器中间脚的对地电压值，如果数码管显示的值偏小或变大，修改以下代码：

`ADC_value*=0.995;` //电压校准:若显示数值比实际电压大则减小此数值；若显示数值比实际电压小则增大此数值，修改完成后重新编译、下载

任务三　四路模拟量采集模块设计与制作

知识一　原理图设计

1. 四路模数转换电路设计

ADC 采集电路的主要作用是将输入的模拟信号转换为数字信号，并将转换后的信号

通过 I²C 总线传输给单片机。ADC 采集电路如图 5-7 所示。

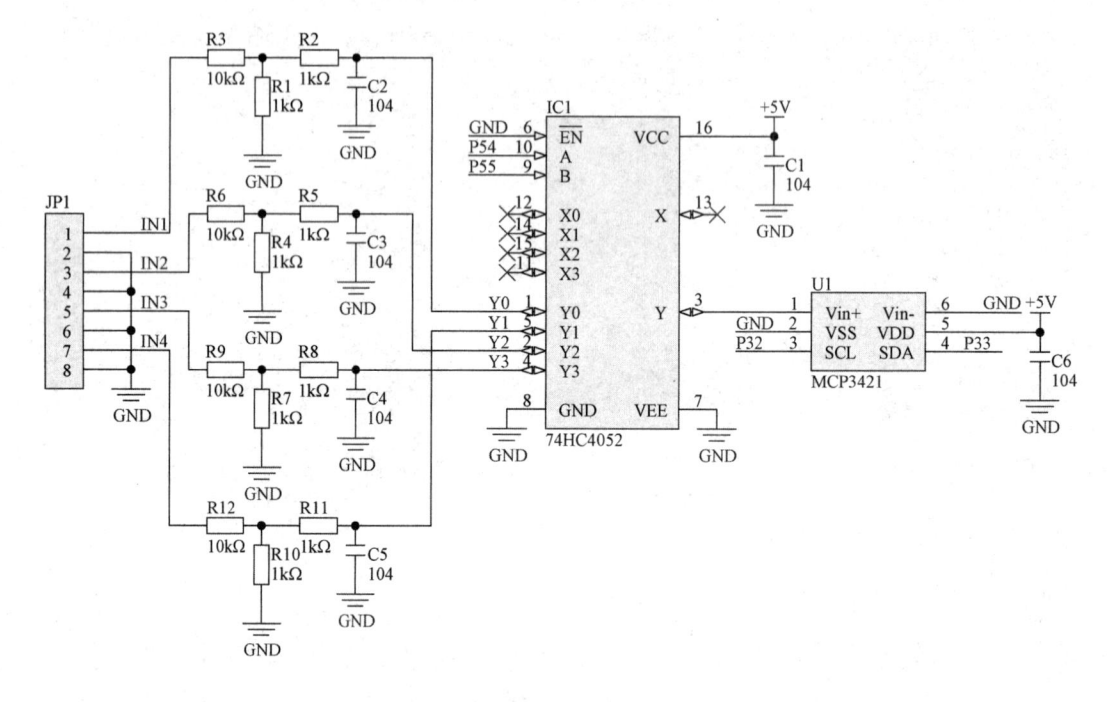

图 5-7 ADC 采集电路

JP1 为信号输入端，输入电压通过分压电阻、低通滤波器接到 74HC4052 的输入端，输入端 Y 接模数转换芯片 MCP3421。74HC4052 通过改变 EN、A、B 端的高低电平来切换输入通道。74HC4052 逻辑关系如表 5-1 所示。

表 5-1 74HC4052 通道逻辑关系表

输		入	沟道导通
EN	B	A	
L	L	L	X0-X；Y0-Y
L	L	H	X1-X；Y1-Y
L	H	L	X2-X；Y2-Y
L	H	H	X3-X；Y3-Y
H	X	X	无

EN 接地，A、B 接单片机的 P54、P55 引脚，单片机通过输出高电平或低电平来改变输入通道的选择。

MCP3421 是一个 18 位的 ADC 转换芯片，该芯片为单通道低噪声、高精度、差分输入。正差分模拟输入脚 Vin+接 74HC4052 的信号输出端，负差分模拟输入脚 Vin-接地，芯片 5V 供电。单片机通过软件模拟 I²C 接口与 MCP3421 相连并读取 MCP3421 内的数据。

2. 485 通信电路设计

485 电路的主要作用是将单片机串口输出的 TTL 信号转换为 485 信号，可实现较远距离的信号传输，本项目采用半双工的通信方式。485 通信电路如图 5-8 所示，JP3 为 485 数据口，LED2 为通信指示灯，VD2 二极管为 485 总线的保护二极管。

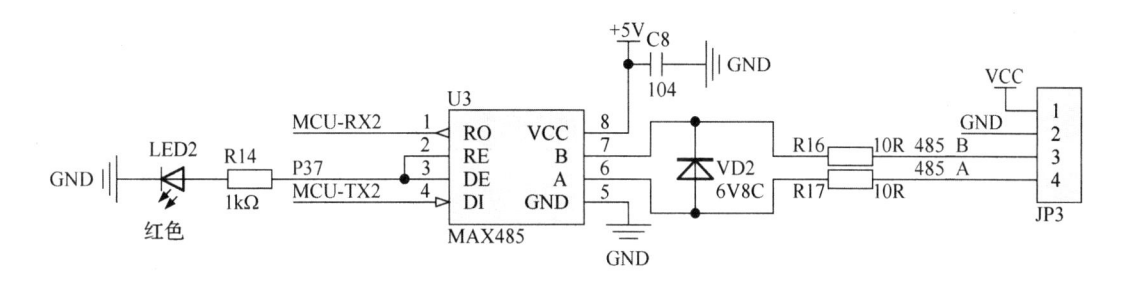

图 5-8　485 通信电路

3. 单片机电路设计

模拟量采集模块的主控芯片使用 STC8F1K08S2 单片机，用于数据的处理与通信。单片机控制电路如图 5-9 所示。

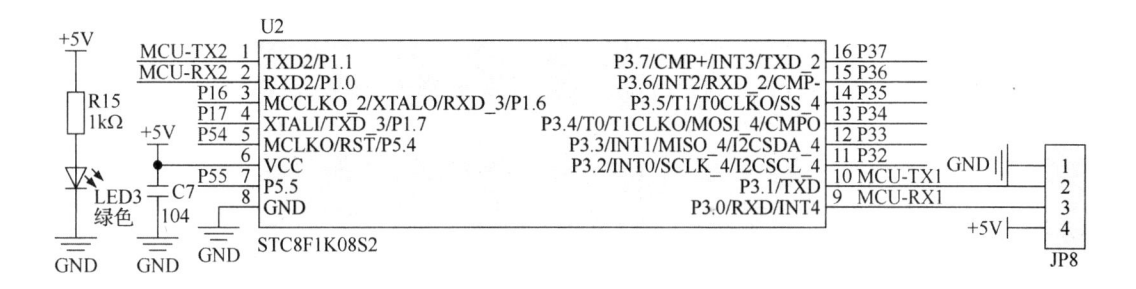

图 5-9　单片机控制电路

JP8 为单片机程序下载口，LED3 为电源指示灯。单片机的 P54、P55 与模拟开关芯片 74HC4052 芯片的 A、B 引脚相连，通过控制 A、B 的高低电平选择需要测量的通道的电压。P32、P33 与模数转换芯片 MCP3421 的 I²C 接口相连，读取输入通道的电压值。单片机的串口 2 与 485 电平转换芯片的 1、4 引脚相连，用于接收指令和发送数据。P37 与 485 芯片的 2、3 引脚相连，通过控制 485 芯片 2、3 引脚的高低电平设置 485 总线为接收模式还是发送模式。

知识二　PCB 焊接

根据元器件清单焊接电路板，PCB 装配图如图 5-10 所示。

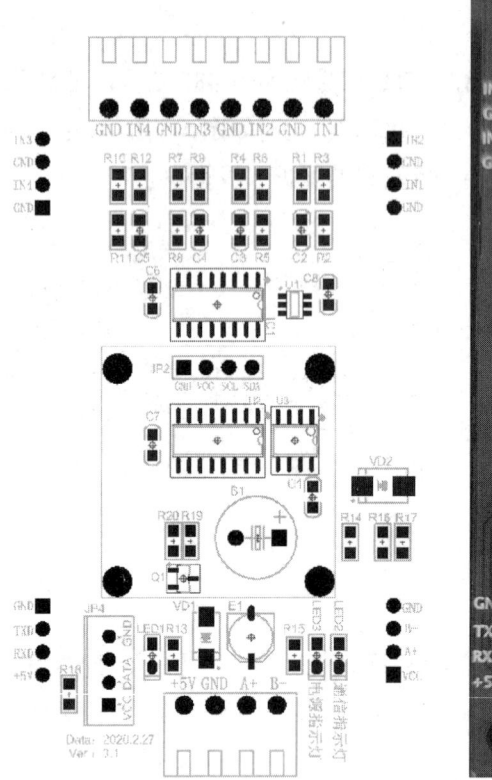

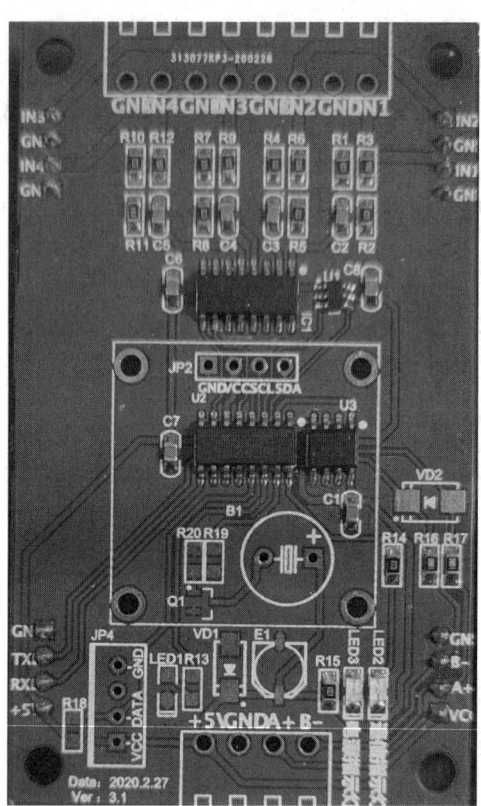

图 5-10 PCB 装配图

元器件清单如表 5-2 所示：

表 5-2 元器件清单

规　　格	描　　述	标　　识	封　　装	数　　量
104（±10%）	无极性贴片电容	C1～C8	0805	8 个
10R（±1%）	贴片电阻	R16、R17	0805	2 个
1K（±1%）	贴片电阻	R1、R2、R4、R5、R7、R8、R10、R11、R14、R15	0805	10 个
10K（±1%）	贴片电阻	R3、R6、R9、R12	0805	4 个
红色	贴片 LED	LED2	0805	1 个
绿色	贴片 LED	LED3	0805	1 个
MPC3421	A/D 转换芯片	U1	SOT-23-6	1 个
STC8F1K08S2	单片机	U2	SOP16	1 个
MAX485	485	U3	SOP8	1 个
74HC4052	双通道模拟开关	IC1	SOP16	1 个
HDR-1X4	4P 接插件（铜）	JP5、JP6、JP7、JP8	HDR-1X4	4 个
4.7cm×7.9cm	PCB（空板）			1 个
	焊锡丝			约 0.5m

注：元器件清单中没有的元件不需要焊接。

知识三 程序设计

1. 程序设计

四路模拟量采集板程序流程图如图 5-11 所示。

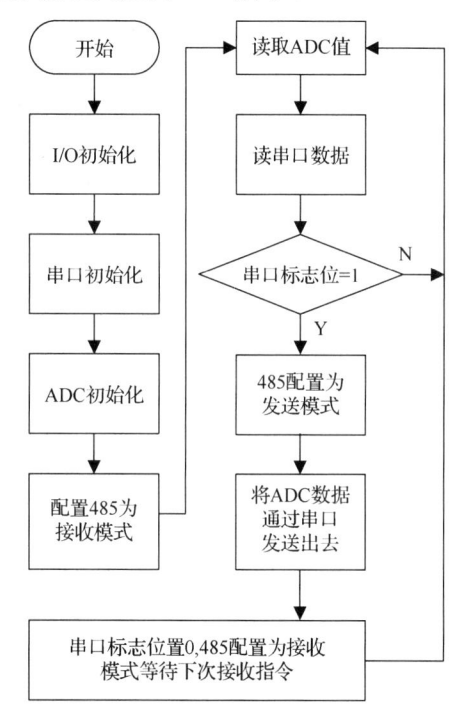

图 5-11 四路模拟量采集板程序流程图

打开四路模拟量采集板程序模板，打开 main.c 文件输入以下程序：

```c
#include "stc8.h"
#include "uart.h"
#include "string.h"
#include "mcp3421.h"
#include "delay.h"

sbit CFG_Pin = P3^7;
sbit PA = P5^4;
sbit PB = P5^5;

extern unsigned char xdata Cmd[8];
extern unsigned char xdata Cmd_Index;

unsigned char    test_data[3]={0x00,0x00,0x00};
unsigned char index = 0;
long aa;
float VIN3421;
long V3421;
```

```c
unsigned char xdata Send_485[37]={
0x00,0x00,0x00,0x00,0x00,0x00,0x00,0x00,
0X00,0X00,0X00,0x00,0x00,0X00,0X00,0X00,
0x00,0x00,0X00,0X00,0X00,0x00,0x00,0X00,
0X00,0X00,0x00,0x00,0X00,0X00,0X00,0x00,
0x00,0X00,0X00,0X00,0X00}; //字形码

char rx_flag=0;
void Serial_RX_Pross(void);
void Get_AD();

void Delay30ms()//@22.1184MHz
{
    unsigned char i, j, k;
    i = 4;
    j = 94;
    k = 188;
    do
    {
        do
        {
            while (--k);
        } while (--j);
    } while (--i);
}

void port_mode()
{
P0M1=0x00; P0M0=0x00;P1M1=0x00; P1M0=0x00;
P2M1=0x00; P2M0=0x00;P3M1=0x00; P3M0=0x80;
P4M1=0x00; P4M0=0x00;P5M1=0x00; P5M0=0x00;
P6M1=0x00; P6M0=0x00;P7M1=0x00; P7M0=0x00;
}

void main(void)
{
    port_mode();
    UART1_Init_Config();
    ClearCmd();
    WrToMCP3421(SlaveADDR, 0x94);
    CFG_Pin=0;
while(1)
 {
```

```c
PA=0;PB=0;Get_AD();Delay30ms();Send_485[3] = V3421>>8; Send_485[4] = V3421;
PA=0;PB=1;Get_AD();Delay30ms();Send_485[5] = V3421>>8; Send_485[6] = V3421;
PA=1;PB=1;Get_AD();Delay30ms();Send_485[7] = V3421>>8; Send_485[8] = V3421;
PA=1;PB=0;Get_AD();Delay30ms();Send_485[9] = V3421>>8; Send_485[10]= V3421;
Serial_RX_Pross();
if(rx_flag==1)
    {
        CFG_Pin=1;
        Send_485[0] = 0x01;
        Send_485[1] = 0x03;
        Send_485[2] = 0x20;
        Send_485[35]= 0xee;
        Send_485[36]= 0xff;
        for(index=0;index<37;index++)
        SendData(Send_485[index]);
        rx_flag=0;
        CFG_Pin=0;
    }
 }
}
void Get_AD(void)
{
  RdFromMCP3421(SlaveADDR,test_data,3);
            aa=test_data[0]<<8;
            aa=aa+test_data[1];
            aa=aa<<8;
            aa=aa+  test_data[2];
            VIN3421=2.048*aa/131071;
            {
                VIN3421=VIN3421*0.6891;
                V3421=VIN3421*1000;
             if(V3421<5)    V3421=0;
            }
}
void Serial_RX_Pross(void)
{
  if(Cmd_Index ==8)
  {
  if((Cmd[0]==0x01)&&(Cmd[1]==0x03)&&(Cmd[2]==0x00)&&(Cmd[3]==0x60)&&
     (Cmd[4]==0x00)&&(Cmd[5]==0x10)&&(Cmd[6]==0x44)&&(Cmd[7]==0x18))
   {
      rx_flag=1;
   }
  ClearCmd();
  }
}
```

程序输入完成后，进行编译，无误后打开 STC-ISP 软件下载程序，单片机选择 STC8F1K08S2，其他步骤与电压表头的程序下载方法相同。

2. 硬件调试

调试前将 NB-IoT 模块从底板上取下，打开 STC-ISP 软件，选择"串口助手"选项卡，如图 5-12 所示。

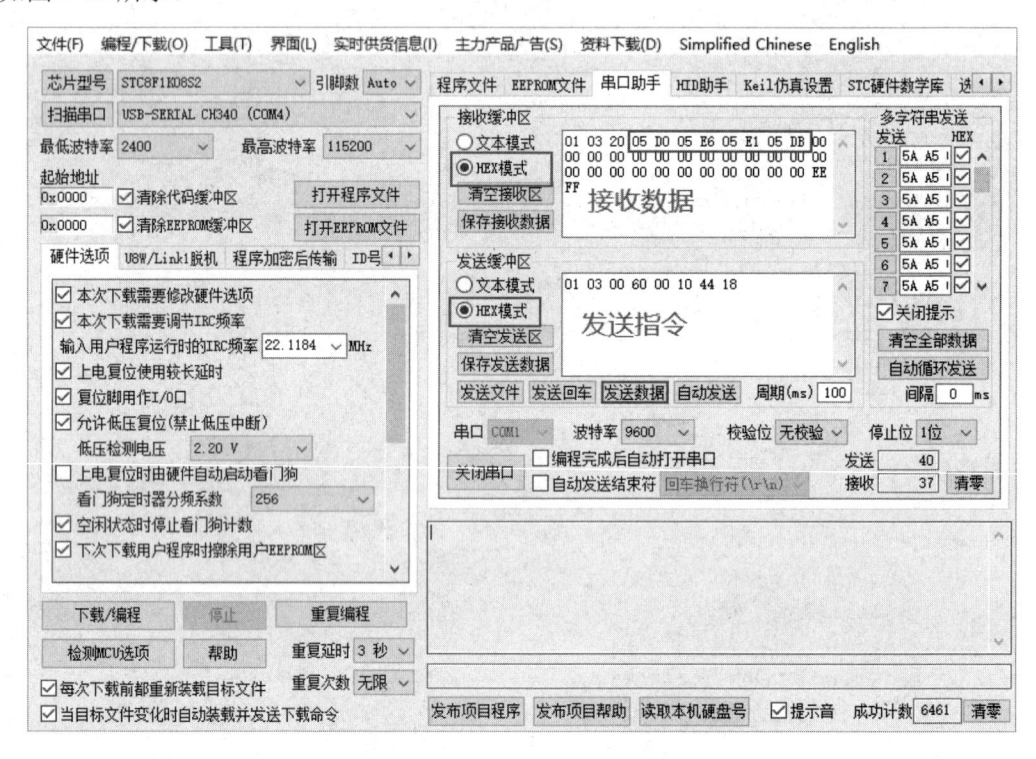

图 5-12 "串口助手"选项卡

接收数据与发送数据格式全部选择 HEX 模式，波特率选择 9600，在发送数据区域输入需要发送的指令，发送指令在 main.c 文件的 Serial_RX_Pross 函数内，程序如下：

```
void Serial_RX_Pross(void)
{
  if(Cmd_Index ==8)
  {
    if((Cmd[0]==0x01)&&(Cmd[1]==0x03)&&(Cmd[2]==0x00)&&(Cmd[3]==0x60)&&
      (Cmd[4]==0x00)&&(Cmd[5]==0x10)&&(Cmd[6]==0x44)&&(Cmd[7]==0x18))
    {
      rx_flag=1;
    }
    ClearCmd();
  }
}
```

输入指令 01 03 00 60 00 10 44 18 后，将底板上的 485 数据监控拨码开关打开，单击

"发送数据"按钮。模拟量采集板接收到对应的指令后，会将采集到的 4 个通道的电压值通过 485 总线发送至 NB-IoT 模块，同时通过串口监测到数据，如图 5-12 显示接收数据。从第四位开始，每两位代表一路数据（数据格式：16 进制）。05 D0 为第一路的电压值，05 E6 为第二路的电压值，0E E1 为第三路的电压值，05 DB 为第四路的电路值，以上四组数据全部为 16 进制数。可以使用计算器将数值转换成 10 进制数，以第一路为例，将 05 D0 转化为 10 进制数，值为 1488（单位为 mV），计算器转换如图 5-13 所示。

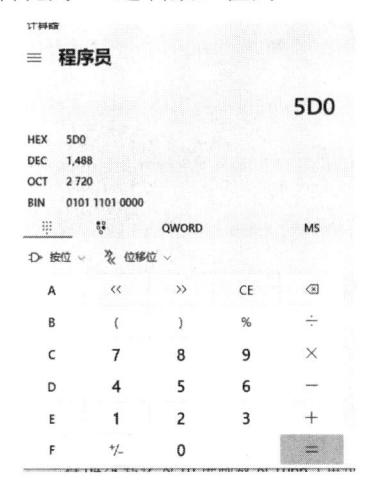

图 5-13　计算器转换

先用万用表测量对应通道的电压值，然后将此数值与万用表对比或与对应的电压表头显示的数值对比，精度在 1% 以内即可。如果数字偏大或偏小则可修改以下代码：

```
void Get_ADC(void)
{
  RdFromMCP3421(SlaveADDR, test_data,3);    // 连续读取 3 个字节数据
    aa=test_data[0]<<8;
    aa=aa+test_data[1];
    aa=aa<<8;
    aa=aa+ test_data[2];
    VIN3421=2.048*aa/131071;
    {
        VIN3421=VIN3421*0.6891;          // 2V 档，无衰减，精密校准   0100
        V3421=VIN3421*1000;              // 2V 档，保留 4 位小数，2.0480
        if(V3421<5)   V3421=0;           //将低于 5mV 的电压滤掉
    }
}
```

修改 Get_ADC 函数即可对采集到的数据进行校准，代码如上所示。修改数值 0.6891 的大小即可，若数值偏大，则减小该数值，若数值偏小，则增大该数值。修改完成后重新编译下载，再次发送指令。直到数值与万用表数值或表头显示的值对比，误差小于允许的误差范围内为止。

269

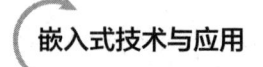

任务四 NB-IoT 通信模块设计

知识一 原理图设计

NB-IoT 通信模块由单片机最小系统电路、485 通信电路、NB-IoT 通信电路、LED 指示电路、SIM 卡电路和电源电路组成。NB-IoT 通信模块框图如图 5-14 所示。

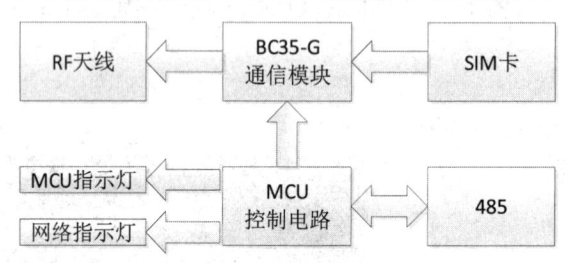

图 5-14 NB-IoT 通信模块框图

1. STM32L151 单片机最小系统电路设计

单片机最小系统一般由单片机、晶振电路、时钟晶振电路、复位电路、电源电路和程序下载接口组成，通常会在单片机最小系统上添加多个 LED 指示灯，方便程序调试。单片机最小系统电路如图 5-15 所示。

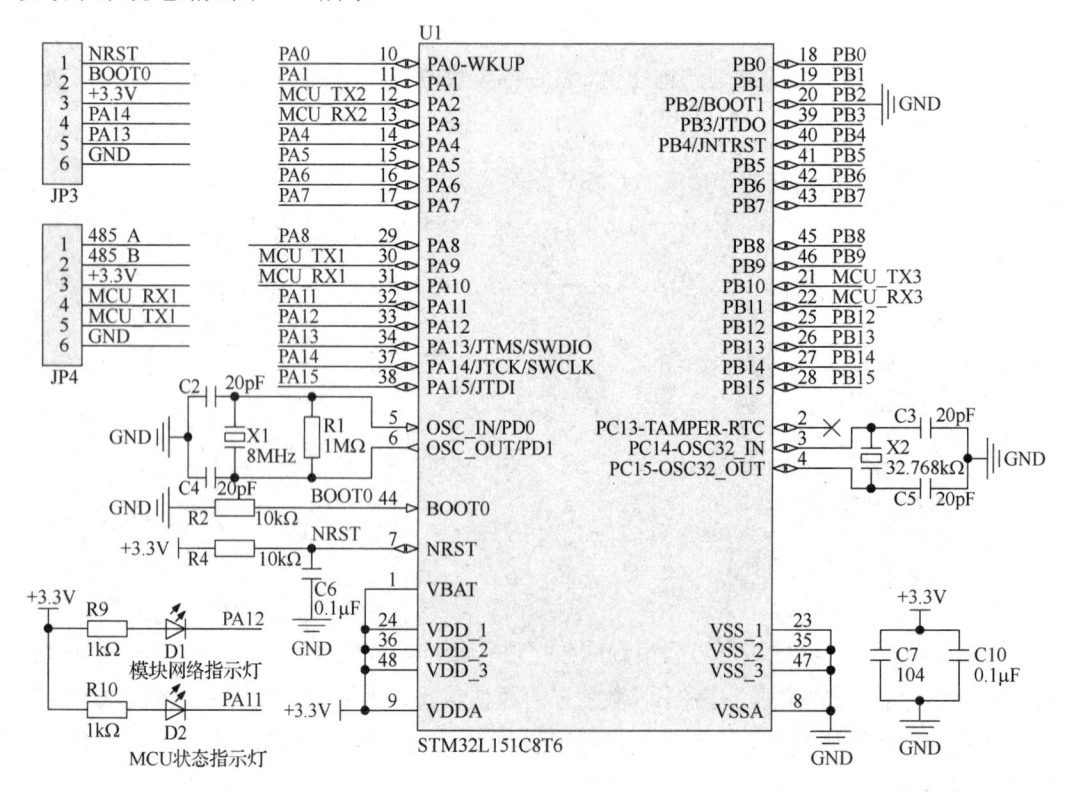

图 5-15 单片机最小系统电路图

单片机使用 STM32L151C8T6。STM32L 系列为低功耗单片机，与传统的 STM32F1 系列单片机相比，功耗较低。

X1、C2、C4、R1 组成单片机的晶振电路，在晶振的两端并联一个 1MF 左右的电容，用以提高单片机工作的稳定性。X2、C3、C5 组成时钟电路。JP3 为程序下载接口。JP4 为单片机的串口 1，通常用作调试端口，也可以用来烧录程序。C6、R4 组成复位电路，STM32 系列单片机的复位通常是高电平工作，低电平复位。D1、D2 为两个 LED 灯，用于指示单片机网络的状态。

2. BC35-G 通信电路设计

BC35-G 是一款高性能、低功耗、全网通的 NB-IoT 模组。BC35-G 通信电路如图 5-16 所示。

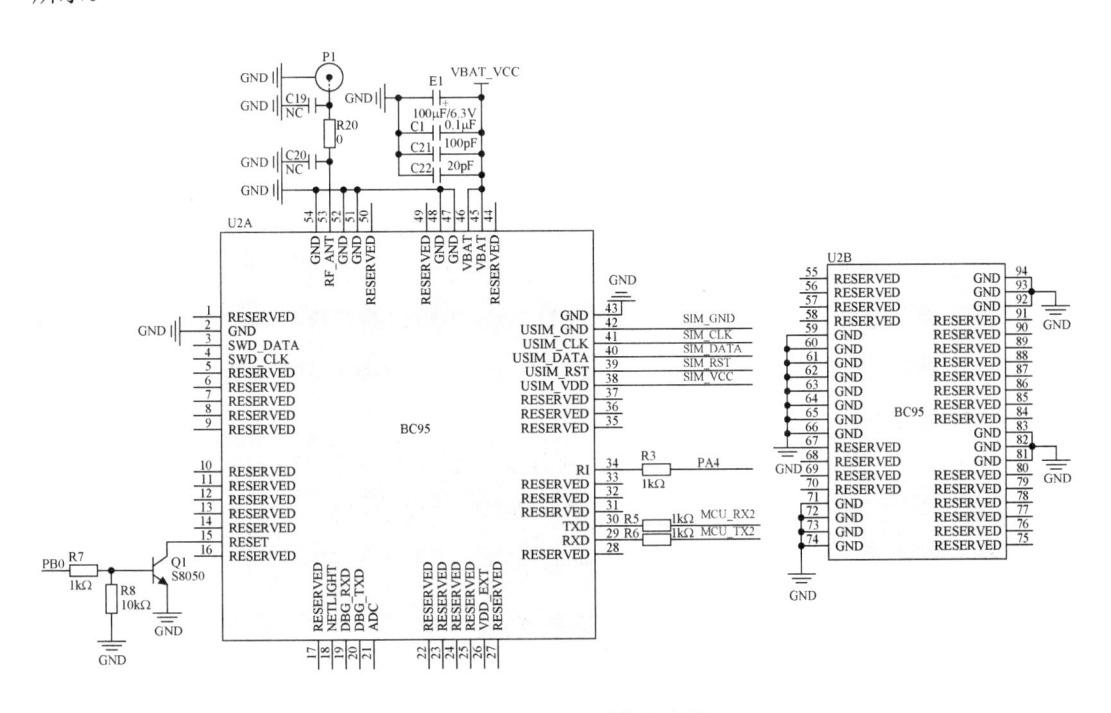

图 5-16 BC35-G 通信电路图

BC35-G 模块共有 94 个引脚，其中 54 个为 LCC 引脚，其余 40 个为 LGA 引脚。

模块设有两个串口：主串口和调试串口。模块作为数据通信设备（Data Communication Equipment，DCE），按照传统的数据通信设备——数据终端设备（Data Terminal Equipment，DTE）方式连接。

（1）主串口。

TXD：发送数据到 DTE 设备的 RXD 端。

RXD：从 DTE 设备 TXD 端接收数据。

RI*：振铃提示（DCE 有 URC 输出或短消息接收时，会发送信号通知 DTE）。

（2）调试串口。

DBG_TXD：发送数据到 DTE 的串口。

DBG_RXD：从 DTE 的串口接收数据。

串口引脚定义如表 5-3 所示。

表 5-3 串口引脚定义

接口	引脚名称	引脚号	描述	备注
调试串口	DBG_RXD	19	模块串口接收数据	3.0V 电压域
	DBG_TXD	20	模块串口发送数据	3.0V 电压域
主串口	RXD	29	模块调试串口接收数据	3.0V 电压域
	TXD	30	模块调试串口发送数据	3.0V 电压域
	RI	34	模块输出振铃提示	3.0V 电压域

芯片 53 引脚为天线引脚，45、46 为芯片的电源引脚，芯片供电电压 3.1～4.2V。因为模块在数据传输过程中功耗较大，所以为了确保 NB 模块的工作电源电压不低于最小值 3.1V，在靠近模块 VBAT 的输入端并联一个低 ESR（ESR=0.7Ω）的 100μF 钽电容，以及 100nF、100pF 和 22pF 的滤波电容。芯片 15 引脚为复位脚，低电平有效。模块 VBAT 上电后，外部控制 RESET 输入保持高电平，即可实现模块自动开机。断开 VBAT 供电，即可实现模块关机。模块有两种复位方式，拉低复位引脚一段时间，可使模块硬件复位；发送 "AT+NRB" 命令，可使模块软件复位。

模块包含一个外部 USIM 卡接口，支持模块访问 USIM 卡。该 USIM 卡接口支持 3GPP 规范的功能。外部 USIM 卡通过模块内部的电源供电，仅支持 3.0V 供电。

外部 USIM 卡接口引脚定义如表 5-4 所示。

表 5-4 外部 USIM 卡接口引脚定义

引脚名称	引脚号	描述
USIM_VDD	38	外部卡供电电源。供电电压精度：3.0V±5%。
USIM_CLK	41	外部卡时钟线
USIM_DATA	40	外部卡数据线
USIM_RST	39	外部卡复位线
USIM_GND	42	外部 USIM 卡专用地

3. SIM 卡电路设计

SIM 卡电路如图 5-17 所示。

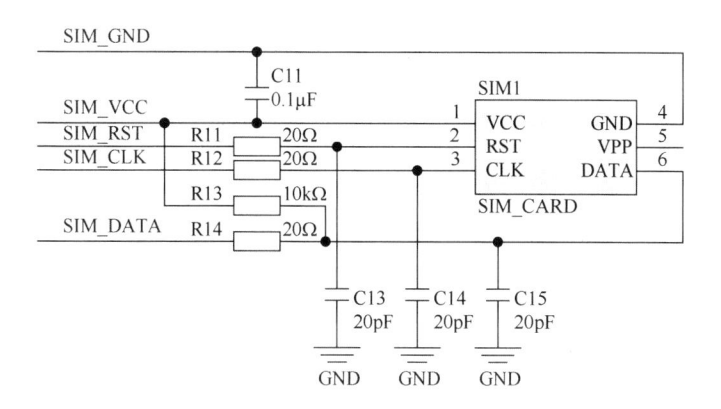

图 5-17 SIM 卡电路图

在 SIM 卡于 BC35-G 模块之间串联 20Ω 的电阻,用以抑制杂散 EMI,增强 ESD 防护。在 USIM_DATA、USIM_VDD、USIM_CLK 和 USIM_RST 线上并联 20pF 的电容,用于滤除射频干扰。在 USIM_DATA 数据线上接 10kΩ～47kΩ 的上拉电阻,可以提高抗干扰能力。

4. 485 通信电路设计

485 通信电路如图 5-18 所示。

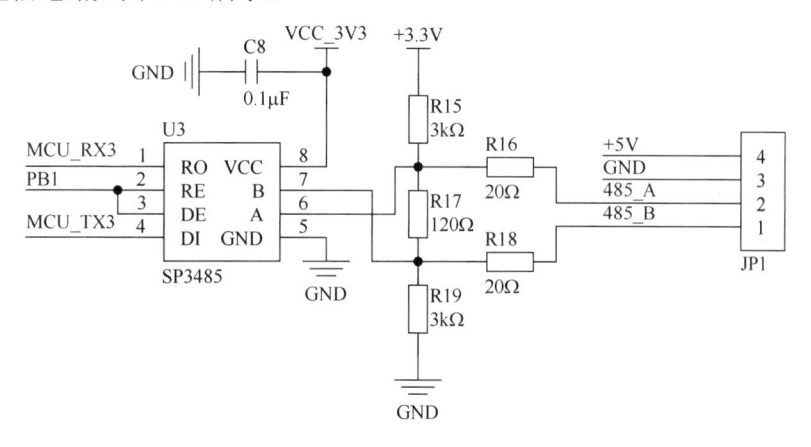

图 5-18 485 通信电路图

485 芯片使用的是 SP3485,采用单电源+3.3V 工作,额定电流为 300μA,采用半双工通信方式。它的主要作用是将 TTL 电平转换为 RS-485 电平,并满足较长距离通信的需求。

5. 电源电路设计

NB-IoT 通信模块输入电压为 5V。单片机工作电压为 3.3V,BC35-G 工作电压为 3.1～4.2V,因此需要先对输入电压进行降压,再给各个模块供电。电源电路图如图 5-19 所示。

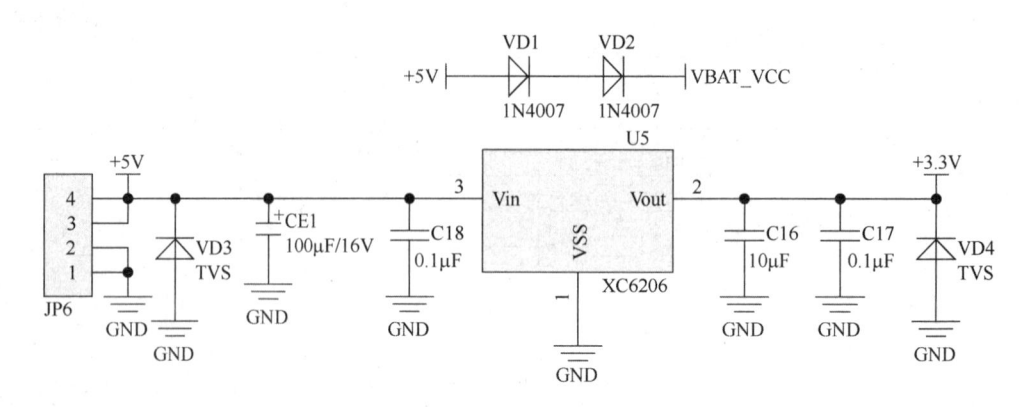

图 5-19　电源电路图

XC6206 为稳压芯片,将 5V 转换为 3.3V。BC35-G 工作电压为 3.1~4.2V,使用两个 1N4007 二极管进行降压,每个二极管的压降约为 0.7V,5V 电压经过两个二极管之后的电压为 3.6V,然后给 BC35-G 模组供电。

知识二　程序设计

1. 华为云账号注册于实名认证

进入华为云官网,网页界面如图 5-20 所示。

图 5-20　华为云网页界面

单击右上角的"注册"按钮进行账号的注册。注册界面如图 5-21 所示。

项目五 基于 NB-IoT 技术的智慧消防系统设计（课程实践部分）

图 5-21 注册界面

账号注册完成并登录，先单击右上角的账号名称，再选择"账号中心"选项进行实名认证，账号实名认证界面如图 5-22 所示：

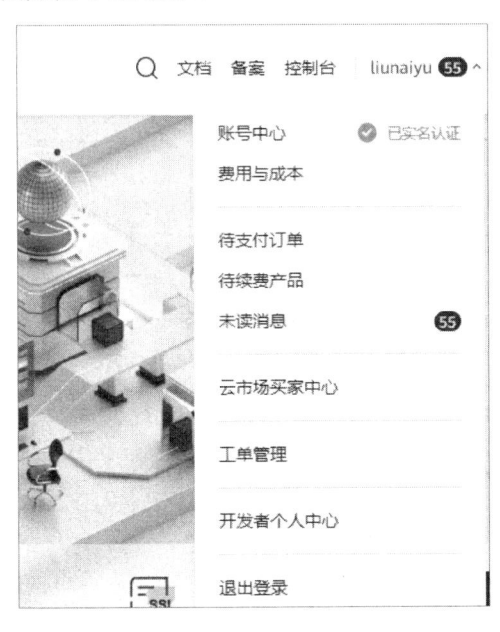

图 5-22 账号实名认证界面

图 5-22　账号实名认证界面（续）

实名认证选择个人认证即可。

2. NB-IoT 模块程序设计

NB-IoT 模块程序流程图如图 5-23 所示。

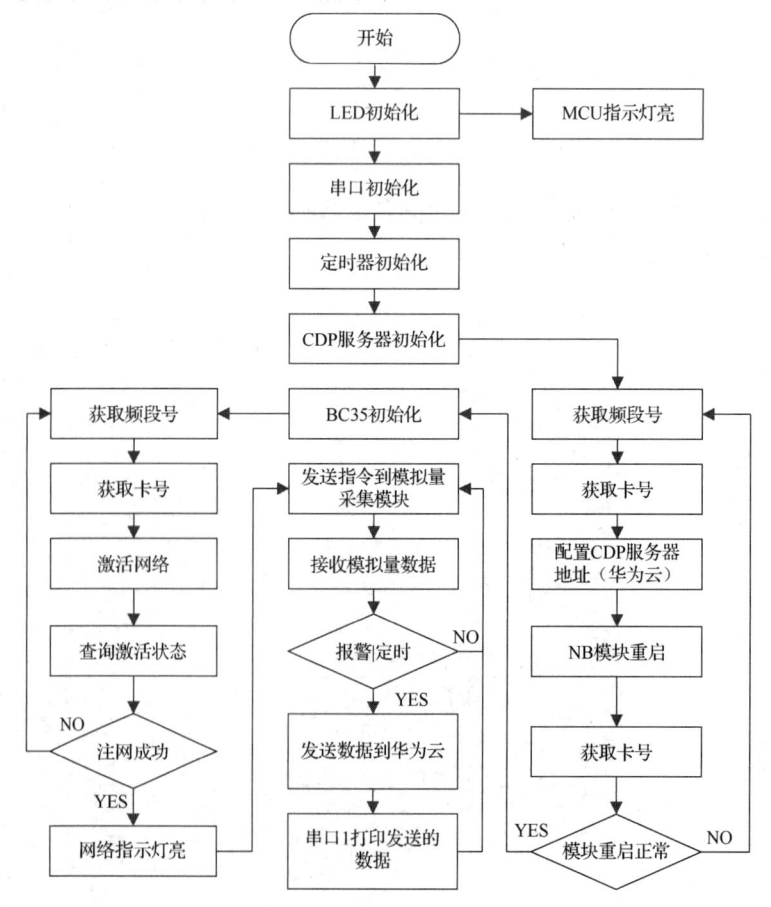

图 5-23　NB-IOT 模块程序流程图

打开 NB-IoT 程序模板，打开 main.c 文件，编写以下程序：

```c
#include "main.h"
#include "usart.h"
#include "timer.h"
#include "bc95.h"
#include "led.h"
#include "delay.h"
#include "string.h"
#include "stdlib.h"
#include "stdio.h"
GPIO_InitTypeDef GPIO_InitStructure;
static __IO uint32_t TimingDelay;
unsigned char bz=1;
u8 rs485buf[8] ={0};              //接收缓存区
u8 RS485_RX_BUF[64]={0};          //接收缓冲，最大 64 个字节
u8 RS485_RX_CNT=0;                //接收到的数据长度
u8 sendata[259]={"00000000000000000000000000000000000000000000000000000000000000000000000000000000000000000000000000000000000000000000000000000000000000000000000000000000000000000000000000000000000000000000000000000000000000000000000000000000000000000000000000000000"};        //{"258 个 0"} 此数组在 KEIL 中必须写在一行否则编译会出错
unsigned char baojing_x[64]={0};  //64 位报警初始
unsigned char baojing_x1[64]={0}; //64 位校验位
unsigned int qiya=0;              //气压计算
unsigned char baojing=0;
unsigned char j=0,z=0;
unsigned char cs5=0;
unsigned char fs=0;
unsigned char a=0;
u8 i=0;
unsigned char TD(unsigned char x1,unsigned char x2)
{
unsigned char x3;
x3=x2+(x1-1)*(16);
return x3;
}
void jieshou(unsigned char x1)
{
    j=0;
do
{
    {
```

```c
            if(x1==1)                          //询问第一个副机地址 01 03 00 60 00 10 44 18
            {
                rs485buf[0] = 0x01;
                rs485buf[1] = 0x03;
                rs485buf[2] = 0x00;
                rs485buf[3] = 0x60;
                rs485buf[4] = 0x00;
                rs485buf[5] = 0x10;
                rs485buf[6] = 0x44;
                rs485buf[7] = 0x18;
                RS485_RX_CNT=0;                //清空准备下一次接收
                RS485_Send_Data(rs485buf,8);   //发送 cnt_485 个字节
            }
        }
    Delay(1000);                               //延时 1s,等待接收
    j++;
    if((RS485_RX_BUF[0]==x1)&(RS485_RX_BUF[1]==0x03)&(RS485_RX_BUF[2]==0x20)&
(RS485_RX_CNT==37))                            //接收数据
        {
            a=x1;
            sendata[0]='0';
            sendata[1]='0';                    //两位电信平台识别号
            for(i=0;i<16;i++)                  //1 个接收模块拥有 16 个接收头
            {
                x1=(x1-1)*4+1;
                for(z=0;z<4;z++)
                {
                    if((z==0)|(z==2))
                    {
                        sendata[2+z+(x1-1)*(16)+i*4]=RS485_RX_BUF[3+i*2+z/2]/16;
                    }
                    else
                    {
                        sendata[2+z+(x1-1)*(16)+i*4]=RS485_RX_BUF[3+i*2+z/2]%16;
                    }
                    if(sendata[2+z+(x1-1)*(16)+i*4]>9)
                    {
                        sendata[2+z+(x1-1)*(16)+i*4]=sendata[2+z+(x1-1)*(16)+i*4]+'A'-10;
                    }
                    else
                    {
                        sendata[2+z+(x1-1)*(16)+i*4]=sendata[2+z+(x1-1)*(16)+i*4]+'0';
```

```
            }
        }
        x1=a;
            qiya=(unsigned int)(RS485_RX_BUF[3+i*2])*255+RS485_RX_BUF[4+i*2];
            if(1000<qiya<1500)              //电压超限,立刻报警
            {
                baojing=1;                  //进行报警,并循环3次,确定
                baojing_x[i+(x1-1)*(16)]=1; //对该位附1
            }
            else
            {
                baojing=0;                  //此处取消报警
                baojing_x[i+(x1-1)*(16)]=0; //对该位附0
            }
        }
    }
}while(j<3);                                //出现报警只发送一次
    for(i=0;i<16;i++)                       //校验部分,对对应的16个数据进行校验
    {
    if(baojing_x[i+(x1-1)*(16)]!=baojing_x1[i+(x1-1)*(16)])  //出现变化再报警
    {
        if( baojing_x[i+(x1-1)*(16)]==1)                     //报警
        {
            fs=1;
        }
    baojing_x1[i+(x1-1)*(16)]=baojing_x[i+(x1-1)*(16)];      //附到校验值
    }
    }
    if(fs==1)
    {
        fs=0;
        cs5=1;
    }
        j=0;
        fs=0;
}
int main(void)
{
    delay_init();
    LED_Init();
    uart_init(9600);
    uart2_Init(9600);
```

```c
    uart3_init(9600);
    TIM4_Int_Init(4999,3199);  //500ms 一次中断
    CDP_Init();                //CDP 服务器初始化
    BC95_Init();
    Delay(1000);
    while (1)
    {
        jieshou(1);
        Delay(1000);
        if((bz==1)|(cs5==1))   //发送定时 bz 一个是时间标准 cs5 一个是警告标志
        {
            bz=0;
            cs5=0;
            sendata[258]=0;    //第 202 位清 0
            BC95_SendCOAPdata((uint8_t *)"129",(uint8_t *)sendata);  //发送数据
            Delay(1000);       //延时 1s
            Uart1_SendStr((char *)sendata);
            BC95_RECCOAPData();
        }
    }
}
void USART3_IRQHandler(void)
{
    u8 res;
    if(USART_GetITStatus(USART3, USART_IT_RXNE) != RESET)           //接收到数据
    {
        res =USART_ReceiveData(USART3);                             //读取接收到的数据
        if(RS485_RX_CNT<64)
        {
            RS485_RX_BUF[RS485_RX_CNT]=res;                         //记录接收到的值
            RS485_RX_CNT++;                                         //接收数据增加 1
        }
        else
        {
        RS485_RX_CNT=0;
        }
    }
}
```

进入华为云官网并使用注册好的账号登录。登录后,在"产品"下拉菜单中选择"IoT 物联网"选项,单击"设备接入 IoTDA"按钮,单击"免费试用"按钮,如图 5-23 所示。

项目五　基于 NB-IoT 技术的智慧消防系统设计（课程实践部分）

图 5-23　单击"免费试用"按钮

服务列表如图 5-24 所示，可在"服务列表"中找到"设备接入 IoTDA"选项并收藏，"服务列表"中便会出现"设备接入 IoTDA"选项，下次登录时可直接单击右上角的"控制台"按钮即可进入图 5-24 所示界面，选择"服务列表"中的"设备接入 IoTDA"选项即可。

图 5-24　服务列表

IoTDA 界面如图 5-25 所示，选择"总览"选项，单击"平台接入地址"按钮。

图 5-25 设备接入 IoTDA 界面

因为硬件使用 COAP 协议接入华为云，所以程序中需要使用到该地址。地址设置如图 5-26 所示。

图 5-26 地址设置

先打开打开 BC95.c 文件将设备接入地址填写完整。程序如下：

```
printf("AT+NCDP=iot-coaps.cn-north-4.myhuaweicloud.com,5683\r\n");//
Delay(300);
    strx=strstr((const char*)RxBuffer,(const char*)"OK");          //返回 OK
```

再对程序进行编译，无误后使用 ST-LINK 将程序烧录到 NB-IOT 模块中。NB-IOT 模块如图 5-27 所示。

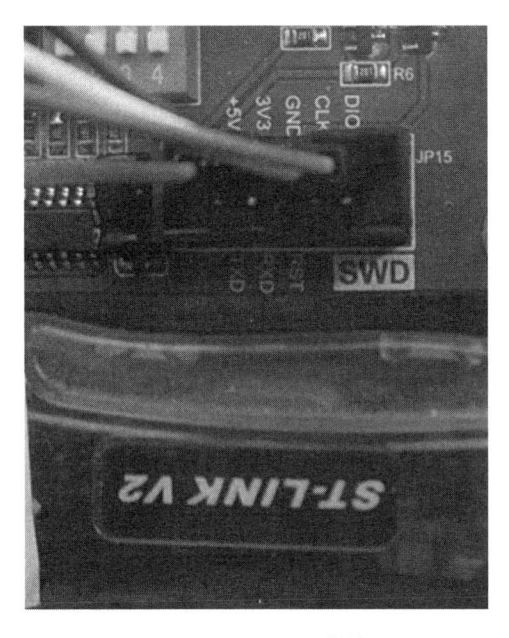

图 5-27　NB-IOT 模块

ST-LINK 的 5V、GND、CLK（SWCLK）、DIO（SWDIO）分别与开发板上 SWD 接口中的+5V、GND、CLK、DIO 相连，然后将 ST-LINK 插入计算机，单击 KEIL 软件中的 Options 工具。烧录器选择 ST-LINK，程序烧入配置如图 5-28 所示。

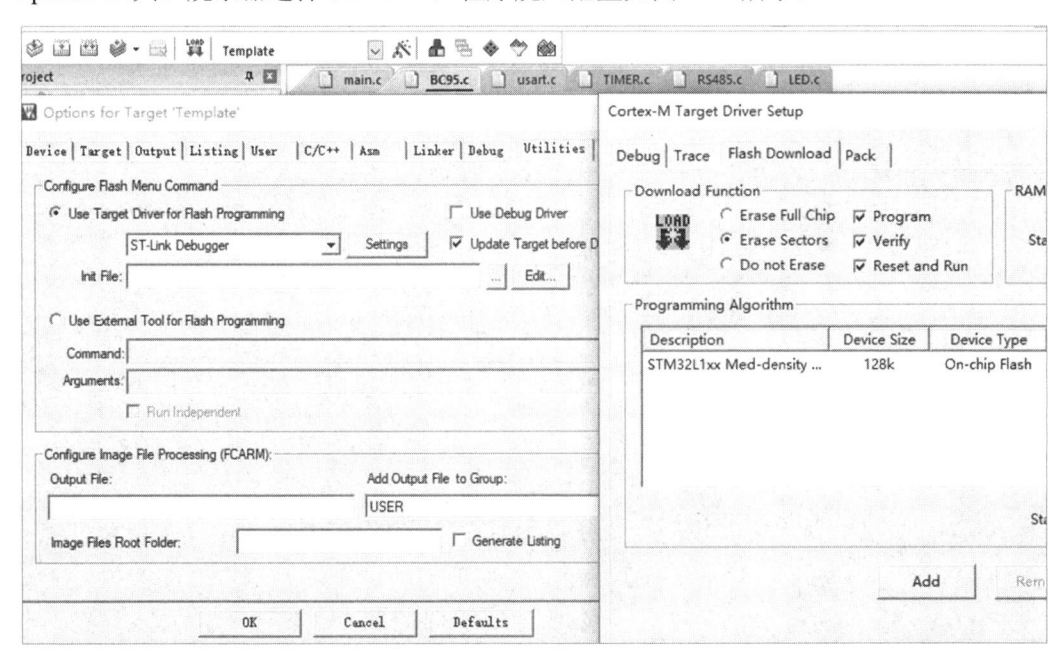

图 5-28　程序烧入配置

配置完成后，单击"下载"按钮，下载程序。下载按钮如图 5-29 所示。

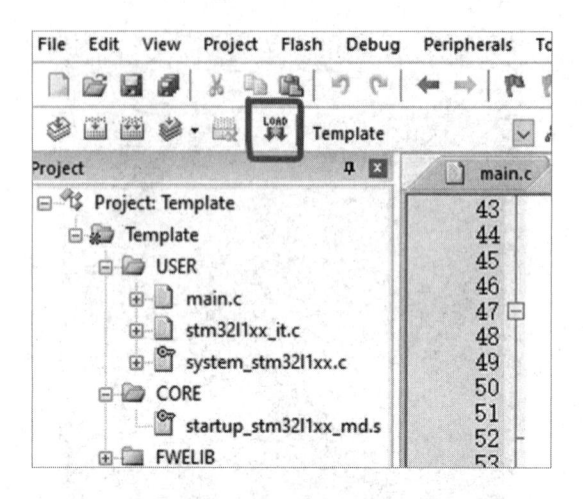

图 5-29 下载按钮

报警值修改：打开 main.c 文件，警报值设置程序如下。首次上电后，会上传一次电压数据到云平台，之后每隔一段时间上传一次数据。然后只要出现一路电压值不在设置的报警范围 1000<qiya<1500 内，会立即上传数据。

```
if(1000<qiya<1500)                         //电压超限，立刻报警
{
    baojing=1;                             //进行报警，并循环3次，确定
    baojing_x[i+(x1-1)*(16)]=1;            //对该位附1
}
```

数据上传时间间隔设置：打开 TIMER.c 文件，进行数据上传间隔设置。修改以下代码即可。例如，s>119、m>0 为 1min 上传一次数据，s>119、m>1 为 2min 上传一次数据。

```
void TIM4_IRQHandler(void)                 //TIM3 中断
{
    if (TIM_GetITStatus(TIM4, TIM_IT_Update) != RESET)
    {
        TIM_ClearITPendingBit(TIM4, TIM_IT_Update );
      s++;
        if(s>119)
         {
            s=0;
            m++;
            if(m>0)
            {
                m=0;
                bz=1;
            }
         }
    }
}
```

使用 USB 线连接开发板与计算机，并打开开发板上的 SW7 拨码开关。打开串口助手，并打开串口，然后将开发板上电。接收到的内容如图 5-30 所示。图 5-30（上）表示数据发送失败，平台没有接收到数据，可能的原因为网络连接较弱，等待一段时间即可。图 5-30（下）表示数据发送正常，平台以接收到数据。

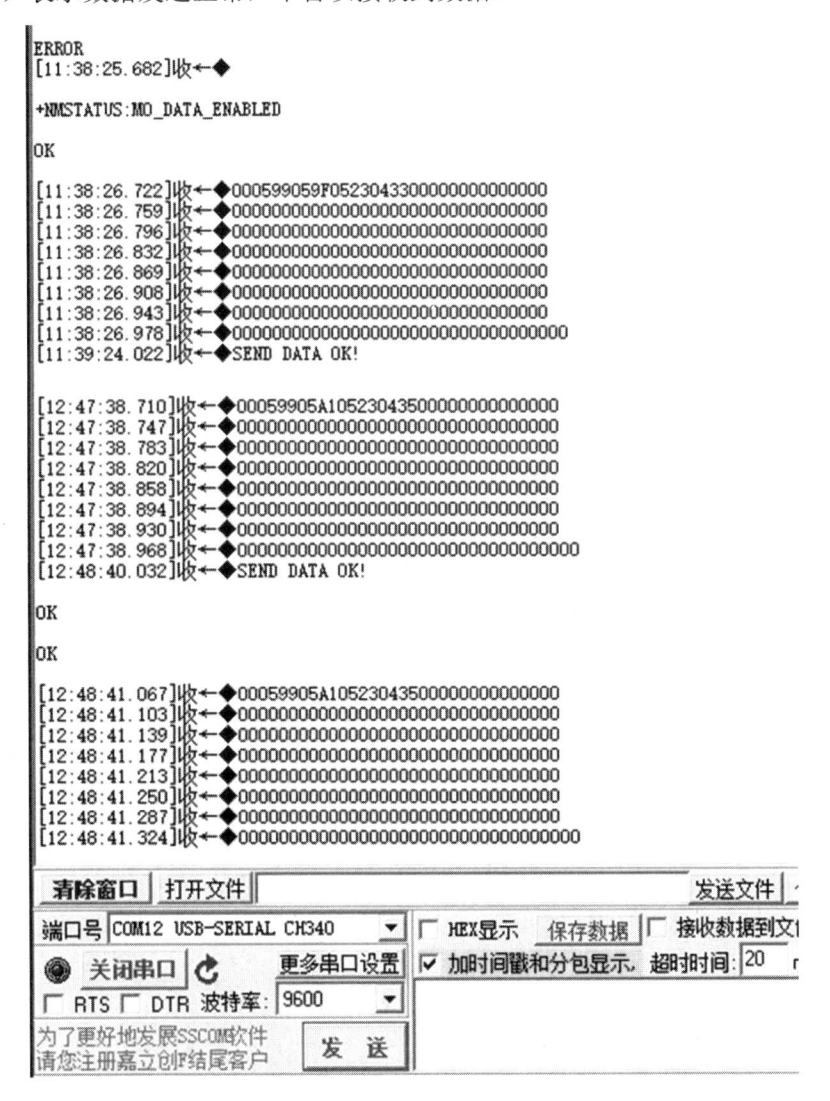

图 5-30 数据发送测试

任务五 "云"平台配置及系统调试分析

知识一 产品开发

打开华为云官网，登录已注册好的账号后，单击"控制台"按钮，在"服务列表"中选择"设备接入 IotDA"选项。选择"资源空间"选项，单击右上角的"新建资源空间"

按钮，空间名称为任意英文字母即可，单击"确定"按钮，如图 5-31 所示。

图 5-31 新建空间

完成资源空间新建后，选择产品，单击右上角的"创建产品"按钮。所属资源空间选择前面创建的资源空间，协议类型选择 LwM2M/CoAP，其他选项名称任意填写（尽量使用英文名称），单击"确定"按钮。新建产品如图 5-32 所示。

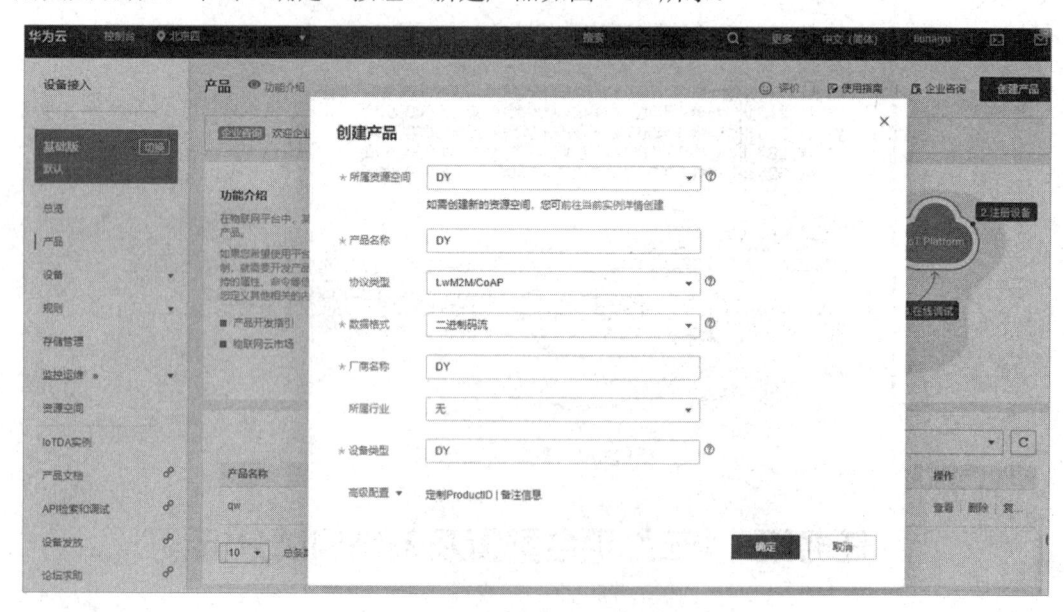

图 5-32 新建产品

选择前面创建的产品，单击"查看"按钮，进行模型定义与插件开发。查看产品如图 5-33 所示。

产品名称	产品ID	资源空间	设备类型	协议类型	
DY	6237f955cf15464d8296929f	DY	DY	LWM2M/CoAP	查看 删除 复...
qw	609a7f67aa3bcc02c0243...	DefaultApp_liunaiyu_hx83	qw	LWM2M/CoAP	查看 删除 复...

图 5-33　查看产品

首先定义模型，如图 5-34 所示，单击"自定义模型"按钮。

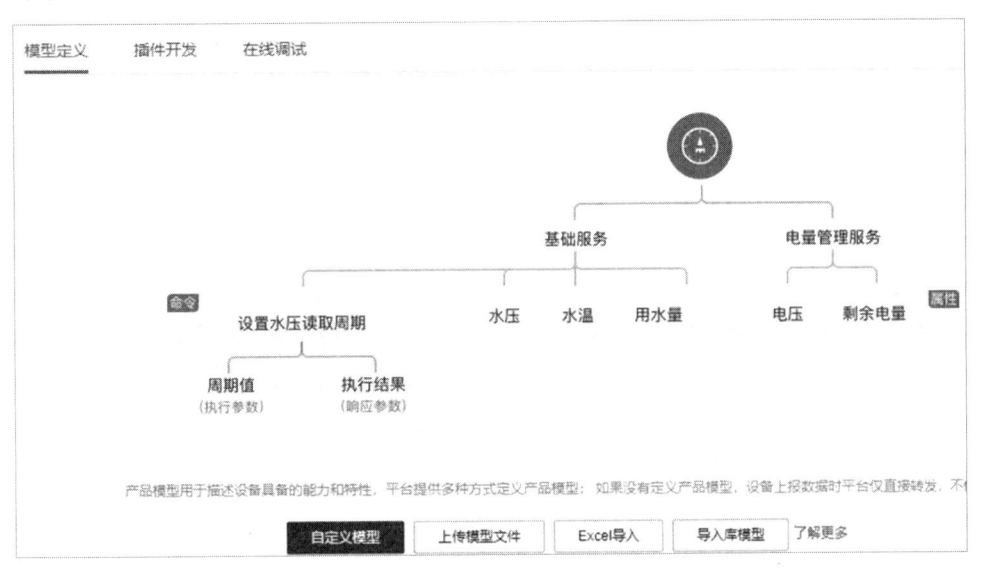

图 5-34　定义模型

服务 ID 为任意英文即可，单击"确定"按钮，如图 5-35 所示。

图 5-35　设置英文 ID

单击"添加属性"按钮，一次添加 4 个属性，如图 5-36 所示，产品模型定义完成。选择插件开发，如图 5-37 所示，单击"图形化开发"按钮。

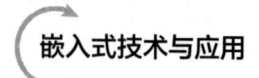

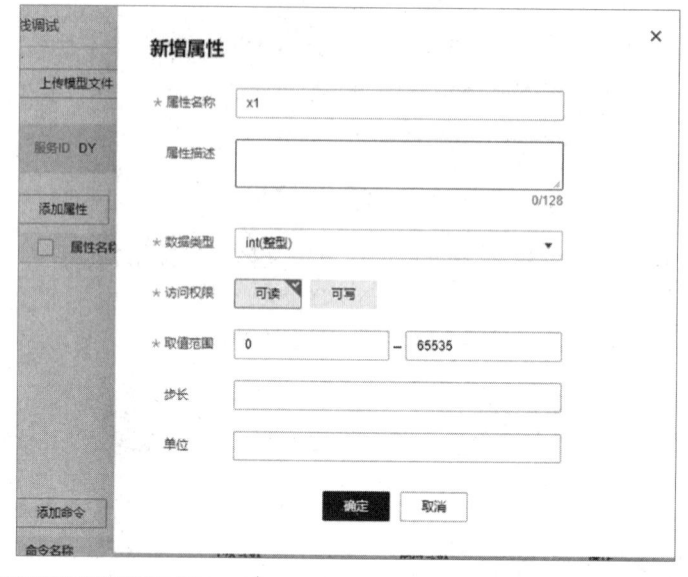

图 5-36　添加属性

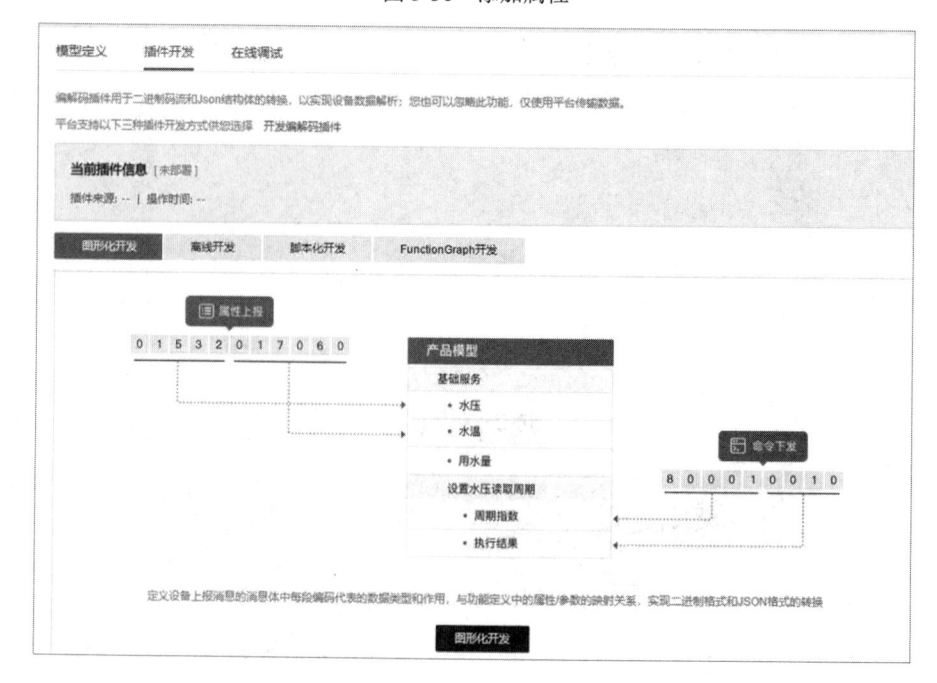

图 5-37　插件开发

项目五 基于 NB-IoT 技术的智慧消防系统设计（课程实践部分）

单击"新增消息"按钮，消息名为任意英文，单击"确定"按钮，如图 5-38 所示。

图 5-38 新增消息

单击数据上报字段旁的"+"按钮，添加字段，共添加 X0～X4 4 个字段，其中 X0 的数据类型为 int8u，X1～X4 的数据类型为 int16u，如图 5-39 所示。

图 5-39 添加字段

289

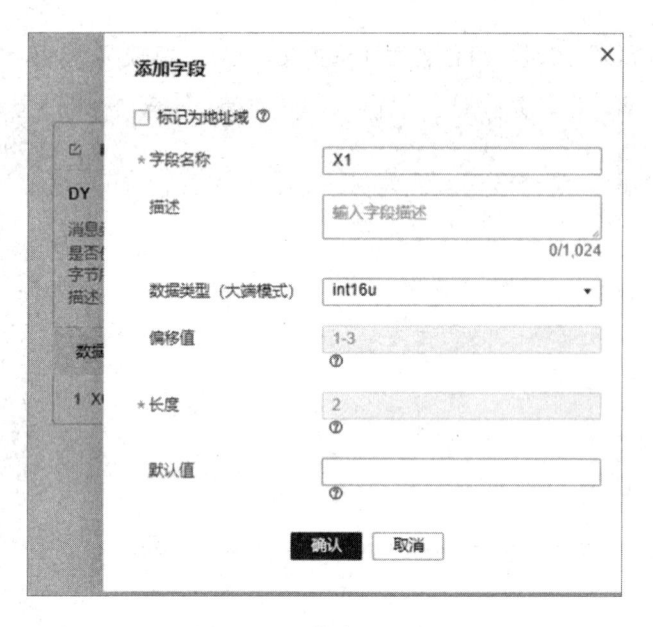

图 5-39 添加字段（续）

单击右侧"产品模型"的下拉箭头，将属性 X1~X4 分别拉出，与数据上报字段中的 X1~X4 相连，如图 5-40 所示。

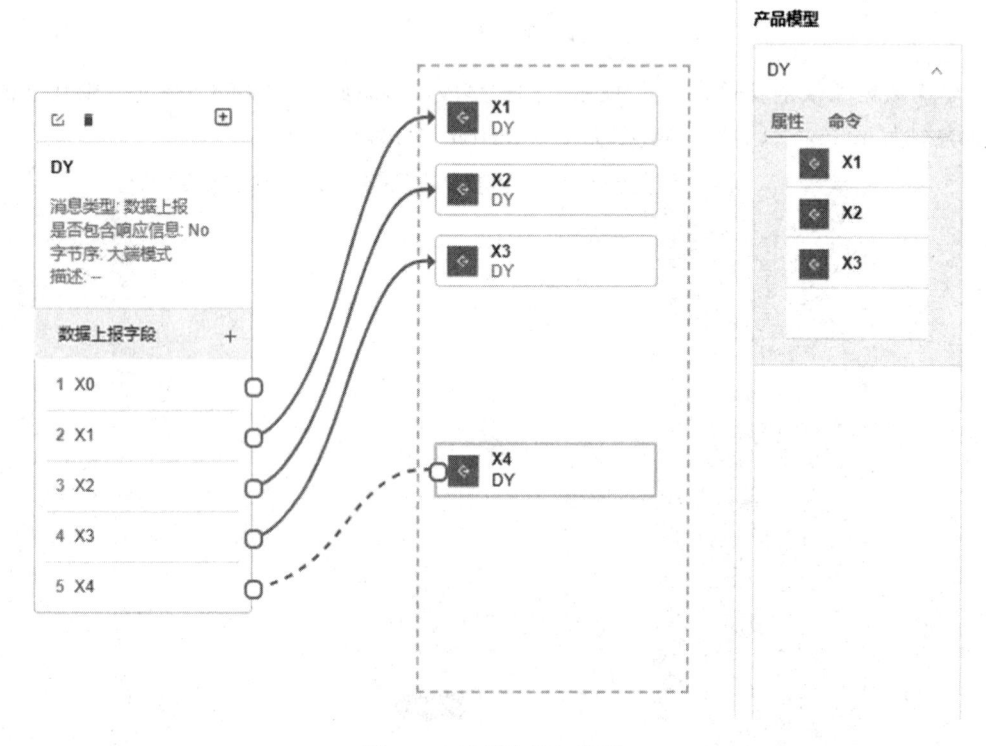

图 5-40 连接字段与模型

单击右上角的"部署"按钮，然后单击"确定"按钮，如图 5-41 所示。

项目五 基于 NB-IoT 技术的智慧消防系统设计（课程实践部分）

图 5-41 确认部署插件

添加设备：选择"设备接入 IoTDA"→"设备接入"→"设备"→"所有设备"命令，单击右上角的"注册设备"按钮。所属资源空间和所属产品均为全面创建的，如图 5-42 所示，设备标识码为 NB 模组上的 IMEI 号。

图 5-42 注册设备

知识二　整机调试

首先给开发板上电，在保证 NB-IoT 模块数据发送正常的情况下，可以看到前面添加

291

的设备已经显示在线，由于网络延迟，因此可能会有延迟，可以刷新浏览器再次查看，如图 5-43 所示。

图 5-43　查看设备状态

单击"查看"按钮，可以看到最新上传的一组数据，如图 5-44 所示。

图 5-44　数据查看

例如：X1 数值为 1433，表示 1.433V，也就是通道 IN1 的输入电压为 1.433V，将此数值与对应的表头显示的数值或万用表测量对应输入通道的电压值进行对比，误差在 1%以内即可。如果误差较大，适当调整模拟量采集板程序参数，使误差缩小到允许误差范围内。

转动开发板上的电位器，调整输入电压，例如 NB-IOT 模块设置 1min 自动上传一次数据，那么 1min 后云平台显示的最新数据会更新为当前输入电压。

思考与练习

一、简答题

1. 简述模数转换的概念；数字电压表设计要点。

2. 将 NB-IOT 模块网络指示灯上电常亮改为连接到网络后再亮，并且发送数据到云平台的时候网络指示灯闪烁，无数据传输的时候网络指示灯常亮。

二、拓展题

1. 在原有的程序基础上将四路模拟量采集拓展到 16 路模拟量采集，使用 proteus 仿真实现。单片机选用 STC15W4K32S4。模数转化芯片不变，使用一个 MCP3421 芯片。

输入通道切换使用两个 8 选一模拟开关芯片 74HC4051 级联方式实现 16 路模拟量通道选择，单片机通过高低电平切换当前需要采集的通道。16 路模拟量采集仿真电路图如图 5-45 所示。

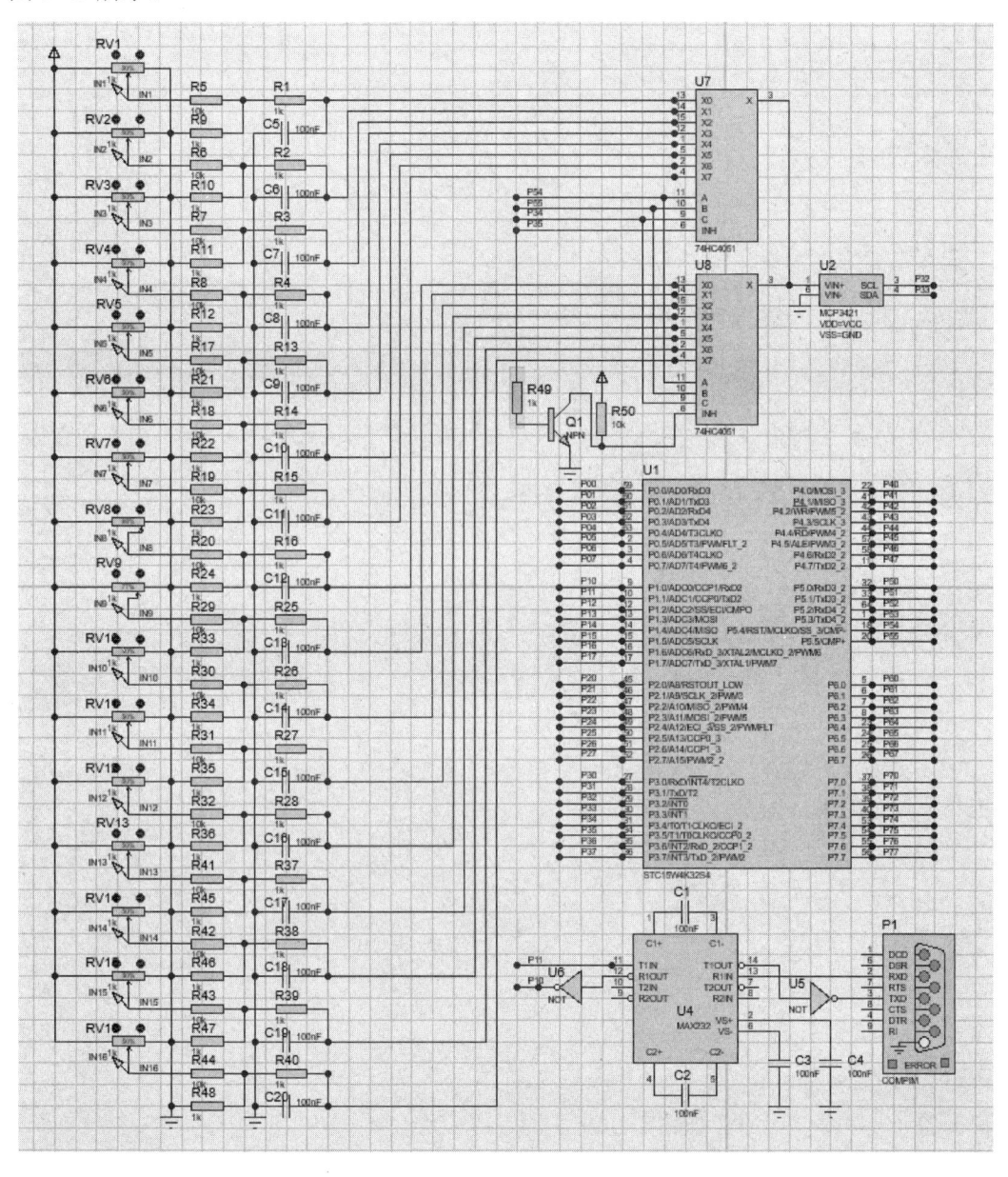

图 5-45　16 路模拟量采集仿真电路图

反侵权盗版声明

  电子工业出版社依法对本作品享有专有出版权。任何未经权利人书面许可，复制、销售或通过信息网络传播本作品的行为；歪曲、篡改、剽窃本作品的行为，均违反《中华人民共和国著作权法》，其行为人应承担相应的民事责任和行政责任，构成犯罪的，将被依法追究刑事责任。

  为了维护市场秩序，保护权利人的合法权益，我社将依法查处和打击侵权盗版的单位和个人。欢迎社会各界人士积极举报侵权盗版行为，本社将奖励举报有功人员，并保证举报人的信息不被泄露。

举报电话：（010）88254396；（010）88258888
传 真：（010）88254397
E-mail：dbqq@phei.com.cn
通信地址：北京市万寿路173信箱
    电子工业出版社总编办公室
邮 编：100036